零式《れいしき》艦上戦闘機

清水政彦

新潮選書

零式艦上戦闘機＊目次

序　章　零戦に関する基礎知識　9
第1章　脇役だった艦上戦闘機――零戦の生い立ち　31
第2章　性能データにない強み――試作から初陣まで　73
第3章　内包された弱点――初期不良と改良　111
第4章　攻勢の優位――栄光の時代　139

第5章　米軍の新戦法──激闘の時代　175
第6章　戦果確認の落とし穴──ガダルカナル　229
第7章　直掩か空中戦か──黄昏の時代　285
第8章　圧倒的劣勢の中で──レイテから終戦　331
おわりに──勝敗を分けたもの　344
参考文献　348

イラスト　スタジオピース：山中泰平
地図　綜合精図研究所

零式艦上戦闘機

序　章　零戦に関する基礎知識

名前はいろいろ

帝国海軍の主力戦闘機、「零戦」。既に多くの読者がご存知のとおり、正式名称は「零式艦上戦闘機《れいしきかんじょうせんとうき》」。「零式艦戦《れいしきかんせん》」である。

さすがに正式名称では長すぎるから、部隊では「れいせん」とか「ぜろせん」と呼び、米軍は「ZEKE《ジーク》」あるいはそのまま「Zero」というコードネームを用いた。

なにしろ、旧軍には「零式」と名の付く飛行機だけで4種類以上ある。この時代の軍用機命名ルールが「年式＋機種名だけで呼ぶ」というものだったため、どうしても似たような名前ばかりになってしまうのだった。そのルールとは以下の通り。

まず「零式」とは、兵器として制式採用された年（年式）をあらわす。

零戦の制式採用は昭和15年（１９４０年）だが、これが神武紀元で２６００年にあたるため、その下1桁をとって「零式」となるわけだ。わざわざ神武紀元を用いる点については少し奇異に感じるかもしれないが、実は、明治・大正期までは単純に元号の数字を取って「何年式」と呼んでいた（例えば、有名な「三八式歩兵銃」は明治38年に制式化）。

しかし、大正年間が15年しかなかったため、昭和に入っても大正初期に制式化した兵器の多くはまだ現役で残っている。従来ルールのまま昭和元号で1年式、2年式……とやったら年式がダブってしまったので、昭和期（昭和4年以降くらいから）の新兵器は神武紀元の年式が与えられることになったわけだ。

「艦上戦闘機（艦戦）」とは、航空母艦から運用される艦載（艦上）機であり、空中戦で敵機を撃墜することを任務とした機体（戦闘機）であることを意味している。

同じ艦載機でも、敵艦への魚雷攻撃（雷撃）を主任務とする機体は「艦上攻撃機」、急降下爆撃を行う機体は「艦上爆撃機」と呼ばれる。

現実には生産された零戦の大部分は空母には搭載されず、陸上基地から運用されたため艦載機特有の装備を外した機体も多かったが、それでも艦戦は艦戦、と

零戦の同僚たち
局地戦闘機（局戦）　陸上基地から運用され、敵機の迎撃を任務とする。雷電（右上）
艦上攻撃機（艦攻）　空母から運用される攻撃機。雷撃と水平爆撃を行う。九七艦攻（右下）
艦上爆撃機（艦爆）　空母から運用され、急降下爆撃を行う。九九艦爆（左下）

いうことで名前は変えていない。

以上は正式名称の話だが、さらに面倒なことに、零戦の場合、航空機メーカーでは正式名称以外に「A6M」という開発コードで呼んでいることが多い。この「A6」は第六世代の艦上戦闘機を、「M」はメーカーである三菱を意味する。

開発コードは、制式採用よりずっと前の開発段階で付けられた名前だから、設計陣にとってはこちらの方が愛着を感じたのかもしれない。

生産体制

さきほどは「零戦のメーカーは三菱である」と書いたが、総数10000機以上とも言われる零戦の生産数のうち、実はその過半数が中島飛行機（現在の「スバル」富士重工業）によるライセンス生産だった。

加えて、零戦に搭載されたエンジンは大部分が中島飛行機の製品だったから、やや乱暴な言い方をすれば「ブランドは三菱だが、製品としては七割方中島製」というのが実態か。

面白いことに、中島製の零戦はオリジナルとは微妙に仕様が異なっており、塗装のパターンも違うので写真でも区別がついたりする。


陸上攻撃機（陸攻）　魚雷で敵の艦船を攻撃する大型機。水平爆撃も可能。一式陸攻

零戦の設計図は非常に細かくて、微妙な曲線が多かったり、小さな部品にまで軽量化のための肉抜き穴をあけていたりと、量産性に対する配慮がなかった。中島の生産ラインではこの完璧主義的な設計が不評だったようで、三菱に無断で一部の仕様を「造りやすく」変えてしまった。つまり、量産効率を上げるためにオリジナルにはない独自の「カイゼン」を加えていたわけである。だから中島製の零戦は三菱製よりも質実剛健というか、いくぶん荒削りな造りになっており、この点が三菱や一部のパイロットに言わせると、中島製は「造りが雑」ということになる。

設計面での繊細さを追求する三菱、生産現場の効率を重視する中島、という社風の差が現れていて面白い話だが、中島の貢献なくして零戦の成功はなかったのだから、中島飛行機の努力はもっと高く評価されて良いのではないだろうか。

エンジン

零戦には、基本的に中島飛行機製の「栄《さかえ》」と呼ばれるエンジンが搭載されていた。機体とエンジンのメーカーが違うのには理由がある。実は、計画段階では候補のエンジンとして三菱製「瑞星」の名前が挙がっており、三菱としては当然、自社製エンジンを選定したかった。それで試作機は「瑞星」を搭載して完成させたのだが、試作途中の段階で海軍から指示があり、ライバル社の「栄」に載せ換えざるを得なかったのだ。これは三菱にとっては技術的にも営業的にも痛恨事で、その後も長く「あのとき三菱のエンジンを選定していれば……」という「たられば」話が語られることになる。

一般的に、海軍が「栄」を選択した理由として、単に「瑞星」より馬力が若干高かったことが挙げられているが、おそらく理由はそれだけではない。

この頃の三菱のエンジン部門は中島に比べて歴史が浅く、工場も小さく、戦闘機用エンジンの量産では見るべき実績がなかったからだ。一方、中島はエンジン生産において十分な実績と定評があった。

なかでも「栄」は、この「エンジンの中島」と航空技術廠（海軍の技術部門）が総力を挙げて共同開発したサラブレッドだった。したがって、『栄』の量産に目処が立てば、敢えて三菱製を選択する必要はない」というのが、海軍側の本音だったのだろう。

「栄」の開発はやや遅れ気味ではあったが、零戦の試作と並行して行われた試運転で期待通りの高性能を発揮して見事合格、晴れて新鋭機・零戦に搭載されることになった。

実は今日、この「栄」選定については色々批判もある。より大型な三菱製エンジン「金星」を選定すべきだったというのだが、結果だけ見れば「栄」で正解だろう。

忘れられがちだが、航空エンジンは当時の最先端科学技術の結晶であり、量産ラインを安定して稼動させること自体、非常に高いハードルだった。

当時、三菱のエンジン部門はまだ駆け出しで、つい数年前には外国製エンジンのライセンス生産に失敗したばかり。また、三菱ではエンジンの設計は出来ても、大型の量産ラインを稼動した経験に乏しく、生産管理についてはノウハウの蓄積がない。

このような状況下で次期主力戦闘機に三菱製エンジンを選択することは、それなりに大きな冒険になる。実際、仮に零戦に「金星」を選定したとしても、果たして三菱が必要な数の「金星」を安定して供給できたかどうかは分からないのだ。

この点、中島は十分な数の「栄」を迅速に供給したし、「栄」は最前線の過酷な環境下でも安定して稼動した。これだけでも、当時の工業レベルからすれば「もの凄いこと」なのだ。現代を基準にして当たり前に考えてはいけない。

昭和12年当時、独自に航空エンジンを設計・生産できたのは米英仏独を除くとイタリアと日本くらいで、今で言えばF1マシンとかステルス機級の技術水準にあたる。このレベルの最新鋭メカを量産ラインに載せなければならないのだから、一番信頼できるメーカーの製品を選ぶのが常識的判断だろう。

このあたりの事情を実感するには、復元作業でピカピカに磨き上げられた「栄」の写真を一目見て頂ければ話が早い。なにしろ、21世紀の今見ても「バリバリの最新鋭」なのである。復元した「栄」に横文字の銘板を貼ってそれらしく展示し、「エア・レース用に開発した最新鋭エンジン」などと説明すれば、機械に詳しい人以外は大部分が信じてしまうのではないかと思う。自家用車すら珍しかった時代の日本人の目には、まさにSFの世界のシロモノと映っただろう。

航空エンジンってどんなもの?

では、航空エンジンは何がそんなに凄いのか?

「栄」の基本的な構造は、自動車と同じ「ガソリン燃料のレシプロ・エンジン」で、システム自体は凄くも何ともない。しかし、中身は全く別物だ。

1000馬力という途方もないパワーを生み出すために、「栄」にはシリンダー（気筒）が14本もあり、これを7本ずつ星型に組んで、二段重ねにしてある。

つまり「空冷星型複列14気筒」エンジン、排気量は何と27・9ℓ＝27900ccもある。これがいかにデカいかということは、トヨタの最上級車種のエンジンが「V型8気筒」エンジン、排気量5000cc弱（これでも乗用車としては破格の大きさ）であることと比較すれば分かるだろう。

「栄」の中で最も小ぶりなタイプでも、全体の直径が115cm、重量は530kgある。材料はただの鉄ではなく、数種類の希少金属を混合した特殊鋼だから、そ

中島「栄」12型発動機

上面

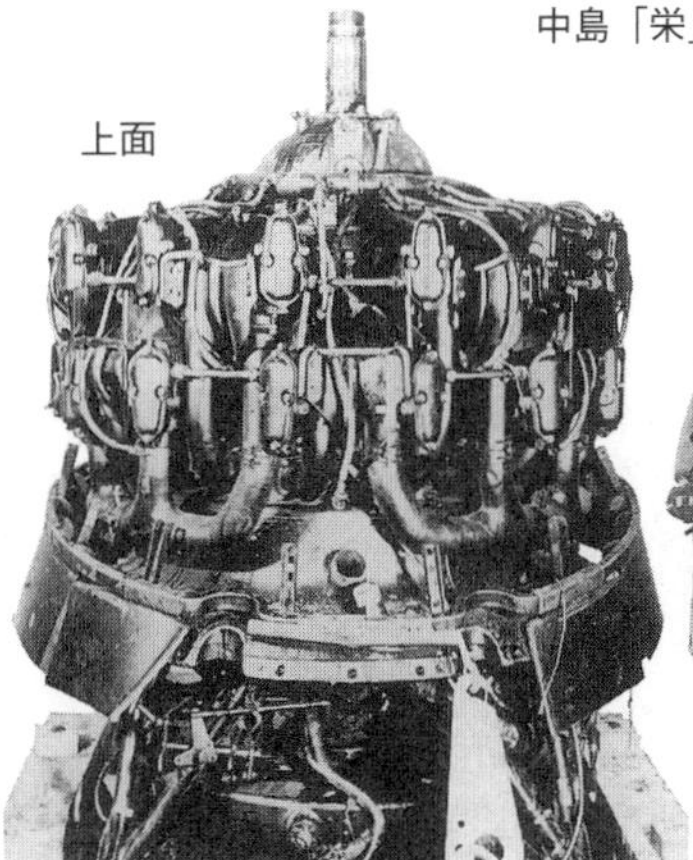

正面

正面から見ると14本のシリンダーが放射状に延びているように見えるが、これは後ろの段のシリンダーに冷却用の気流がきちんと当るように、二段目を半分ずらして配置してあるため。アクタン島の不時着機（224ページ参照）を米軍が調査した際の写真

の材料を揃えるだけでも並大抵ではない。

しかも、エンジンはただ素材を加工して設計図どおりの形を造ればよいというものではない。エンジンを円滑に回転させるためには、14本のシリンダーに均等にガソリンを供給する燃料系統、各気筒の点火タイミングを絶妙に制御する電気系統、猛烈な圧力と高熱に耐える部材を造る冶金《やきん》技術、ガタつかず焼付かない軸受け、タイミング良く確実に作動するバルブ、部品の磨耗を防ぐ潤滑系統と冷却系統、異常振動を防ぐための微妙なバランス調整、ミクロン単位の精密加工、その他もろもろの細かいノウハウや技術が必要になってくる。

現代の一流メーカーですら、「造れ」と言われてすぐ製造できるものではないし、下請けの部品メーカーにも相応の能力が要求される。これだけの精密機械を何千、何万と量産することの困難さを考えると、戦前戦中の時代によくぞこれだけ生産したものだと感心させられる。

零戦の型式と見分け方

豆知識的な話題はこのくらいにして、そろそろ本題に入ろう。

まずは、零戦の型式と見分け方について紹介する。本書の後半には「21型が……」とか「32型は……」といった記述が沢山出てくるので、理解の前提としてここで前以て解説しておかないといけない。

内容はごく一般的なものなので、既に詳しい方は読み飛ばして頂いて結構だ。

零戦は、制式採用から終戦までの約5年間に度重なる改良をうけた結果、様々なサブ・タイプ

零戦11型

図・伊藤博『ゼロ戦と隼』
秋田書店より

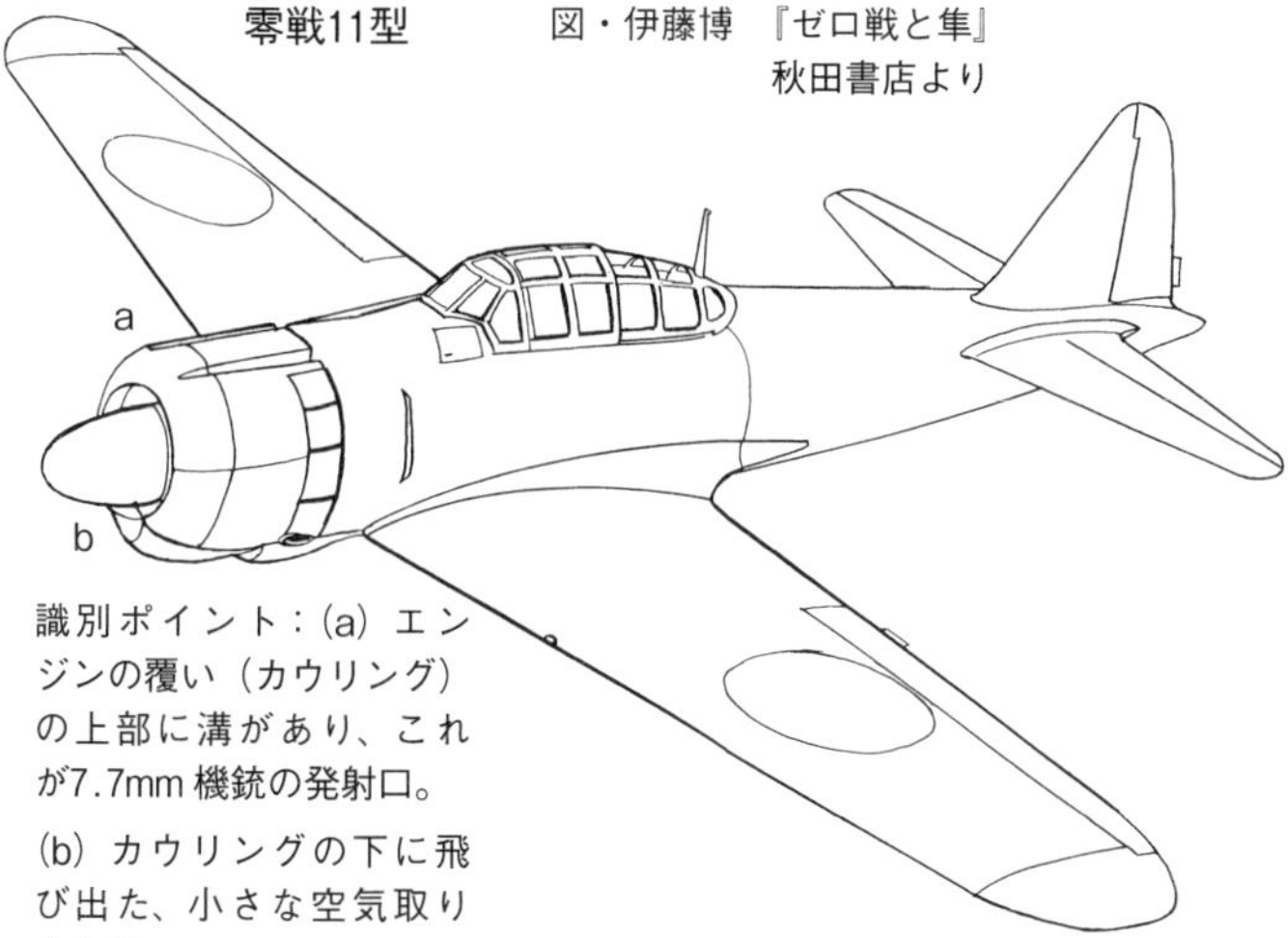

識別ポイント：(a) エンジンの覆い（カウリング）の上部に溝があり、これが7.7mm 機銃の発射口。

(b) カウリングの下に飛び出た、小さな空気取り入れ口。

11型、21型ともに
エンジンは「栄12型」、
940馬力でやや小ぶり。

零戦21型

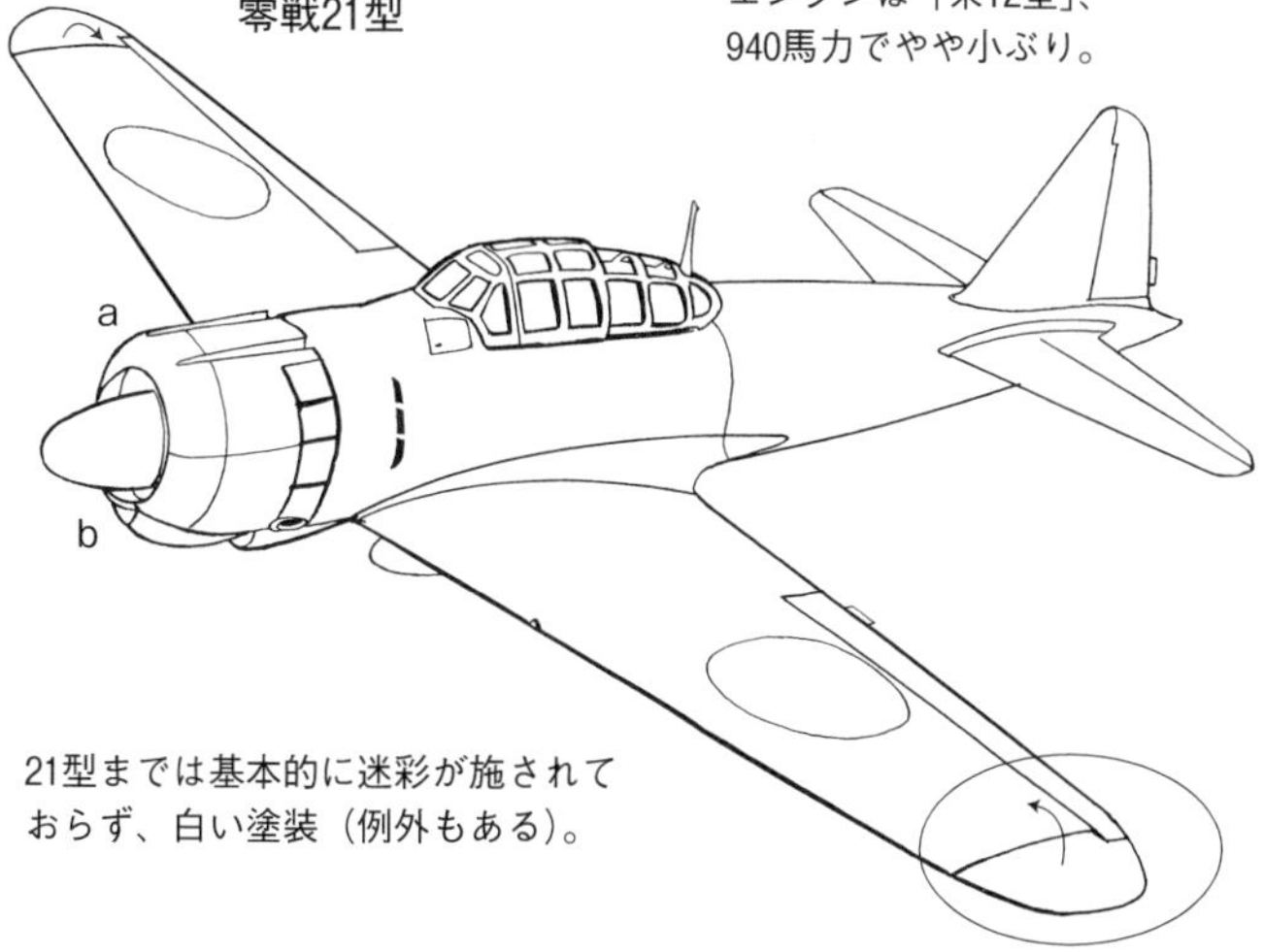

21型までは基本的に迷彩が施されておらず、白い塗装（例外もある）。

21型は翼端を折りたたむことができる。

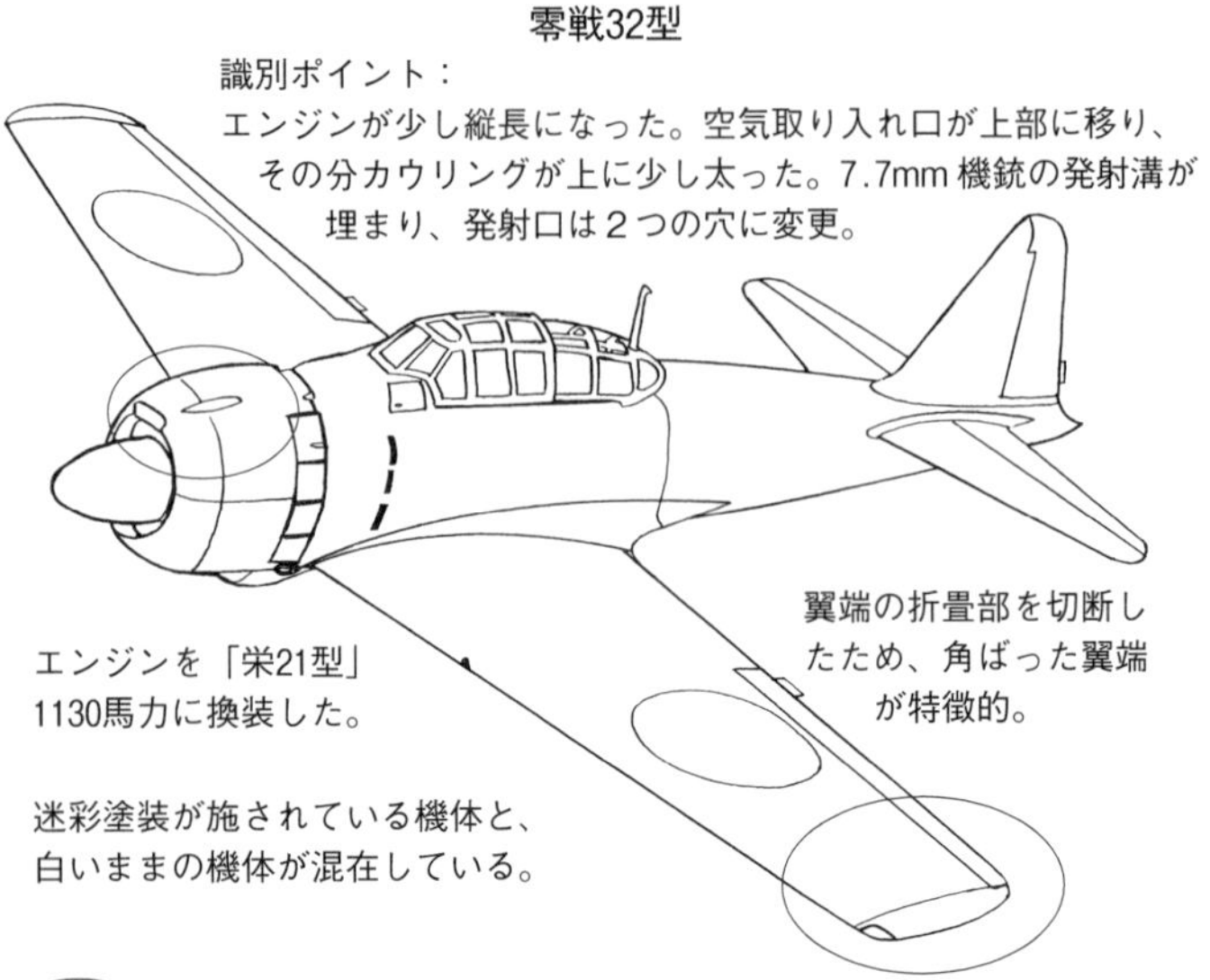

零戦32型
識別ポイント：
エンジンが少し縦長になった。空気取り入れ口が上部に移り、
その分カウリングが上に少し太った。7.7mm 機銃の発射溝が
埋まり、発射口は２つの穴に変更。
翼端の折畳部を切断し
たため、角ばった翼端
が特徴的。
エンジンを「栄21型」
1130馬力に換装した。
迷彩塗装が施されている機体と、
白いままの機体が混在している。

零戦22型
主翼切断部を元に戻し、
外翼内燃料タンクを増
設した。
識別ポイント：エンジン周りの特徴

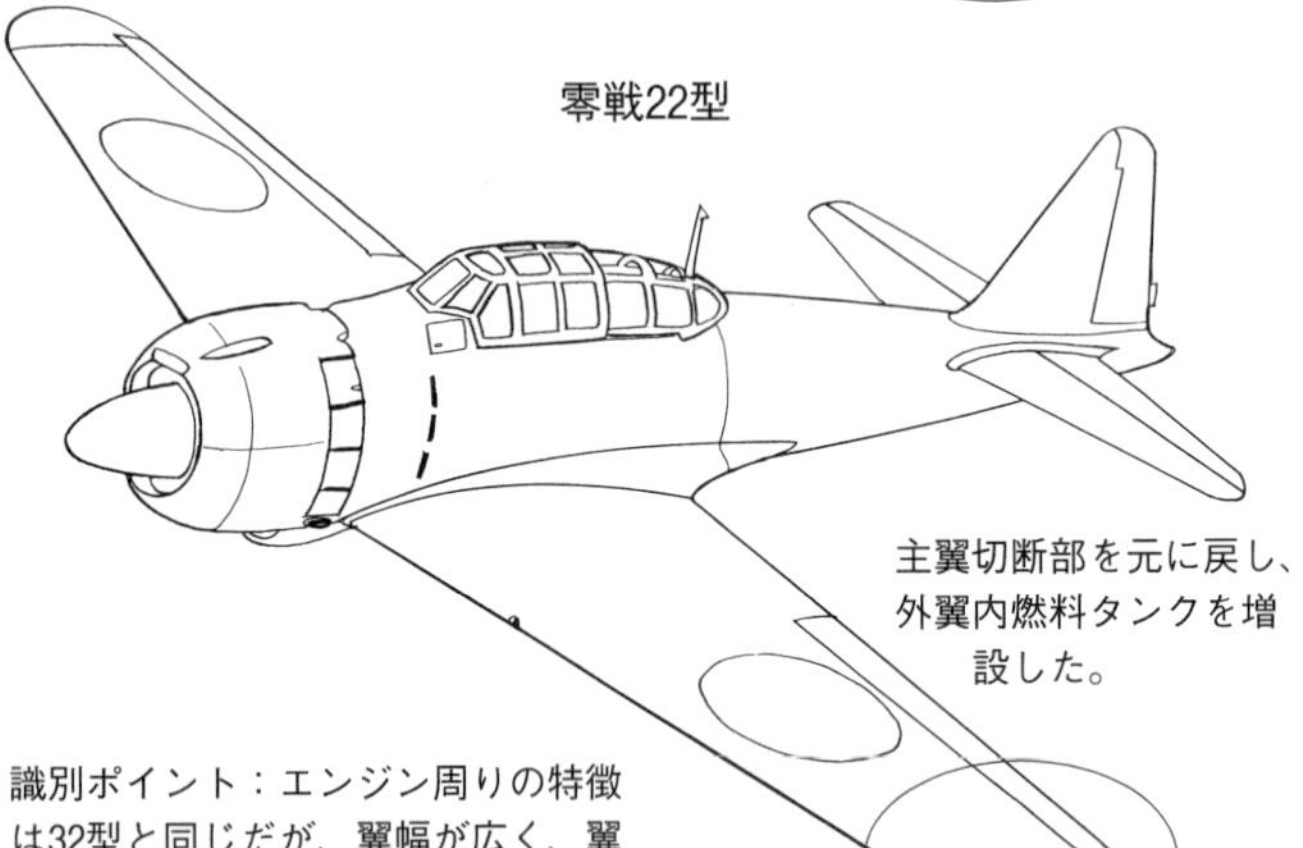
は32型と同じだが、翼幅が広く、翼
端が丸い。

22 型以降は、基本的に濃緑色の迷彩塗装が施されている。

零戦52型

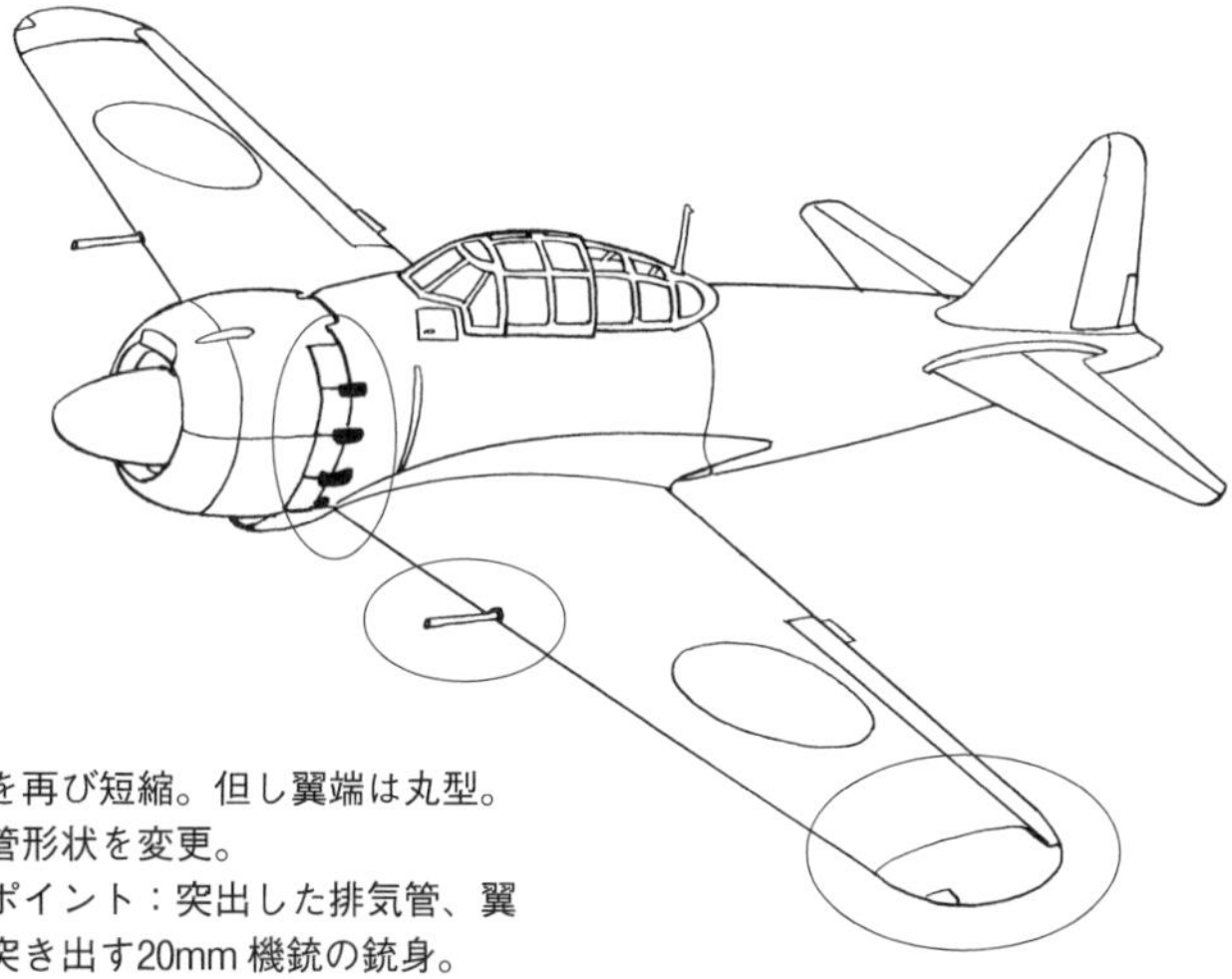

翼端を再び短縮。但し翼端は丸型。
排気管形状を変更。
識別ポイント：突出した排気管、翼から突き出す20mm 機銃の銃身。

零戦52丙型

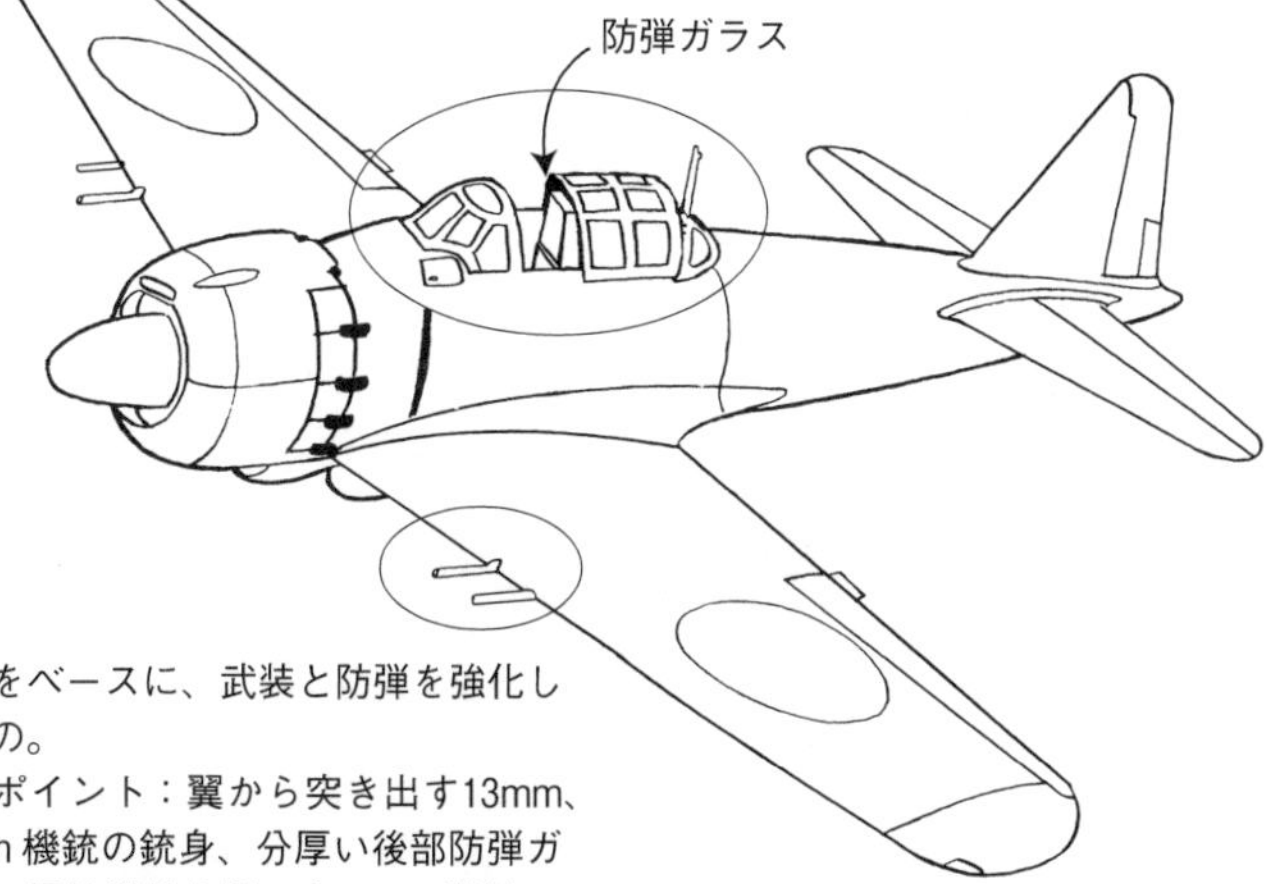

52型をベースに、武装と防弾を強化したもの。
識別ポイント：翼から突き出す13mm、20mm 機銃の銃身、分厚い後部防弾ガラス。胴体機首右側にも13mm 機銃。

零戦の各部名称
①主翼
②水平安定板（水平尾翼）
③垂直安定板（垂直尾翼）
④補助翼（エルロン）　機体を傾け、横転（ロール）させる舵
⑤方向舵（ラダー）　機首を左右方向に微調整し、機体を横に滑らせる舵
⑥昇降舵（エレベーター）　機首の上下角（ピッチ）を調整する舵
⑦下げ翼（フラップ）　離着陸の際に展開し、低速での失速を防止する装置
⑧プロペラ
⑨7.7mm 機銃
⑩20mm 機銃
⑪ピトー管

が存在する。主要なタイプは17〜19ページの図のとおり。

「○○型」という名称は、10の位が機体のバージョンを、1の位がエンジンのバージョンを表している。

例えば、「52型」は機体が5代目、エンジンが2代目であることを意味する。因みに、読み方は「ごじゅうにがた」ではなく「ごーにーがた」が正しいらしいが、余程こだわりがある人以外は前者でOKだ。

飛行機の構造と操縦

本書の後半では、議論の前提として飛行機の構造や操縦について基本的な理解が必要になる場合がある。

零戦の設計や戦歴の話題に入る前に、ここで簡単な飛行機の構造と操

ハセガワ製 1/48 A6M5 Zero Fighter Model 52 "Super Ace"

縦について説明しておくことにする。

【飛行機の操縦系統】

操縦に使うのは基本的に操縦桿、フットペダル、スロットルの3つである。

操縦桿は、金属製の棒（ロッド）やワイヤーで補助翼（エルロン）及び昇降舵（エレベーター）に繋がっている。同様に足元のフットペダルは、ワイヤーで方向舵（ラダー）に繋がっている。

【上昇と降下】

操縦桿を手前に引くと、昇降舵（水平尾翼の後ろ半分の可動部分）が上向きに折れ曲がる。これにより、尾翼の形は「尻上がり＝頭下げ」となるので、舵面に吹き付ける気流が水平尾翼を下に押し下げて、結果として機首が上を向く。逆に、操縦桿を足元に押し込むと、昇降舵は下向きに作動し、水平尾翼が上に押し上げられて機首が下を向く。

【傾斜（バンク）、横転（ロール）】

操縦桿を右にたおすと、右側の補助翼（エルロン）が上向きに、左側が下向きに作動する。すると、舵に作用する空気力により機体が右に傾く。逆に操縦桿を左にたおすと、機体が左に傾く。操縦桿を横に倒し続けると、90度真横から逆さになり、やがて360度回転する。こうした横の回転機動を「横転（ロール）」という。

【旋回】

まず、向きを変えたい方向に機体を傾け、その後に操縦桿を引く（パイロットの視点から見て「上昇」の操作を行う）。すると、機体は傾いた軸の上で「上昇」する——つまり水平面から見て横方向に針路をかえる。これが旋回である。

ところで、機体を傾けると、主翼が大気から受けている「揚力」の向きも傾く。

飛行機は、主翼が発生させる「揚力」つまり「浮く力」によって空中に浮かんでいるが、この「揚力」は主翼に対して垂直方向に生じる。水平飛行中は、主翼の揚力は重力とちょうど反対方向で拮抗しているが、機を傾けると、今まで重力と拮抗していた揚力が鉛直（垂直）成分と横向き成分に分離され、その分、鉛直成分が減る。その結果、高度が落ち、同時に横向き成分の揚力によって機体は横に移動する（機体は斜めに滑り落ちる）。

高度を保ったまま旋回するには、エンジンの出力を上げるか、方向舵を旋回方向とは反対方向に踏み込む「当て舵」をして、旋回による滑りを相殺する。つまり、左旋回では機体が左下に滑るので、右のフットペダルを踏み込むことで滑りを止める。

旋回の角度がきつくなればなるほど、また飛行速度が速くなればなるほど、遠心力による加速度（G）が生じる。通常は、Gが人間の限界値（4～5G）を超えないように操作するが、戦闘時には一時的に7～8G位に達することがある。

概ね、7Gを超える荷重下では、通常のパイロットは短時間で失神する。

【急降下】

〈プッシュオーバー〉

単純に、操縦桿を前に倒して機首を下げる。

操作は簡単で反応も迅速だが、これをやると強烈なマイナスG（負の重力・加速度）に襲われ、パイロットも燃料も弾薬も、全てが浮き上がってしまう。「マイナスG」という言葉はなじみがないかも知れないが、ジェットコースターに乗って急降下をはじめる時の「フワッと浮かぶ感じ」を何倍も強烈にして、「上に放り投げられる」ほどの強さにしたと考えればよい。座席のベルトが緩かったりすると、下手をすればコクピットの天蓋に頭をぶつけるかもしれない。

機種や状況によっては、エンジンへの燃料供給に問題が発生したり、機関銃が故障したりする。飛行機の機体はマイナスGには強くないので、無理な負荷をかけると破壊することがある。

さらに、人体もマイナスGに対する耐性が弱いので、パイロットがしばしば失神する（−3G程度が限界とされる）。地球の重力は+1G。「絶叫コースター」が+0.2G（+1Gマイナス0.8Gの加速度）程度、0Gは「自由落下（スカイダイビング）」。−1Gは「逆さ吊り」の状態。−2Gはその2倍の加速度で、足を縛られて遠心分離機にかけられているような状態である。この位になると、血流が頭と目に逆流し、思考や判断ができなくなり、視界は赤くぼやけて狭まる。最悪の場合、血管が切れて目や鼻から出血する。強いマイナスGの下ではパイロットは正常な操縦操作を行うことができないのである。

従って、プッシュオーバーで急降下まで持っていく場合、かなりゆっくりと操作する必要がある。逆に、この方法で急激に降下しようとする場合には、相当の忍耐と覚悟が必要になる。この機動は戦闘時にごく短時間使われるだけで、普段の訓練では忌避される。


〈半横転（ハーフ・ロール）ダイブ〉

急降下の基本形。まず、操縦桿を横に倒して180度の半横転（ハーフ・ロール）をし、上下逆さ、つまり背面姿勢になったところで操縦桿を引く（パイロットの視点では「上昇」操作、外から見れば急降下。詳しくは132ページの図参照）。

利点として、発生する加速度がプラスGなので、飛行機の構造上安全であり、パイロットも対処がしやすい。欠点として、準備動作として横転機動が入る分、初動が数秒遅れる。

通常、戦闘時に行われる急降下はこの方式を用いる。この機動で十分な降下角度を得た後は、さらに180度横転して上下を元にもどし、そこから引起して水平飛行に移る。

飛行方向を反転させたい場合は、背面姿勢のまま引起しを続け、半宙返りをして水平飛行に戻る。これは「スプリットS」と呼ばれる典型的な機動で、進路がすれ違う敵を追う場合や、敵に背後を取られた場合に回避に用いる。

急降下からの引起しは非常に大きな加速度（G）がかかるので、基本的にはゆっくりと行う必要があるが、戦闘中にはしばしば無理な引起しによってパイロットが失神する事態が生じる。

【横滑り】

右のフットペダルを踏むと、機首が僅かに右に振れる。強く踏み込むと、機体は右に滑る。逆に、左のフットペダルを踏むと、機首が僅かに左に振れる。強く踏み込むと、機体は左に滑る。

【エンジン制御】

スロットルを開く→エンジンの回転が上がる。

スロットルを閉じる→エンジンの回転が落ちる。

海軍機はレバーを前に倒すと出力が上がり、手前に引くと出力が落ちる。

【プロペラ制御】

零戦には、「定速式プロペラ」と呼ばれるプロペラが搭載されている。予め操縦席でプロペラの回転数を設定しておくことにより、飛行状態やエンジン出力に応じてプロペラの羽根の角度が自動的に調整され、指定された回転数を保つという優れものだ。

プロペラの羽根の角度の調整は、車でいえばギアチ

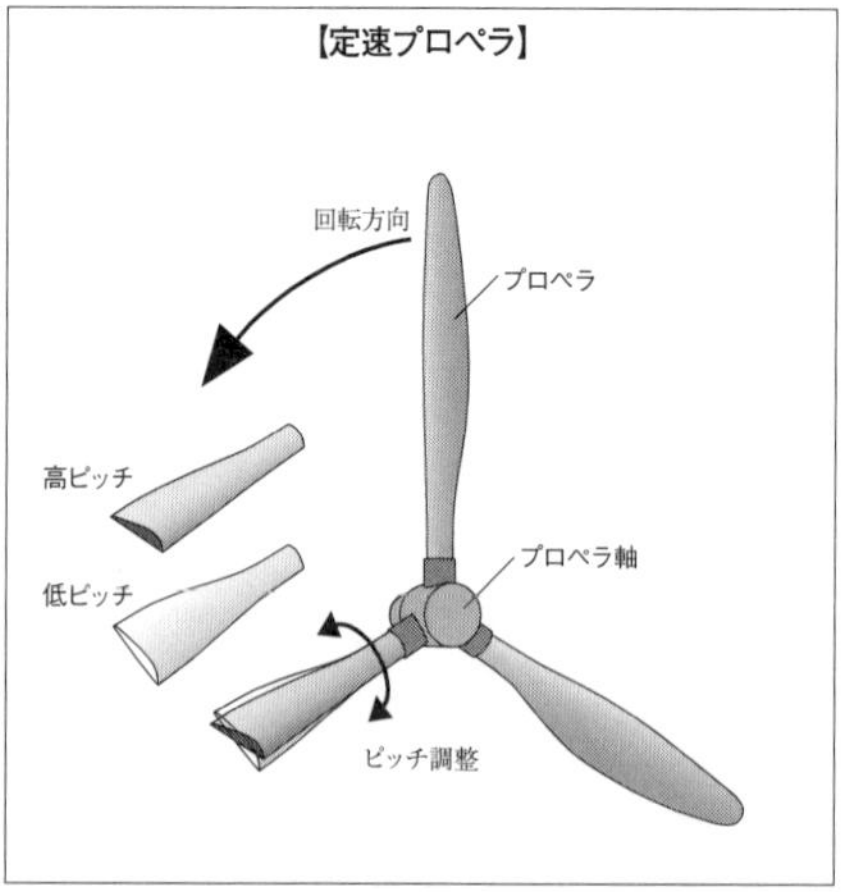

エンジンに相当する操作である。自動車（自転車でもいい）でいえば1速ギアが最も浅い角度（最低ピッチ）、5速が最も深い角度（最高ピッチ）だが、急加速・急減速を繰り返す空中戦では、いちいち手動で角度調整を行うことはほとんど不可能なので、自動の調整システムが必要になる（79ページ参照）。

この「羽根角度の自動調整システム」を組み込んだプロペラを定速プロペラといい、昭和12年当時は最新技術だった。

操縦席には定速プロペラの調整スイッチがあり、飛行状態に応じて最適な回転数を設定しておけば、あとは機械的に自動でピッチ調整をしてくれる。離陸・上昇時や空中戦の際には、許容回転数いっぱいに設定する。逆に、巡航中は回転数を落として燃料を節約することができる。

空冷エンジンと液冷エンジン

零戦のエンジンは空冷式。空冷式とは、呼んで字のごとく、空気でエンジンの冷却を行うエンジンである。一方、液冷式はラジエーターと冷却液を用いる。現代の自動車の大部分は液冷式エンジンだが、ヤマハやホンダのバイクは空冷式が多い。

空冷式エンジンの特徴は、シリンダーの外側に無数のヒダが付いていることで、これは外気と接する表面積を増やすことにより冷却効果を高める工夫である。

空冷式の航空機エンジンは、多数のシリンダーに均等に気流が当たるように、シリンダーを円形にならべざるを得ない。結果として、強力な（＝シリンダーが大きく、数が多い）エンジンほど正面の面積が大きくなり空気抵抗も増える。つまり、正面面積＝冷却能力＝馬力という方程式なので、大馬力のエンジンは不可避的に頭でっかちになる。

一方の液冷エンジンは、シリンダーの外側に冷却液の層を作り、冷媒を循環させることによってオーバーヒートを防ぐ。したがって、シリンダー配置は自由に設計することができ、当然、空気抵抗の少ない縦長の設計が行われる。その結果、外観的に空冷式は「丸い絶壁あたま」、液冷は「尖ったスマートな頭」になる。

機体の空気抵抗を減らすという観点では、明らかに液冷式が有利である。但し、液冷式もいいことばかりではない。

冷却液が沸騰してしまわないように、結局は冷却液を空気で冷やしてやる必要があるからだ。この「冷却液の冷却」を行うのがラジエーターで、エンジンを正常に回転させるためにはここに大量の空気を取り込まなければならない。当然、ラジエーターは大きな空気抵抗を発生させるので、液冷エンジン機の場合はいかにラジエーターの空気抵抗を小さくまとめるかが重要になってくる。

さらに液冷式エンジンの場合は、空冷式では不要な冷却系統（ラジエーター、冷却液及びその循環システム：ポンプとパイプ）

液冷エンジンを搭載した彗星11型

エンジンを液冷から空冷に換えた彗星33型

が必要になるため、その分重量が嵩むという不利がある。1000馬力以上のエンジンだと、冷却系の重量だけで200〜300kgはある。また、軍用機の場合は冷却系への被弾も考慮しなければならない。

液冷式の戦闘機は、ラジエーターや冷却水タンク・パイプに被弾すると冷却水が漏れ、数分後にはエンジンがオーバーヒートしてしまう。つまり、一般的に液冷式の戦闘機は空冷式より急所が大きくなり、撃たれ弱いのである。冷却系への被弾は、場合によっては一発でも即、エンジン停止につながるので非常に厄介だ。

下が陸地なら不時着も可能だが、海上でエンジンが停止すれば殆どアウト（そのまま遭難）なので、海軍機には空冷式の方が向いていると言える。陸上戦が主体だった欧州戦線では、殆どの戦闘機が液冷式エンジンを搭載していた。逆に、海上戦が中心だった太平洋戦線では海軍機が多く投入され、その大部分は空冷エンジンを搭載していた。

世界の主力戦闘機

第1章以降では、しばしば零戦と各国戦闘機との比較で話を進めることがあるので、列強の主要な戦闘機の名前と概要を理解しておかないと何を言っているのか分からなくなる。

太平洋戦争が本格化する時点（昭和17年初頭）では、各国の主力戦闘機として次ページのようなものがあった。次章以降、説明なく略称を用いる場合があるので、ここに戻り確認してほしい。

(独空軍)メッサーシュミットBf109(F型)
1935年に初飛行した老兵だが、絶え間ない改良によって第一線に留まった

(独空軍)フォッケウルフFw190(A型)
1939年初飛行の新鋭機で、非常に高い性能を発揮した

(伊空軍)マッキC202「フォルゴーレ」
あまり有名ではないが、イタリア空軍の主力として大戦を戦い抜いた。同時代のライバルと比較してもなかなかの高性能

(米陸軍)カーチスP-40「ウォーホーク」(E型)
陸軍の主力機。全体的に悪くない性能だが、高い高度での戦闘力が低いのが泣き所

(米海軍)グラマンF4F「ワイルドキャット」(4型)
米軍の主力艦載機。カタログ性能は全体的に零戦に劣ったが、火力と動きの機敏さで零戦を凌いでおり、かなりの強敵だった

(英空軍)スピットファイア(Mk.V型)
1936年に初飛行した古い機体の改良版。零戦との対決は数えるほどしかなかった

機種	Bf109F	Fw190A	MC202	P-40	F4F	Spitfire Mk.V
最高速度	600km/h	610km/h	595km/h	570km/h	515km/h	595km/h
火　力	20mm×1 7.9mm×2	20mm×2～4 7.9mm×2～4	13mm×2 7.7mm×2	13mm×6	13mm×6	7.7mm×8 又は 20mm×2 7.7mm×4

各国戦闘機性能チャート

堀越技師の回想

実は、零戦の設計を担当した三菱の主任技師である堀越二郎氏は、戦後に進駐軍から「ゼロ・ファイター」に対する高い評価を耳にしたことが意外だったという。堀越氏にとって、零戦は必ずしも会心の出来といえる作品ではなかったらしい。

実際、昭和16年以降に三菱の戦闘機設計チームが心血を注いでいたのは、次世代機である「雷電」と「烈風」の開発であって、零戦の改良ではない。海軍も、新型機の完成後は早期に零戦を引退させる心積もりであったようだ。

したがって、三菱の戦闘機設計チームにとっての第二次大戦の歴史とは、事実上「雷電」「烈風」の開発とその停滞の歴史なのである。

海軍の次期主力戦闘機として期待されながら開発が遅れ、殆ど量産されないまま終戦を迎えた「雷電」に対する評価は芳しくない。

さらに、「雷電」は離着陸が難しく事故が多かったので、パイロット達から「殺人機」という有難くない渾名まで頂戴していた。航空関係者の間には「『雷電』国滅ぼす」という戯言すらあったといわれる。

その後の「烈風」に至っては試作段階で終戦を迎えているので、結局、三菱の新型機は戦局に何ら寄与しなかったことになる。敗戦時の堀越技師の落胆は相当なものだったろう。

そんな堀越氏を救ったのが、「零戦」に対する米軍の意外な高評価だった。

戦後、堀越氏は自らの作品・零戦を再評価し、奥宮正武氏との共著『零戦』を発表する。この本をきっかけに、以後同様の書籍が多数出版され、その中から「日本人が自らの手で作り上げた、米軍機を圧倒する最強戦闘機」という神話が形成されていった。

敗戦で意気消沈した人々が立ち直るための活力剤として、分かり易いサクセス・ストーリーが求められていたことも影響しているのだろう。今日語られている数々の零戦神話は、日本人のいわば「自信回復ツール」として戦後に作られた部分が多い。

では、零戦の本当の姿とはどのようなものだったのか？

零戦は本当に「世界最高」だったのか？

この章では、零戦の開発の経緯を辿りながら、「神話以前」の零戦の姿に迫っていきたいと思う。

防空戦闘機としての計画

零戦の本格的な開発作業が始まったのは昭和12年のことである。

その年の春、海軍は次期艦上戦闘機の開発を開始するにあたり、「十二試艦上戦闘機計画要求書」の原案をメーカーに提示した。

「十二試艦上戦闘機」とは読んで字の如く、昭和12年度計画による次世代の艦上戦闘機を意味する。今風に言えば、「XF‐12」といったところだ。

計画要求書とは、新型機に対して軍が要求する性能を示した一種の仕様書であった。

この「計画要求書」は、昭和12年5月に原案が提示された後、10月に正式な文書として三菱と中島に交付されることになるのだが、その要求の趣旨は次のようなものだった。

「攻撃機ノ阻止撃攘《げきじょう》ヲ主トシ尚《なお》観測機ノ掃蕩《そうとう》ニ適スル艦上戦闘機ヲ得ルニアリ」

「撃攘」とは撃退すること。「掃蕩」とは完全に排除すること。

「観測機」は偵察機のようなもので、戦艦などの主力艦同士が砲撃戦を行う際に、上空から「着弾観測」を行う飛行機である。

遠距離の砲撃戦では、自艦の砲撃がどの地点に着弾したのかを艦橋から観測するのが困難なので、敵艦隊の上空に観測機を飛ばして着弾の水柱を観測させ、その情報を元に照準を修正して命中弾を得る。

観測機からの情報は主砲の命中率に直結するから、艦隊決戦において観測機が果たす役割は非常に重要であり、同時に、その観測機を我が艦隊の上空から追い払うことは、艦隊決戦に勝利する上で不可欠な要素であった。

「攻撃機ノ阻止撃攘ヲ主トシ尚観測機ノ掃蕩ニ適スル」とは、つまり、第一に我が艦隊を襲う爆撃機や雷撃機を撃退し、第二に敵艦隊の「目」である観測機を叩き落すこと、すなわち艦隊防空が主任務だということを意味する。

一般に、零戦は長距離進攻用(攻撃機掩護用)の戦闘機として設計されたと考えられがちだが、もともとの計画は純粋な防空用だったわけだ。

「艦上戦闘機」は脇役だった

さきほどの原案で、「敵戦闘機を圧倒する空戦性能」といった類の項目が要求に上がっていないことを不思議に思う人がいるかもしれない。

しかし、むしろ当時は艦上戦闘機という機種自体が脇役で、いわば日陰の存在。海軍の主力はあくまで戦艦部隊であり、海戦の勝敗を決するのはその主砲であって、航空機は補助兵力に過ぎない——これが当時の全世界的な常識なのである。

この時点では、誰もこの「十二試艦戦」がその後、日本の命運を担う主力戦闘機となり、何千という数の米軍機と死闘を繰り広げるとは知る由もない。

「艦上戦闘機は、艦隊の防空だけしておればよい」という時代が昭和12年だった。

むしろ、当時の戦艦万能主義、艦隊決戦至上主義が支配する空気の中にあっては、海軍航空部隊の花形は、敵の主力艦を魚雷で撃沈する能力を秘めた「攻撃機」なのだ。

そんな中の昭和11年(零戦の試作開始の前年)、その攻撃機部隊に新鋭機「九六式陸上攻撃機(九六陸攻)」が就役した。

この頃に世界の空を飛んでいた各国の爆撃機は、概ね現代人の目から見るとどれも不恰好で古臭い形のものが多いが、この九六陸攻は非常にスマートで近代的な姿をしており、性能面でも一流だった。

特に速度性能は従来機より大幅に向上しており、「戦闘機より速い」とすら言われた。

実際、当時の海軍戦闘機部隊の多くが装備していた「九〇式艦上戦闘機」では、全速で飛ぶ九六陸攻に追いつくことすら困難なのだ。

同年採用された新鋭機「九六式艦上戦闘機」は陸攻よりも速かったのだが、まだ数が少なく主力機ではなかったから、九六陸攻が「戦闘機より速い」という売り文句はあながち嘘でもない。その高速性と美しい姿は海軍のご自慢で、陸攻乗りはパイロットの花形だった。

模擬空戦で九六陸攻に翻弄される九〇艦戦を見て、陸攻乗りの意気はさらに上がる。

「高速の大型機の前では、小型の戦闘機などものの数ではない」——こうした「戦闘機無用論」と呼ばれる戦術思想は、日本だけでなく全世界で力を持っていた。

垢抜けないマーチン B-10（左上）、サヴォイア・マルケッティ SM.81（右上）に比べて九六陸攻の機体は洗練されている（下）

だから兵学校でも、飛行科の学生には戦闘機より攻撃機が人気で、戦闘機パイロットを希望する生徒はごく僅かだった。

将校が艦上戦闘機に寄り付かない理由は他にもある。事故死の危険が非常に高いからだ。海の上を一人で飛んで、空母の甲板に降りなければならない艦上戦闘機は、遭難や着艦事故の危険と常に隣り合わせになる。

陸地の見えない海上で迷子になったり、一つしかないエンジンが故障すれば、たちまち遭難して海の藻屑。着艦でミスすれば海中に転落して水死するか、または甲板に激突して重傷を負うか……悪くすれば燃料に引火して黒コゲである。

実際、訓練中には毎年多くの殉職者が出ており、艦載機のパイロットは非常に危険なポジションだった。この頃「艦上戦闘機」という兵種は決して花形ではなく、むしろ「命知らずの兵隊が乗るもの」というイメージだったようだ。

兵学校で優秀な成績を収めたエリート将校の多くは艦載機搭乗員を敬遠し、安全で見栄えもよく、経歴にも箔がつく大型艦（戦艦、巡洋艦）勤務を希望した。

しかし、まさに零戦の開発が始まる昭和12年、今まで日陰者だった「艦上戦闘機」に大きな転機が訪れることになる。

転機となった上海事変

前述のとおり、海軍の仕様書「十二試艦上戦闘機計画要求書」は、昭和12年の5月に原案がメーカーに提示され、10月に正式な文書として交付されている。

ちょうどこの5ヶ月の間にあたる昭和12年8月13日、上海租界に駐屯する海軍陸戦隊が中国軍の大部隊から包囲攻撃を受けたのである（いわゆる第二次上海事変）。

上海の陸戦隊は10倍以上の兵力に包囲された上、多数の中国空軍機からの激しい爆撃に曝されていた。上海からは連日、救援を求める電文が入電するが、どんなに急いでも陸軍の救援部隊が到着するまでに2週間はかかる。援護の飛行機を出そうにも、上海に日本の飛行場はない……このとき、上海救援の任務を与えられたのが空母機動部隊だった。

空母なら、丸1日あれば九州から上海沖まで進出できる。付近の海上から艦載機を発進させれば、援護の飛行機を常に戦場の上に滞空させておくことが可能なのだ。

海軍は直ちに第一、第二航空戦隊（空母「加賀」「龍驤」）に出撃命令を下し、空母は上海沖に急行する。その搭載機は、従来型の「九五艦戦」に加え、「九四式艦上爆撃機」と「九二式艦上攻撃機」であった。

対する中国空軍は、稼動機のほぼ全部、総勢200機程度をこの方面に投入してきた。

意外に思われるかも知れないが、この時既に中国（国民党）軍は本格的な空軍を持っていたのである。機体の大部分は米国製の

中国軍戦闘機の列線

新鋭機で、世界標準から見ても一流と言って良いものだったし、空軍のアドバイザーは事実上、米国から派遣されていた。

現代人のイメージと異なり、昭和12年時の中国空軍は、少なくとも数の上では十分な戦力を持った侮れない相手だった。日中航空戦は実質的に日米戦であった。

昭和12年の8月から9月にかけて、上海周辺では日中両軍機による熾烈な航空戦が展開され、海軍航空隊に多くの戦訓をもたらした。

上海事変の戦訓

第二次上海事変は、日本海軍が体験した初の本格的な航空戦であり、全世界的に見ても、艦載機が大規模な戦闘の主役となった初めての戦いだと言ってよいだろう。昭和7年の第一次上海事変でも艦載機が出動しているが、この頃の艦載機は非力で大きな戦力とはならなかったし、対する中国空軍も極めて弱体だった。

実戦では、平時の想定とは全く異なる戦い方を強いられる。

空母の艦攻隊・艦爆隊は、本来は艦隊決戦の前衛として、敵艦隊の主力である戦艦や巡洋艦を叩くのが任務である。乾坤一擲の艦隊決戦では、せいぜい2~3回の全力出撃で、戦闘は終わるはずだった。

しかし実際に上海で要求されたのは、揚子江に浮かぶ中国海軍の小型艦や沿岸砲台など、多数の小目標を連日繰り返し爆撃することだった。加えて、敵空軍の基地である飛行場や、陸上の軍事施設の破壊が重要な任務になった。

こうした地上目標は、到底、一度や二度の爆撃で潰せるものではない。母艦に帰投した攻撃隊は、燃料と爆弾を積みこむとすぐに再出撃しなければならなかった。こうして出撃回数を重ねれば、敵戦闘機や対空砲火に遭遇する機会も増える。当然、損害も累積していった。

「九五艦戦」で編成された母艦戦闘機隊の相手も、母艦を襲う攻撃機や観測機ではなかった。「加賀」「龍驤」らの飛行隊は、わずかな戦力を駆使して、中国空軍の主力を相手に戦わねばならなかった。

防空任務では、上海の上空に飛来するあらゆる敵機を迎撃することを求められたし、実際に戦った相手の多くは米国製の陸上戦闘機だった。さらに、艦攻隊・艦爆隊が中国軍の飛行場や重要拠点を攻撃する際には、迎撃してくる戦闘機との空中戦を覚悟する必要があったから、その護衛も必要だった。

上海事変の戦訓は、「艦上戦闘機は、艦隊の防空だけしておればよい」という時代が終わりつつあることを意味していた。

嵩上げされた？要求水準

こうした戦訓がどの程度影響したのかは分からないが、昭和12年の10月（上海事変勃発の2ヶ月後）に海軍が示した計画要求書は、5月に提示された原案とは微妙に違っていたらしい。

具体的にどこがどう変わったのか、要求書の本紙と「原案」を対照することができないため詳しいことは分からない。

しかし、堀越氏の回想によれば、10月に海軍から受け取った要求書には、5月時点にはなかった航続距離（滞空時間の長さ）に対する厳しい要求が盛り込まれていたという。

計画要求書の内容については、文献により様々な紹介が行われているが、その中で最も正確と思われるものを、そのまま記載する（なお、こちらが「原案」の可能性もある）。


「十二試艦上戦闘機計画要求書」
一、目　的
攻撃機ノ阻止撃攘ヲ主トシ尚観測機ノ掃蕩ニ適スル艦上戦闘機ヲ得ルニアリ
二、形　式
「プロペラ」回転圏外ニ翼上二〇粍固定機銃二挺ヲ装備スルト共ニ胴体付近ニ七・七粍固定機銃二挺ヲ装備シタル単座機
三、主要寸度
全幅　一二・〇米
全長　一〇・〇米
全高　三・七米
四、装備発動機
昭和十二年九月末迄審査終了ノ発動機

五、性能
（1）速　力　高度四〇〇〇米ニ於テ二七〇節以上（高力馬力ニテ）
（2）上昇力　高度三〇〇〇米迄三分三〇秒以内　五〇〇〇米迄五分三〇秒以内
（3）離艦距離　合成風速一二米／秒ニ於テ七〇米以内
（4）着　速　五八節以下
（5）降下率　三・五乃至四・五米／秒以内
（6）航続力
イ、正規満載状態ニ於テ高力馬力一・二時間
ロ、過荷重状態ニ於テ高力馬力一・五時間　巡航速滞空六時間以上
尚計画上余裕アル場合ハ極力最高速ノ向上ヲ図ルモノトス
（以下略）
〔筆者注〕
「米」はメートル、「粍」はミリメートル、「節」はノット、「高力馬力」はエンジンの全開出力をそれぞれ意味する。

また、空中戦の性能については、最終的に「九六式二号艦戦に劣らぬこと」、「敵戦闘機との空戦において、優越せる艦上戦闘機なるを要す」と説明されている。
よく考えればこの点はあって当たり前の条件なのだが、当初は明確だった性能要求の趣旨が次

第に総花的になっていったことは否めないようだ。

こうした海軍の要求に対して、主任設計技師である堀越氏は、次のように回想する。

「本機の計画要求書によって示された性能は、われわれの技術水準に対しては非常に高い所にあった。生易しいやり方ではその全部または大部分を満足することは不可能と思われた。もしこの計画要求を満足する戦闘機ができれば、近い将来において、性能にかけては正に世界一たること間違いなしと思われた」

九六艦戦は、つい去年就役したばかりのバリバリ最新鋭機であり、堀越技師の自信作である。その新鋭機の量産が始まったばかりだというのに、「十二試艦戦」に対する上記の要求水準は、さらにそれを大幅に上回るものになっている。

確かに、当時の目線で見れば「世界一」の高性能の要求であり、このような難題を与えられた堀越氏が「一体どうしたものか……」と頭を悩ませたであろうことは想像に難くない。

また、計画要求書に明記されているもの以外にも、現場のパイロットや指揮官の立場からの雑多な要望、数値に表せない性能の要求は無数にある。こうした要望の全てを盛り込もうとすれば、設計者の苦労は並大抵ではなかっただろう。

海軍の要求は無謀か？

こうした苦労話が一人歩きしたのか、今日では、海軍の性能要求について、高望みをし過ぎた「常識はずれの要求」であるとか、軍官僚の無知と横暴を示すものだ、といった傾向の論評が多い。

典型的なものとして、零戦を取り上げたTV番組で、海軍の性能要求について、次のように紹介した例がある。

「最高速度270ノット（500km／h）以上、航続力6時間（距離にして2000km）以上、さらに20mm機銃を搭載……戦闘機としては世界最大級でした。スピード、航続力、戦闘力……全てを兼ね備えた戦闘機は、これまでありませんでした。スピードを上げると航続力が落ちる。戦闘力を上げればスピードが落ちる。設計者にとって、常識はずれの要求でした……」

また、性能要求に対するこのような理解を前提に「海軍の要求が無謀で矛盾していたことが、大戦後半における零戦凋落の元凶だ」とする主張が通説化している。

要は、海軍の「常識はずれの要求」を実現するべく過剰な軽量化を行った零戦は機体の強度が不足しており、かつ防弾を疎かにしたため、頑丈で生残性が高い米軍機に総力戦で敗れた、とする理屈である。

機体強度や防弾の話は後述するが、少なくとも海軍の要求が「無謀」ないし「常識はずれ」だとする主張には根拠がないように思われる。

筆者の見るところ、上記のような理解は戦後かなり経ってから現れた一種の流行であり、当時を知る技術者やパイロット達は、必ずしもそうは考えていなかったようだ。

たとえば、堀越氏は要求性能の実現について、「エンジンの性能が向上し、定回転プロペラの信頼性が高まれば、話は別」、つまり実現可能であるとも述べている。そして、結果的にも新型エンジンと定回転プロペラの採用によって要求性能は満たされた。

確かに海軍の性能要求のハードルは高かったが、要求それ自体が無謀なのではなく、高性能の前提となるエンジンとプロペラが未完成であることが設計者を苦しめていたと考えた方が良さそうだ。

海軍は中島製の新型エンジン「栄」（当時は試作中で、「M発動機」と呼ばれていた）が1000馬力を出してくれることを期待して要求水準を決定しているが、その「M発動機」は直前に行われた耐久試験でクランクシャフト（ピストンの往復運動を回転運動に変える部品）折れの事故を起こしており、制式化がやや遅れる見通しだった。

したがって、試作発注の段階では、使用エンジンとして本命の「M発動機＝栄」が指定されておらず、「昭和十二年九月末迄審査終了ノ発動機」、つまり現段階で実用化されているエンジンを使用することとされた。

発注は三菱と中島両社による競争試作なので、堀越氏としては自社の試作機に他社製エンジンを選定する訳にはいかない。中島が開発中の「M発動機」がいかに優秀だとしても、三菱の技術者としてはその将来性に期待することはできないのだ。

当時三菱で生産していた戦闘機用エンジンの出力は800馬力台で、改良を加えても1000

馬力に届くかどうか微妙だった。

一方、海軍側は三菱が知りえない「M発動機」の詳細情報を得ているので、近い将来に優秀な1000馬力級エンジンが得られることを期待できた。

営業上の制約など気にする必要がない海軍としては、中島のエンジンを採用した上で、機体だけ三菱に作らせてもよいわけだ（実際、そうした）。

要するに、海軍は近い将来に実用化される中島製1000馬力エンジンに期待して発注し、堀越氏は900馬力弱の自社製エンジンを前提に「性能要求」を考えていた。この点が、「性能要求」の厳しさに関する海軍と堀越氏の考え方の違いに反映していると考えられる。

上記の「海軍悪玉論」では無視されてしまっているが、実は「計画要求書」に示された要求値は、事前に三菱と中島に性能の見積もりを出させた上で決定されている。

十二試艦戦の開発は三菱と中島による競争試作とすることが内定していたので、事前にどのくらいの性能が出せそうか、海軍から両社にヒアリングし、その回答を突合せながら性能要求の妥当性について検討した訳である。

このとき海軍に提出された性能見積もりは、総じて中島の方が三菱より強気であり、新型「M発動機」に対する自信を窺わせる。

「270ノット」の必然性

実は、最高速度270ノット（時速約500㎞）という要求は、事前に行わせた三菱、中島両社の見積もりの中間を取った数字である。

この点だけ考えても、海軍の示した要求水準が決して「常識はずれ」でないことは大体想像がつくのではないだろうか？

世界標準で見ても、時速５００㎞というのは１０００馬力級の新型機としてはごく当たり前、むしろ抑え気味の数字といえる。

零戦の性能要求について、「世界のどこにもない、最高の性能を求められた」といった類の説明がなされることがあるが、これは多分に贔屓目が入っている。最高時速５００㎞が「世界最高」だったのは、あくまで昭和12年基準の話だからだ。

一般に新型機というものは、計画から就役開始まで早くても3年はかかる。

制式兵器として採用された後も、部隊に一定数の新型機が行き渡り、初期不良の改善やパイロットの慣熟訓練が終了して「戦える状態」になるまでには、さらに1年くらいかかるものである。

したがって、新開発の機体については、その性能は計画時点の基準ではなく、本格的な実戦投入が可能になる時点、つまり4～5年後を基準に考えねばならない。

零戦の場合、主力空母の飛行隊が「九六艦戦」から機種転換を終え、何とか戦える状態にまで漕ぎ着けたのは昭和16年末のこと。

この時点では、列強の主力戦闘機の最高速度は時速６００㎞前後かそれ以上であり、試作機では時速７００㎞に迫る高速機が実用化待ちの状態だった。

つまり、最高時速５３０㎞程度の零戦は、世界標準で見れば最初から「鈍足機」の部類に入った訳である。そして、発注者である海軍は昭和12年の時点でこの事態を予測していた。同年夏に行われた「十二試艦戦」性能要求の検討会議において、すでに「500km以上の飛行機は来年または再来年の実用機よりは低いと思う」「将来は380ノット（時速約700km）は出ると思う」との発言がなされているのである。

昭和10年代という時期は、異常なスピードで航空技術が進歩した時代だった。毎年のように新型機が開発され、去年の新鋭機が今年には古びてくる。ちょうど昭和12年に陸軍に採用された「九七式戦闘機」は、700馬力のエンジンで時速450km以上を発揮したが、九七式は固定脚（飛行中も車輪が出たまま）の飛行機だったから、引込脚と1000馬力エンジンを採用する次世代機が時速500kmを超えてくるのは確実な情勢だった。

さらに、このころ就役し始めた欧米の新鋭機の速度は既に時速500kmに迫っており、戦闘機の最高速度は毎年、約20ノット（時速約37km）のペースで向上していた。したがって、4～5年後に列強の新鋭機の速度が時速600km台まで向上することは、その道の人間なら比較的容易に予想できたのである。

こうした状況分析のもと、海軍では三菱と中島の性能見積もりを見比べ、270ノットという要求値を決定する。技術的には280ノット程度が可能と見積もられたものの、他の性能とのバランスを考え、余裕をみて10ノット分妥協したようだ。

実際の零戦の最高速度は約290～300ノットだったから、この見積もりは正確だった。

さらに、昭和16年末の時点では爆撃機の速度も時速400㎞を大きく超えていたので、「最高時速500㎞」という要求は、次世代迎撃機として必要最低限のラインだったと言える。

最高速度に関する海軍の要求は控えめといえる水準であり、欧米の主力戦闘機と速度で勝負することなど初めから求められていない。

着陸速度の要求

零戦が「鈍足機」だという評価には異論もある。

確かに列強の主力戦闘機（陸上機）と比べれば遅いが、比較の対象を「艦上戦闘機」に限れば、ライバルである米軍のF4F「ワイルドキャット」より若干だが速い。

世界的に見ても、昭和16年時点では最速の艦上戦闘機であり、「艦戦としては」速度の面でも十分に合格点だった。

一般に艦載機は、空母の狭い飛行甲板に発着しなければならないという制約があるため、飛行性能は陸上機よりも一段劣る。

特に「着艦」という作業はかなり無理な操作を要求されるもので（この点は後に詳述する）、そのまま母艦の甲板に体当たりしてしまわないように、ギリギリまで速度を殺す必要がある。

また、空母から飛び立つ「発艦」も、短い滑走距離で確実に飛び立たねばならない制約がある。特に、大所帯の攻撃隊が飛び立つ際には、飛行甲板にはズラリと飛行機が並ぶ。

このときの並びは、身軽な順にまず艦戦、次に艦爆（250㎏爆装）、最後に艦攻（800㎏

雷装／爆装）が控える。重い飛行機には、より長い滑走距離を確保するためだ。

したがって、最前列の艦上戦闘機にとって、許された滑走距離は70ｍ程度しかない。艦載機にとって、発着性能、つまり「低い速度でも安定して空中に浮かんでいられること」がいかに重要か分かるだろう。

この発着性能を示す指標が「着陸速度（着速）」であり、どの程度まで速度を殺して飛行できるか、その下限を示している。着速が高すぎると、発艦直後や着艦前の低速飛行時に失速して墜落してしまう。

このため、艦載機はどうしても着速の低い「低速仕様」の設計とせざるを得ない。「低速仕様」の機体は翼が大きく分厚くなるので、空気抵抗が増えて最高速度が抑えられてしまう。実際、零戦を正面から捉えた影像を見ると、スマートな胴体に不似合いなほど翼が分厚いことがわかる。

つまり、最高速度と着陸速度の要求は不可避的にトレード・オフするのである。

分かりやすい例として、中島が昭和12年に海軍に提出した「十二試艦戦」性能見積もりがある。
・着陸速度の制約を無視し、翼面積を16㎡とした場

真珠湾攻撃時、飛行甲板でエンジンを始動した零戦

合：最高速度３００ノット
・翼面積18㎡の場合：最高速度２９４ノット
・翼面積20㎡の場合：最高速度２８７ノット
着速を低く抑えるために翼面積を広く取ると、同時に最高速度も抑えられてしまうことが分かるだろう。

空中性能を重視して着速で妥協すれば、事故による損失が増える。かといって安全性を重視し過ぎれば、スピードが落ちて敵の攻撃機を捕捉できなくなる。いくら安全に着艦できても、母艦がやられてしまっては元も子もない。

このジレンマの間で妥当な要求水準を定めるためには、安全に着艦できる速度の限界が何ノットなのかを見定める必要がある。その結果、決まった数字が「58ノット」だった。

切りよく「60ノット」とせず、わざわざ1の位まで指定されている点に注目してほしい。５ノットや10ノット程度でそんなに違うものか？と不思議に思うかもしれない。

大戦後期の大型艦載機や、鈍重な米軍機は「58ノット」よりずっと高速度で着艦していたし、それで特に致命的な問題は起こっていないから、零戦の場合は少々パイロットに優しすぎた感もある。

しかし、所詮これは後知恵だし、実際飛行機に乗るパイロットの視点で見れば「＋10ノット」は結構大きな違いである。

飛行機の失速限界点は、あくまで気流に対する速度、つまり「対気速度」で決まる。したがって、艦載機を着艦させる場合、母艦はこの「対気速度」を稼ぐために風上に向って全力航行する。母艦が28ノットで走っている場合、58ノットで降りてくる搭載機と甲板の相対速度は30ノットである。風速5m（約10ノット）の風がある場合には、その差は20ノットしかない。この頃の艦載機は、結構ゆっくりと甲板に降りてきたわけだ。

したがって、着陸速度が10ノット増えただけで、着艦時の相対速度は今までの30〜50%増し、またはそれ以上にハネ上がる。加えて、着艦時の衝撃は運動エネルギー量（速度の二乗）に比例するから、相対速度が45ノットになると、衝撃は30ノットの場合の2倍になる。交通事故の際に、時速40㎞と60㎞では大違いなのと同じだ。

だから、例えば70ノット、80ノットで着艦することは、確かに物理的には可能だが、パイロットの心理的抵抗は非常に大きくなるのである。

まして、零戦は基本的に平時に設計された機体であり、「訓練で事故死しないこと」は最も基本的な性能の一つになってくる。

このあたりの感覚は、実際の着艦映像を一度見てみればイメージしやすいかもしれない。着艦がいかに難しいか想像してみれば、パイロットの目線から見る「+10ノット」がいかに大きい数字であるか分かるはずだ。

空母の飛行甲板の長さは、大型艦で約250m、中型艦で約220m。通常の陸上基地は短くても1000m長の滑走路があるが、その4分の1以下しかない。そのうち前半分は先に降りた機体の駐機場になっていて使えないから、有効な甲板長は100m内外である。

この短い甲板をオーバーランしないように、艦載機は尾部から「着艦フック」を下ろし、甲板に張られたワイヤーにフックを引っ掛けて強制的にブレーキをかける。

このため、着艦の最終段階では、パイロットは機首を上に持ち上げた状態のまま、ほとんど半失速状態で降下し、着艦フックごと尾部を甲板に叩きつけるという無理な操縦をしなければならない。

このとき機首は上に向いているので、パイロットからは空母の甲板が見えない。見えるのは空だけという恐ろしい状態だ。

さらにややこしいことに、空母はウネリのある外洋を全力航行中なので、甲板は常に海面上を数m上下している。これは、浅い角度で進入してくる飛行機からすると、ウネリの影響だけで接地地点に数十m単位の誤差を生じることを意味する。

つまり、ひとたび着艦コースに入れば、進入角度や進入高度に誤差は殆ど許されないのだ。

そして着艦に失敗すれば、機体は間違いなく大破し、自身も高い確率で死に繋がる。パイロットはその緊張感のなかで、高度補正、横風補正、各種計器のチェック、フラップや脚出しの確認、母艦との交信……等々の作業を短時間で確実にこなさなければならない。

九七艦攻の着艦シーン

着陸速度がすこし速くなっただけで、こうした作業を行う時間的余裕が大幅に少なくなり、コースの誤差を修正することも困難になる。その上、事故が起こった際の死亡率は桁違いに高くなるのだ。パイロットの視点から見れば、着陸速度は1ノットでも低い方がいい。

訓練中の事故防止がいかに重要か、それを示すデータがある。

昭和16年の1年間に、海軍だけで200人を超えるパイロットが事故で殉職しているのだ。中でも、洋上を航行する空母への着艦は最も危険なもので、一定の確率で必ず事故が起こるものと覚悟しなければならない。並みの戦争より、事故での損失のほうが遥かに大きいのである。

総力戦を想定しない平時に計画された機体の設計が「訓練時の安全性」という要素に大きく縛られるのは当然であり、止むを得ないことだった。

空戦性能の要求

最高速度についてはともかく、長い航続距離や大火力（20㎜機銃）、空戦性能を両立させる要求に無理があったのだ、という論もある。

しかし落ち着いて考えれば、これらの要求の両立は、最高速度で多少妥協できるのであれば、必ずしも矛盾しないはずだ。

発着艦を安全にこなせる「低速仕様」の翼は高い旋回性能を約束するから、自動的に格闘戦向きの機体となる（空戦性能）。また、翼を分厚く大きくできる分、タンクには多くの燃料を収容できるし（航続力）、20㎜機銃の搭載スペースも確保できる（大火力）。

搭載予定の20㎜機銃は口径の割に非常に軽量で、米軍機の13㎜機銃よりも軽い。両翼に各1門程度なら、大した荷重ではない。

ただし、海軍の発注方針が完璧だった訳でもない。

空戦性能に関しては、「九六式二号艦戦に劣らぬこと」ないし「敵戦闘機に優越すること」という要求が曖昧模糊としていたことが、設計者を苦しめた。

未来の新型機が旧式機に空中戦で負けていては話にならないし、敵の戦闘機に負けてもよいという目標はあり得ないから、発注側として当然の要求ではある。しかし、設計者からすると悩ましい。

要は総合力で優っていればよいのだが、現場のパイロット達の間ですら「空戦性能」としてどの要素を重視すべきかについて意見が分かれていた。

伝統的なベテランパイロット達は「艦載機は旋回性能が第一である」と主張するし、研究所の将校は「速度と航続距離こそ重要だ」と譲らない。

結局、この論争に結論は出ず、堀越氏と彼の設計チームは独自の判断で設計方針を決定しなければならなかった。その結論が、後で述べる零戦の「超軽量化構造」だったのである。

源田・柴田論争

詳しい人ならここらでピンと来るだろうが、このとき海軍内部で交された論争が、いわゆる「源田・柴田論争」と呼ばれるものだ。

伝統的なベテランパイロットを代表するのが源田実少佐で、新型機の実用テストを任されるエリート部隊「横須賀航空隊」の隊長だった。

一方の柴田武雄少佐は航空廠の飛行実験部の所属。叩き上げのパイロットが自分の経験を重視して保守的になりがちなのに対し、新しい技術や局面に積極的に対応する柔軟性をもった稀有な人材だったとされる。

最近では、この話題については源田を叩いて柴田を誉めるのが一種の「お約束」になっている。概ね、「源田は旧来の格闘戦至上主義から抜け出せず、彼の理論は時代遅れだった」とか「源田が零戦をダメにした」等の論評が多いのだが、よく考えて欲しい。本当にそう言い切れるだろうか？

艦載機である以上、敵戦闘機に対して高速性で勝負するのはそもそも無理がある。そうであれば、艦載機本来の強味である旋回能力を生かすべし、という源田の理論には十分説得力があるのではないだろうか。また、旋回性能＝低速安定性の向上は訓練時の事故を減らすことにも繋がる。

一方、航空技術の進歩によって飛行機が大型化・高速化してくる流れの中では、ただクルクルと旋回ばかりはしていられないのも事実である。高速域では、急旋回の加速度にパイロットが堪えられないからだ。将来、空中戦の高速化に伴って直線的な機動が主体になれば、そこでモノをいうのは小回りよりも速度性能だ。

実際、柴田の主張したとおり、大戦後期には直線的な機動を多用する高速空中戦が主体になっていったから、柴田の指摘は先見の明があったといえる。

結局、昭和12〜13年の時点では双方とも実に真っ当なことを言っているのであり、どちらを支持するかは速度または旋回性能のどちらを優先するかという趣味の問題だろう。

滞空時間（航続距離）の要求

「十二試艦戦」に対する滞空時間（航続距離）の要求は確かに高いレベルにある。しかし、これも一般に言われているほど厳しい要求なのだろうか？

実は、「滞空時間」という性能は、エンジンの燃費と燃料搭載量でほぼ決まってしまうものなのである。

機体設計をいくら工夫しても、それはエンジンを経済運転した際の速度、つまり巡航速度が少々速くなるだけで、滞空時間は変わらない。飛行距離に換算しても、せいぜい数%の違いにしかならない。

したがって滞空時間の要求に関しては、機体設計の問題というよりも、むしろエンジンの燃費の問題が大部分なのである。

零戦に搭載された「栄」エンジンは、巡航運転で毎時80～90ℓ、全力運転ではその約4倍以上、毎時約380ℓ程度の燃料を消費する。これは、1000馬力級としてはかなりの低燃費だ。

海軍の要求は、全力運転で1・2時間の滞空時間を確保することなので、要求値を満たすためには、380×1.2＝456ℓ＋地上での予備運転等に必要な余裕を見て500ℓ程度の燃料を搭載すればよい。

実際の零戦は、通常480ℓ程度、最大525ℓ（落下式増設タンクを装備した場合は＋33

0ℓ）の燃料を積めるように設計されたが、これは同時代の戦闘機と比較しても特に過剰な要求とは評価できない。

例えば、零戦とほぼ同じ大きさのF4F－4「ワイルドキャット」のタンク容量は525ℓだし、洋上飛行を前提としない米陸軍機P－40でも500ℓ前後（サブ・タイプによって異なる）の容量がある。航続距離がきわめて短いことで有名なドイツのメッサーシュミットBf109（F型）ですら、燃料タンクの容量は400ℓある。

要は、零戦の滞空時間（航続距離）が長いのは、専ら低燃費のエンジンのおかげであり、機体の設計云々はあまり関係がない。燃料タンクの容量は海軍機としては標準的であり、特に軽量化したから滞空時間が延びた訳でもない。

上昇力の要求

高度3000mまで3分30秒以内、5000mまで5分30秒以内――現代の目線から見ると、数ある要求項目の中で、この数字が一番厳しいのではないかと思う。

離陸してから脚とフラップを収納するだけでも30秒はかかるから、あとは1分間に1000m（毎秒約17m）近いハイスピードで上昇し続けなければならない。これはかなり良い数字で、ライバル機であるF4F－4「ワイルドキャット」と比べると2倍近い上昇率になるし、2000馬力級のF6F「ヘルキャット」にも引けをとらない。

上昇力については、ほぼエンジン馬力と総重量の関係で決まるから、強力なエンジンが期待できないなら、機体を軽くするしかない。

この上昇力の要件が外れない限り、誰が設計しても、また「空戦性能」に関する要求の如何にかかわらず、とるべき設計方針は「徹底した軽量化」以外に無かったのではないだろうか。

最高速度の要求に関しては控えめだった海軍が、なぜ上昇力についてだけ、ここまで高い数字を要求したのだろうか？　また、これほど高い数字が掲げられているにもかかわらず、堀越氏の著書にも、その他の評論にも、上昇力の要求の厳しさについて全くといっていいほど触れられていないのも不思議だ。

まず考えられるのは、先代の九六艦戦が非常に上昇力に優れていたため、新型機への要求水準の高さが目立ちにくかったという可能性である。

「十二試艦戦」に要求された上昇力は、数値的には九六艦戦の水準をやや上回る程度だったから、これはさほど困難な要求とは映らなかったのかもしれない。関係者の目が、まず九六艦戦と比較して数字が大きく進化した項目（速度や火力）に引き付けられたのは当然だろう。

さらに推測すれば、零戦が「攻撃機ノ阻止撃攘」を主任務とする迎撃機として計画されたこととも無関係ではあるまい。上昇力は、迎撃戦闘機の生命線だからだ。

前述したように、零戦が計画されたのは、艦隊を襲う「攻撃機」の性能が飛躍的に向上しつつある時代だった。速度の向上だけでなく、行動半径も、爆弾や魚雷の搭載能力もグングンと向上し、航空機は艦隊にとって現実的な脅威となり始めていた。

この時代にはまだレーダーはないから、双眼鏡で空を見張って空襲に備える。だから晴天で雲がほとんど無い場合でも、高度3000mを飛来する敵機の発見距離は50〜60㎞が限界だ。高速の攻撃機が、たとえば時速360㎞で突入してくるとすると、発見から僅か10分弱で艦隊上空まで到達してしまうことになる。

ここで、空母の甲板上に2個小隊6機の戦闘機が待機しているとしよう。情報伝達とパイロットの身支度を1分でこなし、6機を30秒間隔で緊急発進して3分、合計4分（これもなかなか厳しいが）……残り6分のうち、空戦時間を3分間確保するためには、あと3分で高度3000mまで到達しなければならない。敵機の進入高度がもっと高い場合や、天候が悪い場合にはさらに条件は悪くなる。

つまり迎撃任務の場合、上昇力が鈍い機体では空中戦で敵機を捕捉できる機会が極端に少なくなってしまうのだ。

もちろん、奇襲に備えて艦隊上空には常に戦闘機が警戒飛行しているのだが、滞空時間の制限があるので各艦せいぜい数機ずつを交代で飛ばすことになる。したがって、防空任務の成否は、①何機の戦闘機を、どの程度の時間警戒飛行させられるか、②空母の甲板上で待機している戦闘機を迎撃に投入できるか否か、にかかってくる。

このように艦隊防空を担う艦上戦闘機にとって、滞空時間と上昇力はその存在価値を左右する重要な性能なのである。

性能要求引き下げの提案

いままで述べてきたように、「十二試艦戦」に対する海軍の要求水準は、不可能や不合理ではないにせよ、全体的に非常にハイレベルなものであることは確かだった。

これから新型機を設計しようという者にとって、エンジンの性能を確定できないのはつらい。馬力も燃費も本体重量も仮置きの数字しか使えないから、厳密な計算はやりようがない。しかも、エンジンの問題に加え、1000馬力級のパワーを引き出すためのプロペラも試作段階にある。プロペラは、自動車でたとえればギアとタイヤにあたる超重要部品であり、故障の起こりやすい部位だ。ギアとタイヤの調整が終わっていない車でサーキットに臨めるだろうか？

堀越技師は悩んだ末、海軍に性能要求の引き下げを打診する。

一方、発注側の海軍としても、作戦の必要上ぎりぎりのラインを提示している事情があり、速度に関しては既に妥協している。さらにどこか一項目のハードルを下げれば、なし崩しに全体の性能が低下して陳腐な機体になってしまう、という危機感もあっただろう。

結局、性能要求はそのまま据え置かれることになった。

当初の要求性能を維持したこの決定をどう評価するか、意見が分かれるところだろうが、蓋を開けてみれば要求性能を上回る作品が出来上がったわけで、結果だけ見れば成功だと言ってよいだろう。高めの性能要求が祟って開発に失敗したというならともかく、結果がヒットなのに「無謀な高望みだ、海軍の横暴だ」と騒ぐのはいかがなものだろうか。

また、「高望みした要求水準を無理に満たそうとしたために、完成した零戦は機体の強度が不足し、高速の急降下ができないという致命的な欠陥を生んだ」と批判する向きも多いのだが、はたして零戦の機体強度は実用上不都合なほど弱かったのだろうか？（この点については128〜130ページで詳述する）

零戦の成功は、海軍の発注方針と、三菱側の必死の努力と、中島の新型エンジンがばっちりと噛み合った結果であり、ここまで上手くいくことはそう滅多にあるものではない。

メーカー側の設計自由度が高かった「雷電」が惨めな結果に終わったことと対比して考えても、この点は素直に誉めてよいと思われる。

余談になるが、新型機とエンジンの並行開発というのも、別に珍しいことではない。

たとえば、今まさに三菱が開発中の新型国産旅客機「ＭＲＪ」がそうである。

未完成の新型エンジンに基本的な性能を依存しつつ、新素材の採用と徹底した軽量化、流れるような機体デザインで高性能を狙うという設計方針は、零戦の場合と全く同じだ。

しかも、ＭＲＪに採用される予定の「ギアード・ターボファン」と呼ばれるエンジン形式は世界初の試みであり、実用化のメドが立っていた「栄」よりリスクは高い。

それを承知で三菱が計画を強行しているのは、そのくらいのリスクを冒さなければ世界で勝負できる機体にならないと分かっているからだ。

超軽量化構造

零戦の設計において最大の特徴は、その「超軽量」とも言うべき構造にある。

軽量化というと、構造材に丸い穴をあけて軽くする「肉抜き」ばかりクローズアップされがちだが、実は飛行機の部品に肉抜きは付きもので、零戦だけのものではない。

たとえば、「グラマン鉄工所」などと呼ばれて頑丈の代名詞とされるグラマン社の作品でも、F6F「ヘルキャット」の骨組みは、非常に丁寧に肉抜きされていて穴だらけだ。

零戦の機体が軽い本当の理由は、主要な構造材や機体の外周の金属板を徹底して薄く作ってあるからである。

零戦の機体構造は、現代の飛行機と同じ「セミ・モノコック構造」と呼ばれる方式で作られている。零戦の軽量構造の秘密は、この「セミ・モノコック構造」の特性を利用したところにあった。

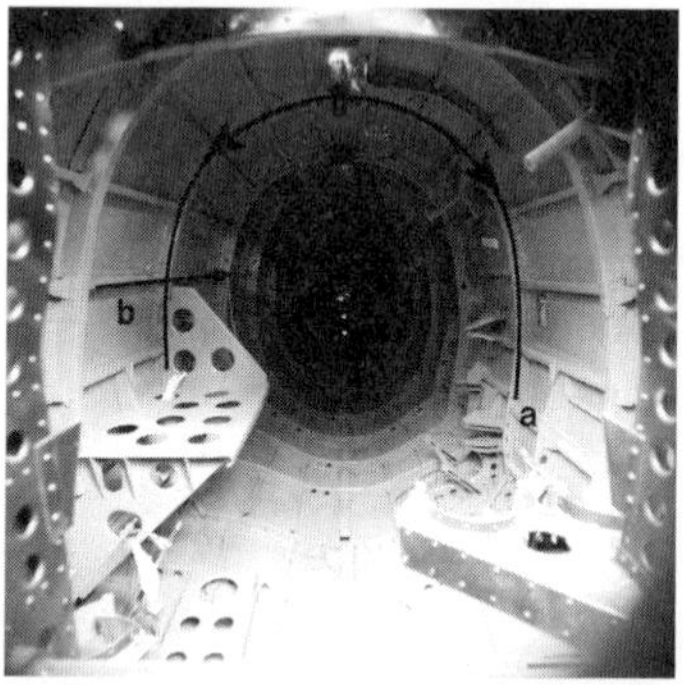

セミ・モノコック構造。横輪切り状の骨材がフレーム（a）。縦方向に通るのがストリンガー（b）（零戦の胴体内：靖國神社遊就館所蔵）

「モノコック」は直訳すると「単殻構造」、意訳して「応力外皮構造」ともいうが、外殻（外皮）そのものが構造強度を負担する点が「モノコック」のミソである。第一次大戦の頃までは、飛行機は鉄や木製の骨組みで作られ、これに布（キャンバス）製の外皮を張った構造が主流だったが、近代的な航空機の構造は「セミ」モノコックと呼ばれ、骨組みと外鈑の組合せで、その両方が強度を負担している。

薄い金属板は、「曲げ」「押し」の力には弱いが「引張り」には強い。金属には柔軟性があり、「曲げ」「押し」の力は変形に直結するが、「引張り」は面で支えることができるからだ。

まず、想定される外力に対して、これを支える骨組みを作る。骨組みは細かく格子状にして、そこに薄い金属板をリベット（鋲）で固定し、閉じた構造体を作る。

この構造に外力を加えて変形させることを考えてみよう。骨組みが撓んだり曲がったりするためには、ばっちりと鋲留めされた金属板のどこかを面ごと引き伸ばさなければならないが、これには非常に大きな力が必要になる。

つまり、「曲げ」や「押し」の力を面に分散し、金属板の張力が支えている。外皮がこの「引張り」に堪える力、つまり「応力」を利用する「応力外皮構造」は、大きさの割に軽量で、かつ非常に強靭な構造となる。

しかも、金属は柔軟なので、多少の変形なら何度でも元に戻る。ガチガチの頑丈に作らなくても、「しなやかに強靭」な構造、言い換えれば「撓んで強度を出す」という設計が可能になる。

力が一点にかからないようなデザイン、外力をなるべく広い面に分散する設計をすれば、華奢な骨組み・薄い外皮でも十分に強い構造を作ることができる訳だ。だから零戦の設計では、綿密なデザインと強度計算に基づき、実用上必要な強度だけを残して、可能な限り構造材の板厚を削っていった。

口で言うのは簡単だが、これはちょっとやそっとの作業ではない。今でこそＣＡＤという便利なものがあるが、当時は全部手作業なのである。

何百何千という部材の一つ一つについて手作業で図面を起こし、その強度と重量を積み上げ、そのデータを元に、さらに各部をどこまで軽量化できるか計算する。

これは想像を絶するほど恐ろしく手間のかかる作業だったはずで、並の人間なら「無理だ」と音を上げてしまうだろう。ほとんど殺人的な労力が投入されている。

こうした手間を避けてデザインされた機体は、骨組みや外鈑の板厚がざっくりと設定してあるので、必要以上の強度を持った箇所が沢山あり、その分重くなっている。

堀越氏の設計方針は、この「余分な強度＝余分な重量」を徹底して排除することだった。

この設計方針には賛否両論がある。「複雑すぎる設計が量産性を阻害し、その後の改良も困難になった」とする批判と、「では他に方法があったのか」という擁護論である。どちらの主張にも一理あるが、堀越氏の名誉のためにいえば、零戦は基本的に「平時」の設計だということを考慮してほしい。

零戦は、現代の自衛隊機と同じように、限られた予算で毎年細々と調達され、専ら内地で訓練に使われて、やがて新型機に後を譲って退役するはずだった。

既に日支事変が始まっていたとはいえ、すぐに終わるというのが大方の見方だったし、まして米国と全面戦争になるとは誰も予想していない。艦載機を10000機以上も量産して米軍と殴り合うなど、当時の常識では全く考えられないことなのだ。

この時点で、しかも中島との「競争試作」に勝たなければならないという制約のもとで、量産性や将来の改良余地についてまで考慮せよというのは少々酷な話だと思うのだが、いかがだろうか。

肉抜きについて

周知のとおり、零戦の内部構造や骨組みには、徹底して軽量化のための「肉抜き」が行われている。

操縦席に、コクピットの支柱に、翼の小骨（リブ）に、胴体フレームに、ボコボコと「これでもか」と穿たれた肉抜き穴は、零戦の軽量化構造を象徴する存在といってよいだろう。

しかし前述のとおり、肉抜きは米軍機でも熱心に行われている。

零戦の場合、他の機体では無視するような細かい部分にまで肉抜きが徹底しているのだが、これによる軽量化効果はごく僅かである。

まず、最も重要な骨組みである主翼の桁（背骨）には肉抜き穴がない。縦通材（ストリンガー）と呼ばれる骨組みにも肉抜きはしない（62ページ写真参照）。強度保持の必要上、重要で肉厚な部分や、引張り強度を要求される部分

肉抜きされた座席（靖國神社遊就館所蔵の零戦52型）

には肉抜きを行えないからだ。

一方で、穴をあけても問題ない部分は元々の重量が軽いため、いくら穴をあけても大して効果がないのである。

こうした「肉抜き」に対する評価はなかなか難しい。

翼のリブ（肋骨、肋材）くらいのサイズなら、肉抜きがあるのが一般的だし、むしろ肉抜きすべきだろう。もちろん、頑丈な米軍機もリブは肉抜きされている。

ところが零戦の場合は、ちょっとした内装品や、もっと小さく軽い部品にまで執拗に肉抜きが施されていた。

小さな部品に沢山の小穴をあける作業は工数を増やし、量産効率を落とす。加工ミスによる廃却部品も増える。製造費も高くつく。その割に軽量化への貢献は僅かで、性能はほとんど伸びないから、当然ながら製造現場での評判は良くない。

率直に言って、零戦特有の「超精密肉抜き」にどの程度効果があったかは疑問だ。軽量化の観点からいえば、米軍機と同程度の肉抜きで十分だったのではないだろうか。

さらに進んで、この肉抜きによって機体強度が低下する欠陥があったとする指摘もあるようだが、このあたりは若干疑わしい。

まず、操縦席やコクピットの支柱、内装品等は明らかに機体の強度とは関係がない。

次に翼のリブや胴体フレームだが、これらの役割は翼や胴体の断面形を保持すれば足りる。こうした部材は、通常強く引っ張られたり捻られたりはしないから、ある程度肉抜きをしても直ちに強度には影響しないはずで、設計者としてもこの点を計算した上での軽量化なのだろう。

また、零戦の骨組みは非常に稠密に作られており、例えば主翼のリブは片翼あたり26本（21型の場合）もある。対して米軍の主力機P－40はその半分、ドイツ機はもっと少ない。

一本一本が華奢でも骨の数が多ければ全体の構造は強くなるし、骨組みの強度は組み立て方法によっても影響を受ける（一体構造は強度で有利、分割構造は量産性で有利）ので、一概に零戦の骨組みがヤワだとは言い切れないのである。

その後の零戦の改良においても、機体強度の向上のために構造材や外鈑の板厚を増やす改修は行われているが、骨組みの肉抜きが問題視された形跡は見当たらない。

自分で構造計算をしたわけではないので断言は出来ないが、「肉抜き穴があるから機体の強度が低い」という考え方はやや短絡的ではないだろうか。

ただし、徹底的に肉抜きを施された機体が「スカスカでヤワ」なイメージを与えたことは事実だろう。穴だらけの操縦席に乗り込むパイロットは、何だか頼りない印象を受けたに違いない。

「防御を無視した設計」なのか？

今まで述べてきたように、零戦の軽量化構造は、膨大な手間をかけて徹底した強度計算を行い、余分な強度＝余分な重量を削ることで達成された。一言でいえば、実用上の問題がない程度にヤワにすることが設計方針だった。

これに対し、時折「零戦の軽量化は、本来不可欠な防弾装備を犠牲にして達成されたものである（したがって、零戦の高性能は評価するに値しない）」という趣旨の解説を目にすることがある。

何となく説得力があるように聞こえるかも知れないが、厳密に言えばこの批判には全く根拠がない。

こういった解説を鵜呑みにして、「人命より攻撃性能を重視した非人道的設計だ」と言わんばかりの批判が盛んに行われているので、三菱や海軍の関係者はさぞお怒りだろう。

結論から言うと、この時期（昭和12年）にまともな防弾装備を持っていた戦闘機は、世界中を見渡しても殆ど存在しない。

実は、欧米ではこれ以前に軍用機への防弾の試みがあったのだが、飛行性能の低下が著しいため放棄されてしまっていた。つまりこの時代、戦闘機には防弾をしないのが常識だったのである。したがって、零戦のライバルとなるべき米軍機（たとえばＦ４ＦやＰ－40）も、当然のように無防弾、「素っ裸」の前提で設計されている。

また、零戦よりやや遅れて開発が始まったＦ４Ｕ「コルセア」（米軍の次世代艦上戦闘機）にしても、洋上飛行に必要な大量の燃料を収容するために、主翼を油密構造にして中に直接ガソリンを流し込む「インテグラル・タンク（造りつけタンク）」を採用する予定で、燃料タンクの防御など特に考慮されていなかった。

開発時期を考えれば、零戦が無防弾の前提で設計されたことには何の不思議もないから、この点を捉えて技術者や海軍を批判するのはおかしな話である。

むしろ問題なのは、「その後に防弾装置を（無理して）追加したかどうか、どの段階で追加したか」ということだ。

この点では、米軍機が零戦よりも先行した。その原因の一つは、米国が日本よりもずっと早い時期に現代航空戦、大消耗戦を体験していたことにある。

第二次欧州大戦の開始は1939年9月で、真珠湾攻撃は1941年12月。つまり、欧州では全面戦争に突入するのが太平洋よりも2年余り早かった。そして、欧州戦線での航空機の損耗率は、それこそ軍上層部が卒倒するほど凄まじい数字だった。

独仏間の「西部戦線」では1940年5月に本格的戦闘が始まるが、その後わずか1ヶ月余りでフランス空軍は7割を消耗し、開戦時の戦力は概ね入れ替わってしまった。この時点でフランスを支援した英空軍は約半数をすり減らしており、「破竹の進撃」を謳われたドイツ空軍ですら3割以上を失っていたのだ。

その欧州戦線では、米軍機が（米国の参戦前に）連合軍への輸出・貸与という形で実戦に参加していた。当初は、陸軍機のP－36、P－40、海軍機ではF4Fなどが防御装備のない「素っ裸」のまま海を渡って英仏軍に納入された。

そしてユーザーである英仏軍は、輸出機の性能、装備や戦いぶりについて米軍に貴重な情報をもたらした。

ここで得られた戦訓は、今後生産される機体については、火力の大幅増強と耐弾性能の強化が必要だということだった。既に就役していた機体には、この戦訓を織り込んだ改修が施されることになった。

零戦のライバルであるF4F「ワイルドキャット」に防弾装置が標準装備されたのは、中期生産型の「F4F－4」からで、本機の部隊配備は概ね日米開戦以降である。

初期生産型の「F4F－3」は、もともとは防弾装備がない。これらの機体には、あとから部隊で臨時改修を施して防弾板や防護タンクを追加した。

日米開戦時、米空母部隊の多くは旧型の「F4F－3」を装備していたが、一部は搭載機の防弾改修が遅れており、1941年12月の時点ではまだ「素っ裸」の機体もあった。

陸軍機も同様で、主力機であるP－40に防弾装置がつくのは、欧州への輸出機に対して英軍から防弾の要求が出されたことがきっかけだった。

当時の典型的な防弾処置は、操縦席の後方にパイロットを守る装甲（防弾鋼板）を張ることで、厚さや大きさにもよるが大体60kg位の重さになる。

一見大したことのない重量に思えるが、よく考えれば操縦席に2人乗っているようなものなので、飛行中の戦闘機にとっては無視できない変化となる。

一番影響が出るのは機体のバランスで、飛行機の重心から離れた位置に大きな重量が加わるため、空中での飛行特性が変わってしまう。具体的には、アクロバット飛行の際の安定性や、低速での失速特性に悪影響がでて、少々危なっかしい飛行機になる。

たとえばP－40の場合、諸装備の追加による飛行特性の変化は次のように報告されている。

「（1941年）十二月のはじめに飛行機の準備ができた。その飛行機はイギリス空軍に貸し出してあったカーチスP40であり、機銃を交換したり、被弾してもすぐに穴がふさがる仕組みのガソリンタンク、パイロットを保護する防弾鋼板がつけられていた。／改造のおかげで重心位置が変わったのか、錐揉《スピン》みからの回復が難しくなっていた。よほど高度がないと抜け出せないから用心せよ、という注意書が回った。／翌日、この物騒な飛行機で初飛行をした」（引用はグレゴリー・ボイントン著『海兵隊コルセア空戦記』より）

また、「第二次大戦の最優秀戦闘機」といわれるP－51「マスタング」は、操縦席後方にある燃料タンク（320ℓ入り）が重心位置から離れているため、ここに一定量以上の燃料が入った状態では機体の重量バランスが狂って不安定な状態になった。

このため、胴体タンクに半分以上の燃料が残っている場合、P－51には厳しい飛行制限が課せられており、この状態ではまともな空戦機動がとれなかった。

機体の重量バランスとは、かくも繊細なものなのである。

さらに、重量が増えれば当然、上昇力をはじめとする諸性能が低下する。

F4FとP－40の場合も例外ではなく、火力強化・防弾追加その他の「戦時型改修」を行った新型の性能は、従来型と比べて惨めなほど低下してしまった。

このように米軍機は、1939年から41年にかけて、多少の無理と性

P-51「マスタング」

能の低下を承知で、防弾装備を含む戦時装備を追加した。

一方、零戦は昭和17年（1942年）後半になってようやく大消耗を経験し、その2年後の昭和19年に防弾装備を追加、実戦投入は昭和19年の末になってしまった（零戦52丙型）。本来問われるべきは、この点なのである。

もちろん、海軍が欧州戦線の戦訓に無関心だったわけではない。欧州大戦開戦の翌年（昭和15年）以降、海軍は新型機に対して防弾の要求を追加している。その一方で、この時点では零戦に敢えて防弾装置を追加する指示は出さなかったのである。

この背景には、「戦闘機の装甲は所詮、気休めでしかない」という諦めに加え、ベテランパイロットの嗜好が飛行性能の低下を嫌ったという要素が大きいように思われる。

第2章　性能データにない強み——試作から初陣まで

試作機とその性能

零戦の試作機（十二試艦戦）は、1号機が昭和14年（1939年）4月に初飛行し、テストと小改良を加えながら追加試作が続けられた。その結果、翌年の春には、海軍の要求をほぼ全て満たす性能を発揮するに至った。これは確かに、従来の日本機の常識を覆す高性能と言ってよかった。

しかし、これは飽くまでも「当時の日本の基準では」飛びぬけて優秀だということであり、1940年の世界標準から見れば概ね平凡な数字であることも認めなければならない。エンジンの馬力がないので仕方がないのだ。

さらに、零戦は設計年度が1世代新しい点で、ライバルとされる欧米機よりも一段有利な位置にいたということも割り引いて考えなければならない。

まず、初飛行が1939年というのは、第二次大戦の主力機としては遅い（新しい）方である。零戦のライバルとされる米軍のF4FやP－40は、それぞれ1937年と38年に初飛行を済ませており、零戦より1世代先輩にあたる（30ページ参照）。

この時代は、異常なほどのペースで航空技術が進歩した時代なので、1940年前後の1年間は平時の10年分くらいの差がある。

欧州に目を転じれば、代表選手であるメッサーシュミットBf109（独）とスピットファイア（英）の登場はさらに古く、それぞれ1935年と36年に初飛行している。もっとも、米軍のP-40も先代P-36のエンジンを換装しただけの機体だから、機体の初飛行は厳密には1935年というべきだろう。

つまり、欧米の三大主力戦闘機の設計は零戦より1〜1・5世代ほど古く、ほとんど「九六艦戦」と同世代ということになる。

一方、初飛行が零戦と近いのは、米軍ではP-38「ライトニング」（1939年1月）、F4U「コルセア」（1940年5月）、欧州ではフォッケウルフFw190（1939年6月）等だが、いずれもエンジン馬力が零戦より遥かに強

メッサーシュミットBf109（B型）

スピットファイア（Mk.1型）

P-36

九六艦戦

力なので、当然、飛行性能は零戦よりずっと高い。

エンジン馬力が違いすぎる機体を同列に比較するのは少々酷かもしれないが、少なくとも「零戦はその登場時、世界の戦闘機を圧倒する高性能を誇った」というイメージが神話に過ぎないことは理解しておくべきだろう。

下の性能表を見ても明らかなように、零戦が利用できるエンジンは欧米機に比べて1～2年遅れた水準のものであり、その分馬力が低かった。馬力強化の必要性は誰の目にも明らかで、新しいエンジンが完成次第、これに換装する必要があった。

零戦の試作機は、2号機までは三菱製「瑞星」（850馬力）を装備して完成し、3号機以降は中島の「栄」（940馬力）に変更される。さらに、昭和17年頃からは改良型の「栄21型」（1130馬力）が搭載され始め、これが零戦の主力エンジンとなった。

しかし、その後はエンジンの出力アップは思うように捗らず、結局、零戦はこの1200馬力弱のエンジンで大戦を戦い抜くことになる。

ここで、軍用機通の人々がほぼ必ず口にする話題がある。

上記2回のエンジン換装のいずれかのタイミングで、「栄」より大型で強力な三菱製「金星」エンジンに変更すべきだった（そうすれば、もっと戦闘機としての賞味期限が延びた）……というのだ。

これは非常に興味深い論点なのだが、こうした「歴史のIf」に立ち入ると話が

機種	エンジン	最高速度
P-38	1200馬力×2	630km/h
F4U	2000馬力	630km/h
Fw190	1700馬力	610km/h

複雑になりすぎるので、ここでは「そういう論点がある」ことだけ頭の片隅に置いて頂きたい。

むしろ本章では、注目されやすい機体やエンジンよりも、忘れられがちな装備品類の開発状況や重要性について詳しく触れることにする。

プロペラ

海軍が要求する性能の実現にあたり、設計者が最も心配していた要素の一つがプロペラの開発状況だった。

プロペラは、エンジン・機体とならぶ航空機の中核技術の一つで、特に戦闘機にとってはその性能を大きく左右する重要な要素となる。

プロペラはエンジンの回転力を空気に伝え、推進力に変える役割を担っている。自動車でいえばギアボックス（歯車による変速装置）とタイヤを合わせた役割を果たすのがプロペラである。

自動車にギアチェンジが必要なのと同じように、飛行機も飛行状態や速度に応じて「ピッチ調整」が必要になる。この点については序章で簡単に述べたが、ここは重要なのでもう少し詳しく書いておこう。

「ピッチ調整」とは、プロペラの羽根の角度を調整することである。

近代的なプロペラは根元が固定されておらず、回転軸（ハブ）の根元をひねって、羽根の角度が変えられるようになっている。

これを「可変ピッチプロペラ」というが、このうちピッチ調整を手動ではなく、自動で行うものを「定速プロペラ」という（恒速プロペラともいう。26〜27ページ参照）。

プロペラの回転面に対してプロペラ羽根のなす角度を「ピッチ角」といい、ピッチ角が浅いのが「低（ロー）ピッチ」、深い角度が「高（ハイ）ピッチ」。最低ピッチは車でいえば1速ギアであり、最高ピッチは5速ギアだと思えばよい。

大雑把に言えば、ピッチ（ギア）が低いほどエンジンへの負担が軽く、回転数が上がりやすい。プロペラ（タイヤ）の回転もパワフルになる。

したがって、発進直後や上昇中（坂道）はフル回転の低ピッチで飛び、巡航中（高速道路）は高ピッチにして回転数を落とす。

スピードが乗ってきた状態では、低ピッチ（ローギア）のままだと、プロペラの回転がスカスカになって、エンジンへの負担がさらに軽くなっていく。これに応じて、エンジンの回転数がドンドン上がってしまい、やがてエンジンの回転がスピードに追いつかなくなる。

エンジンの力を十分に引き出すためには、飛行速度に応じてピッチ（ギア）を上げていくことによって、プロペラを回転させるために必要なトルク（回転力）、つまりエンジンにかかる負担を一定に保ち、エンジン回転数を適正な一定範囲に保つ必要がある。

自動車のイメージがない人は、自転車の変速ギアと足にかかる負担の関係を想像すれば分かり易いかもしれない。

まずローギアで漕ぎ出し、スピードが乗ってペダルがスカスカになってきたらギアを上げる。すると、足にかかる負担は強くなり、ペダルの回転数が落ちて漕ぎやすくなる。上り坂ではギアを下げて、回数を漕ぐかわりに足の負担を減らす。平らな道でスピードを出すときは最高ギアにして、堅いペダルをゆっくり漕ぐ……飛行機も基本的に同じだ。

自動車や自転車なら、手動でギアチェンジをすれば良いが、戦闘機の場合、とても空戦の最中にそんなことはやっていられない。そこで登場するのが「定速プロペラ」である。

「定速プロペラ」は、プロペラのピッチ調整機構と回転数を検知するセンサーとが連動しており、パイロットが操縦席で回転数を設定しておけば、あとは機械が自動的に最適のピッチ角を維持してくれる。

一見何でもないような装置だが、同じエンジンと機体があったとしても、この装置があるのと無いのとでは空中での性能は段違いになる。どんなに良いエンジンを積んだ車でも、ギアチェンジなしではレースにならないのと同じだ。

しかし困ったことに、昭和12年当時、日本では信頼性のある定速プロペラが開発できていなかった。これは戦闘機の開発上かなり重大な問題で、欧米機に肩をならべる性能の戦闘機を作ろうと思えば、定速プロペラなしでは話にならない。

堀越氏が不安に駆られたのも当然なのだが、結局この心配は杞憂に終わった。

「定速プロペラ」の未完成問題は、零戦の試作が開始された昭和13年にあっさり解決してしまったのだった。

この年、住友金属工業がアメリカのハミルトン・スタンダード社から定速プロペラの製造ライセンスを購入することに成功する。もちろん、アメリカ政府としては輸出制限を適用することも出来たのだが、この時点ではまさか僅か3年後に両国が全面戦争に突入するとは予測できなかったので、首尾よくライセンス契約を結ぶことができた。

住友金属はすぐにこの技術をモノにし、「住友・ハミルトン式」プロペラとして生産を開始した。出来たばかりのハミルトン式プロペラは、さっそく他の機種でテストされて好成績を収め、零戦にも搭載されることが決まった。

ハミルトン式定速プロペラは油圧作動で、遠心力式の回転数センサーと連動している。

回転数が設定値を超えると、センサーが遠心力の増大を感知して油圧装置を作動させる。油圧シリンダーが作動すると、プロペラのピッチが深く変更されて（ギアを上げて）エンジンへの負担を増やし、回転数を落とす。

逆に回転数が設定値より落ちてくると油圧が減少してシリンダーが縮み、ピッチが浅くなって（ギアを下げて）エンジンの負担が減少、その結果として回転数が上がる。これを常時繰り返すことにより、予め設定された回転数を維持するという単純なシステムである。

初期型の零戦に装備されていたプロペラは、ハミルトン式定速・直径2・9mの3枚羽根で、ピッチ角の調整範囲

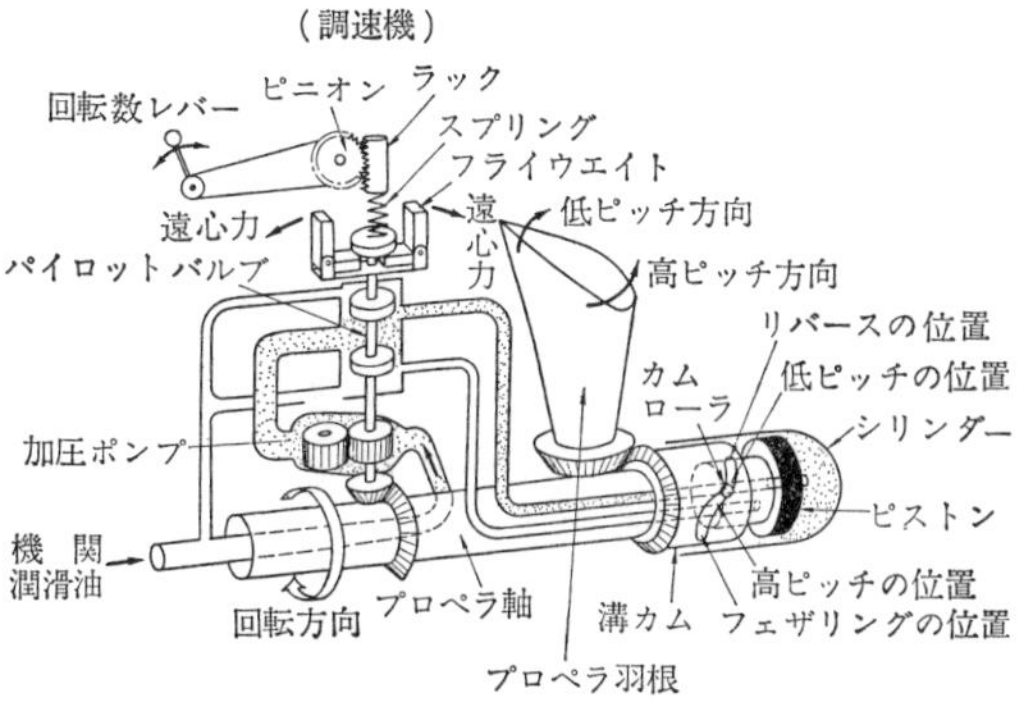

定速プロペラのピッチ調整機構
小倉勝男著『改訂　航空原動機』（共立出版株式会社）より

は20度という性能だった。

20㎜機銃

零戦は、開発当初から口径20㎜の機関砲を主翼に搭載することが求められていた。大口径機関砲の本格採用は日本の戦闘機では初の試みだったので、零戦の開発と歩調を合わせて「九九式二〇粍固定機銃」が採用される。わざわざ名前に「固定」と付くのは、別に爆撃機の銃座に搭載する「旋回銃」タイプが存在したからだ。

今ではすっかり有名な「零戦の20㎜」だが、実は日本製ではなく、採用も零戦が初めてではない。この銃は、もともとスイスのエリコン社が開発し、「FF」という名前で製造販売されていたもので、一足先にドイツ空軍に採用されていた。

このFFの最大の特徴は、口径が大きい割に非常に軽いことだった。

機械というものは、普通はサイズの三乗に比例して重くなる。米軍機の主力火器である12・7㎜機銃は1挺あたり約29kgだから、単純に口径を20㎜に拡大すれば重さは100kgを超えてしまう。ところが、FFは20㎜口径でありながら、その重量は僅か23kg（何と12・7㎜よりも軽い！）という超軽量級の機関砲だった。

重量増加を抑えつつ、火力を大幅に強化できる――新型戦闘機には願ってもない武装ということで、日本海軍でもエリコン社から製造権を購入して国産化することとし、大日本兵器というメーカーに製造させた。

これが九九式20㎜機銃で、現代の自衛隊の装備品の多くがそうであるように、外国製兵器のライセンス品なのだった。

ただし、ＦＦ機銃も万能ではなかった。軽量化の代償として、弾丸を銃身に送り込むシステム（給弾機構）を本体に組み込むことができず、必ず専用の弾倉を利用する必要があった。

この弾倉は丸いドラム型で嵩張る上、弾数が60発しか入らないので、実際の空中戦ではすぐに撃ち尽くしてしまうことが懸念された。

弾数が少ないという不利を承知で、敢えて海軍が20㎜機銃にこだわった理由は、何と言ってもその破壊力にある。

「機銃」とはいっても、20㎜弾は銃弾ではなく砲弾といった方が正確だ。つまり弾の中に火薬（炸薬）が入っていて、命中と同時に炸裂する。したがって、20㎜弾が飛行機に命中した場合、通常の銃弾（ただの金属の塊）とはレベルの違う破壊力を発揮する。

命中・炸裂の瞬間、爆風が骨組みを捻じ曲げ、外鈑を吹き飛ばして機体に大穴をあける。無数に飛び散る破片はパイロットやエンジン、燃料タンク、潤滑油タンク、各種パイプや電気系統、操縦系統、その他の重要部分を襲う。

通常の銃弾なら、急所を外れれば飛行機に小さな穴があくだけだが、20

20mm 機銃と弾倉（靖國神社遊就館所蔵）

㎜弾はどこに当たっても大打撃となる。場合によっては、わずか数発の命中弾で致命傷になることもある。

第1章で述べたように、零戦は敵の攻撃機から艦隊を守る防空戦闘機だから、敵機の発見から頭上に到達するまでの僅か数分間でターゲットを撃墜しなければならない。

敵の攻撃機は今後ますます高速化するので、射撃チャンスは減る一方。しかも機体の大型化に伴って撃たれ強さも増してくる。

どうせ短い戦闘時間なら、弾数より破壊力を重視した方が合理的だ——冒険とも言える20㎜機銃の採用には、このような判断が働いていたのかもしれない。しかも、仮に20㎜を撃ち尽くしたとしても、武装はこれだけではないのだ。

7・7㎜機銃

主武装である20㎜機銃をバックアップするのが、この7・7㎜機銃である。

この銃は新開発ではなく、歴代の海軍戦闘機が搭載し続けてきた老兵だ。基本構造は英国のビッカーズ社製の機関銃をベースとしており、同社の頭文字「ビ」をとって「毘式」機関銃と呼ばれていた。

20㎜が主翼に装備されているのに対して、7・7㎜は操縦席の前、機首上面（照準器の真下）の左右に1挺ずつ装備されている。

計器盤の上、左右両側から突き出ている箱状のものが7・7㎜機銃の台尻で、大体パイロットの両肩の位置にある。この位置だとプロペラの回転圏内だが、引き金がプロペラと同調しているのでプロペラを撃ち抜いてしまう心配はない。

　この7・7㎜機銃は威力こそ低いが、十分な弾数（1挺あたり500発程度）が用意されていたので、20㎜弾を撃ち尽くしたパイロットはこれに頼って戦うことになった。

　専用の弾倉を用いる20㎜機銃と異なり、7・7㎜の場合は数百発の弾丸を連ねた弾薬ベルトで給弾する。この方式は携行弾数を増やせるが、機体の機動による加速度（G）や射撃時のベルトの「踊り」によってベルトが引っ掛かり、しばしば弾詰まりを起こす欠点もある。また、弾薬ベルトが引っ掛かる送弾不良のほか、空薬莢が排出されない不具合もあったようだ。

　20㎜を撃ち尽くした後に7・7㎜が故障したら丸腰になってしまうので、これは看過できない重要な問題なのだが、こんなとき操縦席の目の前にある機銃は便利である。

　パイロットは操縦席に露出している装塡レバー（台尻の横から出ている部品）を手動で操作して、回復に努める。これで直った場合がどれほどあったか分からないが、今も昔も7・7㎜機銃の故障はあまり問題視されていない。

零戦52型のコクピット（靖國神社遊就館所蔵）

若干の問題があったにせよ、７・７㎜機銃は堅実な造りだったので酷使にもよく耐え、パイロットからは信頼されていたようだ。

そしてこの機銃については、多くのパイロットが、概ね以下のような感想を残している。

「７・７㎜は弾道が真っすぐで正確なのでよく当たり、弾数も十分にあった。一方、20㎜は弾道がすぐ下に垂れる『小便弾』なのでなかなか当たらず、弾数も少なすぎたので使いにくかった」

こうした評価は戦後多くの著作で引用され完全に定着してしまったが、物理的には両者の弾道特性には大差がないのである。

７・７㎜の弾道が「真っすぐ」で、20㎜が「小便弾」だというのは、機銃の装備位置に起因する目の錯覚であった可能性が高いのだが、この点に深入りする前に、まず照準器の構造から先に触れておこう。

照準器

零戦には、基本的に「九八式射撃照準器」という照準器が搭載された。

年式から分かるように、零戦の採用とほぼ同時期に採用された新顔である。残念ながら、これも日本のオリジナル設計ではなくドイツ製品のコピーである。

それまでの照準器は、風防ガラスから飛び出した望遠鏡、狙撃スコープのような形をしていた。しかし、この方式は射撃時の視界が限定される欠点があり、高空の冷たい外気にさらされてレンズが曇ったり凍ったりする不具合も多かった。

そこで、零戦にはより近代的な照準器を採用することになった。

当時新しい照準器として、ガラス板に照準用の円環が現れる「光像式」と呼ばれる形式（基本的に現代の戦闘機と同じ）が増えていたが、当時の日本ではまだ光像式照準器は生産されていなかった。研究用としてフランスのＯＰＬ社製の光像式照準器を輸入したこともあったが、性能はいまひとつで制式採用には至っていない。

そこで、ちょうどドイツからの輸入機に付いていた「Revi C2」という照準器を、ほぼそのままコピーして量産化してしまったのがこれである。

製造は民間のレンズメーカーで行われた。因みに、なぜかパイロットからはコピー元の「レフィ」ではなく、不採用となったフランス製「ＯＰＬ」の名で呼ばれている。

照準器をパイロット側から見たのが下の図。

この装置は、極めて大雑把にいえば、２００ｍ先に半径20ｍの円環を投影する装置である。写し出される光像は五重の同心円で、２００ｍの距離で半径４ｍから20ｍ（４ｍ刻み）に相当する。もちろん、１００ｍの距離ならその半分（半径２ｍから10ｍまで２ｍ刻み）となる。

【九八式射撃照準器】

もう少し厳密に言うと、それぞれ円環は半径20ミル、40ミル、60ミル、80ミル、100ミルに設定されている。つまり20ミルが1目盛りで、上下左右に5目盛りずつあると思えばよい。

「ミル」は角度の単位で、概ね1㎞の距離から1mの長さを見越す角度が1ミルである。

幅12mの戦闘機は200m先で60ミル（3目盛り）のサイズ、100mなら120ミル（6目盛り）の大きさに見える。

パイロットは、予め覚えておいた敵機のサイズと、照準器に映る目盛りを見比べて距離を判定するわけだ。

もっとも、単にこれだけなら風防ガラスに目盛りを書けば良いではないか、と思うかもしれない。しかし、これでは目線を真後ろに持ってこない限り照準が狂ってしまうし、目と風防の距離によって円の見え方も違う。

「光像式」のミソは、こうしたパイロットの目の位置によって、円環の大きさや中心が狂わないように工夫されている点にある。その理屈はこうだ。

照準器の台座の中には、電球と円環の形をしたスリットがある。スリットを通った光は、その先の凸レンズで平行に近い角度まで

【光像式照準器のしくみ】

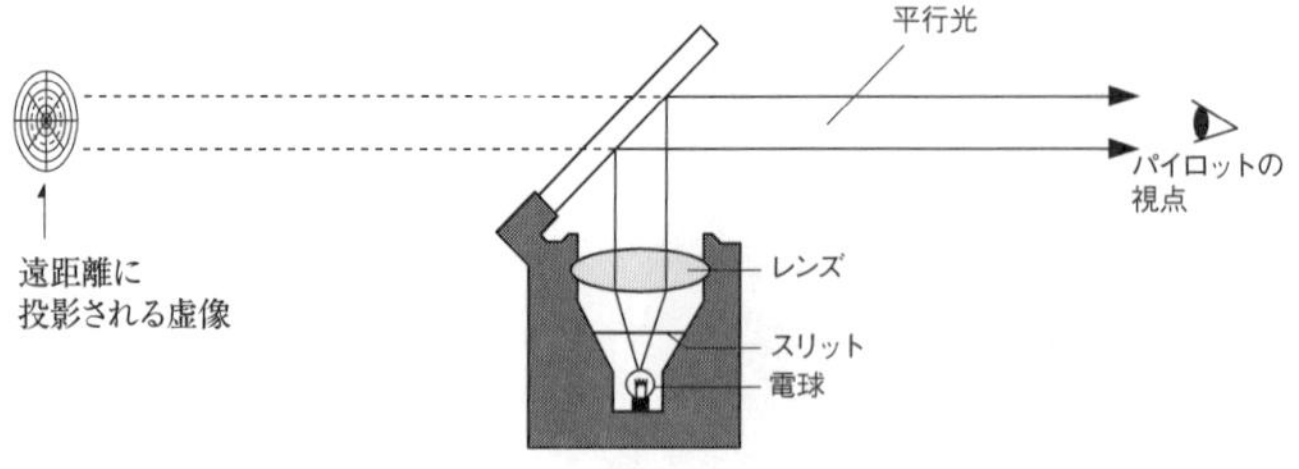

収束される。

　ここで、中学校の理科の授業を思い出して欲しい。レンズの焦点距離よりも内側にある物体は、人の目には実際よりも遥かに遠く、大きく見える。正立虚像というやつである。

　これを応用して、十字線と同心円を組み合わせた「照準環」を、十分遠い距離に虚像として投影する。そして、この虚像を45度に傾けた反射ガラスに映しこむと、前方の視界と照準環を重ねて見ることができる。

　このときパイロットの目に映っている像は十分に遠いので、目線を数センチ動かした程度では、照準がブレたり円の大きさが変わったりはしない。中心線の位置も円の大きさも、常に一定だ。

　これによってパイロットは、視界を遮られたり固定されたりすることなく、周囲を警戒しながら正確な照準を行うことが出来るようになった。

照準器と「小便弾」の関係

　先ほど、7・7㎜の弾道が「真っすぐ」で、20㎜が「小便弾」だというのは、機銃の装備位置に起因する目の錯覚だと書いた。これは聞き捨てならないという方も

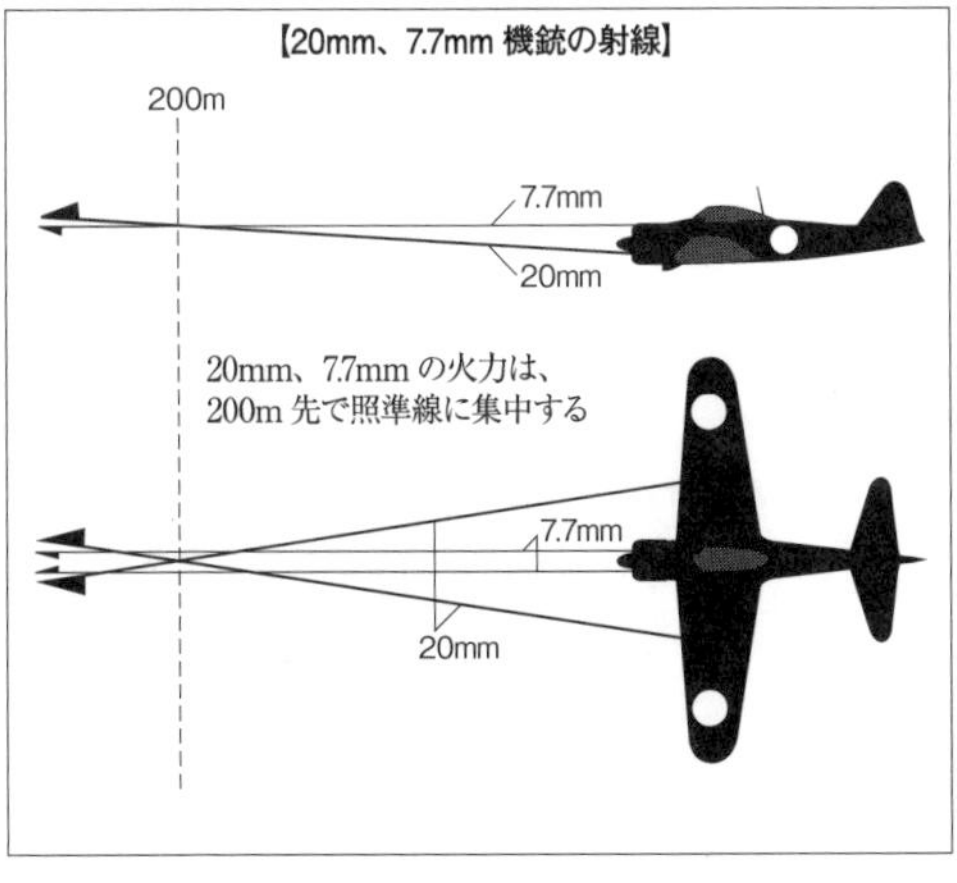

多いだろうが、物理的にはそれ以外の解釈が困難なのである。

なぜ20㎜機銃ばかりが「小便弾」と責められるのか、その原因についてここで少し掘り下げてみよう。

零戦の20㎜機銃は、両翼のプロペラ旋回圏外に設置されている。2挺の機銃の距離は4mあり、照準器の装備位置からは左右に各2m、下方に1mほどズレている。これに対して、ターゲットとなる小型機の胴体幅は、せいぜい1m強しかない。

照準線から大きく離れた機銃をこのまま撃っても命中は期待できないので、20㎜機銃の射線は距離200mで照準線と交差するように調整されている。同様に、7・7㎜機銃の火力も200m先で同一点に収束するように調整されている。射距離200mでは、弾丸の到達時間は0・3秒前後。この程度の時間では、ほとんど重力で落下することはなく、弾道は限りなく直線に近い。

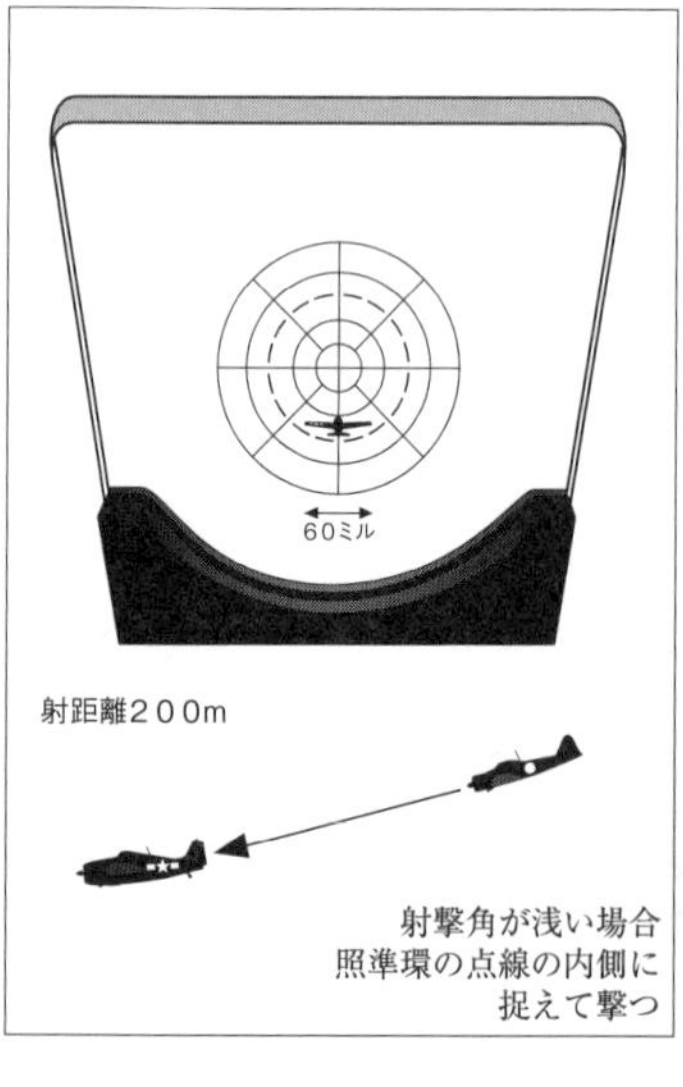

コクピットにおさまると前方下半分は見えなくなる

もちろん、地上で行う試射では、7・7㎜機銃と20㎜機銃の弾丸はほぼ同一点に収束することになる。しかし、実戦では地上と同じにはいかない。ターゲットは高速で飛行しており、直線飛行しながら射撃できるチャンスは殆どないからだ。それは何故か？

480㎞／h（秒速約133m）で飛行中のターゲットに対し、射距離200mで射撃して命中弾を得るためには、その針路上45〜50mくらい先の空間を照準しなければならない。

このとき、照準器とターゲットの位置関係のイメージは下の図のようになる。

射撃角度にもよるが、ターゲットが殆ど照準環から外れかかっている。つまり、目標が照準器に飛び込んできた瞬間に射撃しないと当らないのである。

逆にいえば、敵機を照準器の外（下）に置いて狙わない限り、このタイミングでの射撃は難

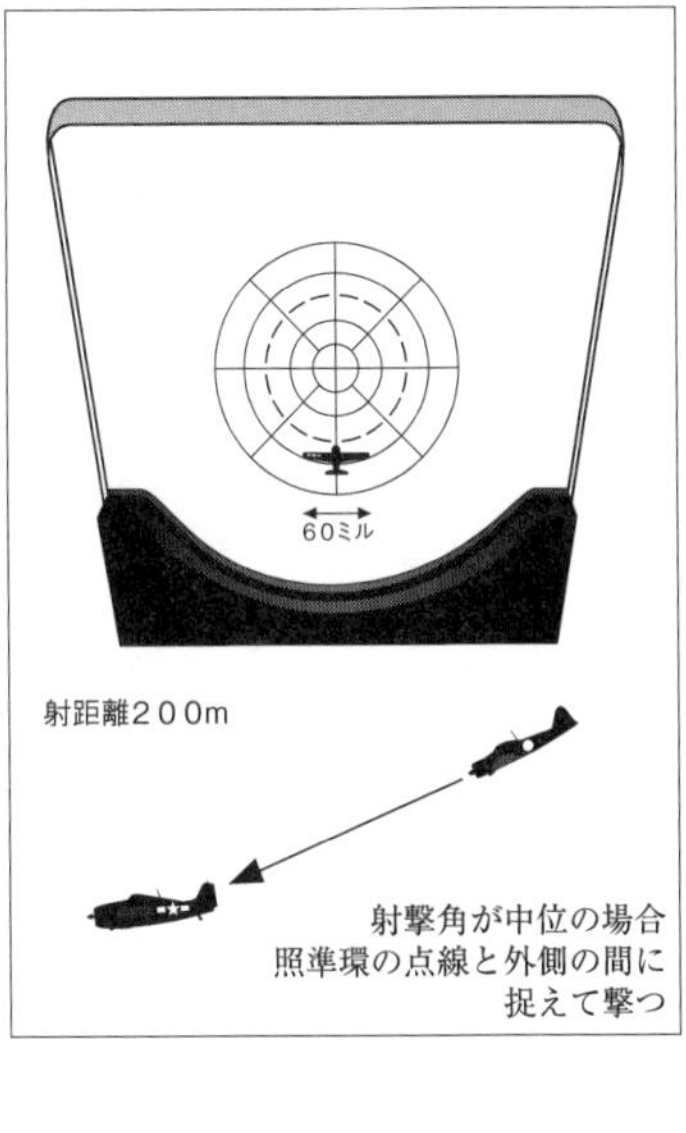

射撃角が中位の場合
照準環の点線と外側の間に
捉えて撃つ

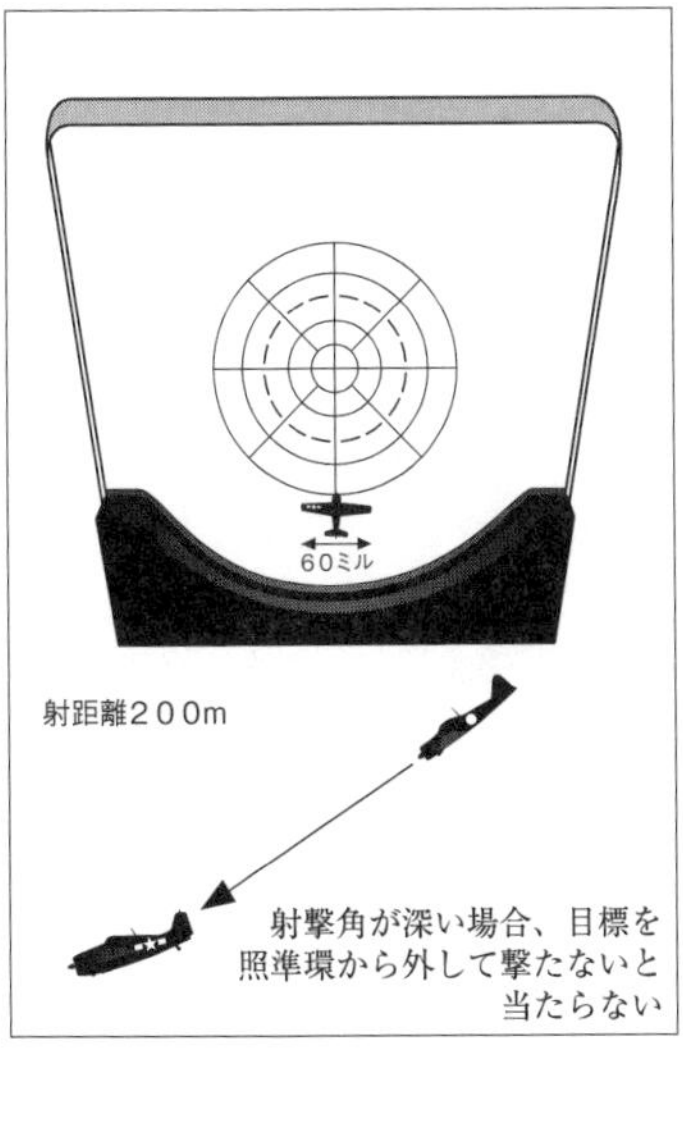

射撃角が深い場合、目標を
照準環から外して撃たないと
当たらない

しい。しかし、基本的にプロペラ機は下半分の視界がないので、いい角度で狙おうとするとターゲットはエンジンの陰に隠れてしまう。

あるエースは「敵機をエンジンの陰に置いて狙う」のが射撃のコツだというが、そんな芸当ができるのは一部の天才的なパイロットに限られる。では、天才的射撃センスを持たない一般のパイロットはどうやって敵を照準するのか？

多くのパイロットは、いったん機首を下に突っ込んで敵機の姿を正面に捉え、目標の移動に合わせて機首を引起して追従する。ターゲットは照準器の中を「上へ上へ」と逃げて行くので、操縦桿を引いて追いかけないと照準器から飛び出してしまうのだ。

この「引起し」機動中に射撃した弾丸は真っ直ぐ飛ばず、下に落ちてゆく。より正確に言えば、弾丸そのものは真っ直ぐ飛んでいるのだが、パイロットの視点が上にズレた分、「見た目の弾道」が下に垂れたのである。

この理屈は20㎜だろうが7・7㎜だろうが、米軍の13㎜だろうが変わらない。旋回中の射撃は、その引起しの速度に応じて等しく「小便弾」に見える。

したがって、たとえターゲットが照準器の中で静止しているように見えたとしても、決してこれを「直接照準」でそのまま狙ってはならない。直接照準で射撃した弾丸は、アーチ型の軌道を辿って、ターゲットの50ｍ後方に流れてゆく。

引起しながらの追従射撃で命中弾を得るためには、一見静止して見える目標の、さらに50ｍほど先の空間を「修正照準」しなければならない。敵機の真後ろにピタリと付いている理想的なケースでない限り、通常はターゲット2～3機分の修正が必要になる。

しかし、ここで目の錯覚がパイロットを惑わせる。20㎜機銃の「小便弾」はよく見えるが、7・7㎜弾の「小便」弾道は非常に見にくいのだ。

7・7㎜機銃の装備位置は、照準器の真下、約25㎝の距離にある。

発射された7・7㎜弾は、ほんの100分の2秒ほどで約15m飛翔するが、これはパイロットの視点からはほぼ真正面の位置。この程度の時間では引起しによる「小便弾効果」はごく僅かなので、7・7㎜の火線は僅か100分の2秒で照準環の中心付近に突き刺さる。

そして発射後0・1秒までの間、7・7㎜の弾道は照準器の中心付近に止まるが、その後ようやく機首の引起しによる「小便弾効果」が現れて急速に下に落ちて行く。

最終的には7・7㎜弾も20㎜弾と大差ない位置まで後落するのだが、この「中心部から弾道が落ちて行くところ」がパイロットの目には映りづらい。

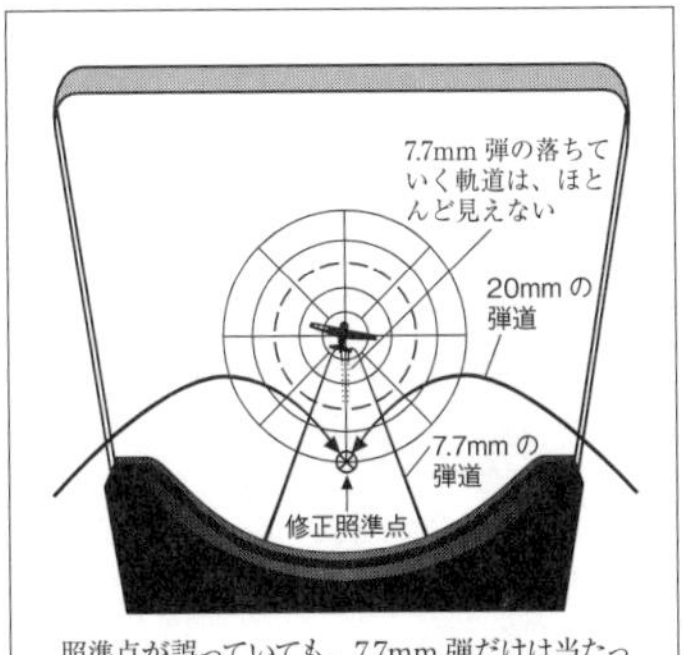

照準点が誤っていても、7.7mm 弾だけは当たっているように見える（実際には全弾外れている）

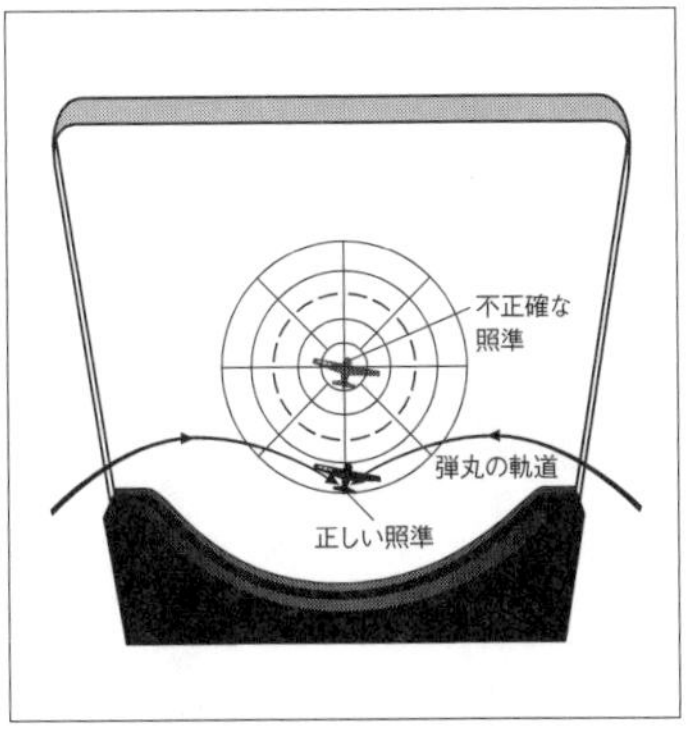

そもそも、7・7㎜の曳光弾は暗くて見づらい。確実な視認距離はせいぜい100m（約0・13秒）程度と言われており、空戦中の極限状況では後半の「落ちて行く軌道」は殆ど見えなかったはずだ。

しかも、照準環の中心付近は明るいレティクル像が幾つも交差している。さらに、空が明るい場合は、光像を鮮明に投影するための遮光フィルターを使用する。暗い7・7㎜の弾道は眩しい照準器の光像に紛れてしまい、よけい見えづらかったと思われる。

すると、パイロットの目には「弾道が真っ直ぐな」7・7㎜弾だけが敵機に吸い込まれ、「小便弾」の20㎜が大きく下に逸れていくように見える。

実際には、大きく落ちてゆくように見える20㎜の軌道が本当の（真っ直ぐな）弾道で、7・7㎜の「真っ直ぐ中心に突き刺さる」弾道は見せかけなのである。

修正射撃を怠れば1発も当たらず、きちんと狙えば当たるという点はどちらも同じだ。

ところが日本海軍では、こうした修正射撃の教育が徹底していなかったのか、射撃が当たらないのを「20㎜機銃の弾道が曲がる」せいだと勘違いしているパイロットが多かった。おそらく、7・7㎜機銃の一見真っ直ぐな弾道に惑わされ、20㎜弾だけが空中で曲がっているように思えたからだろう。この大誤解が広まってしまったことは、零戦の戦力発揮上ゆゆしい問題だった。パイロットが「20㎜は曲がるが、7・7㎜はよく当たる」と誤解していると、適切な修正照準が行われないので、よほど接近しない限り、零戦の射撃はいくら撃っても1発も当たらないということになりかねない。

くり返すが、たった200mの射距離では、発射された弾丸が空中で「曲がる」ことなどあり得ない。弾丸は限りなく直線に近く、銃の種類による差はほとんどない。弾道が下に曲がって見えるのは、機首を引起しながら射撃したことによる視線のズレ、目の錯覚なのである。

もちろん、こうした解釈には異論もあるだろう。「20㎜弾は初速が遅いから、その分、弾道低下量も大きかったはずだ」という主張も根強いが、弾速の差による到達時間の差を考慮しても、7・7㎜弾と20㎜弾の必要修正照準量にはわずかな差しかない。パイロットの目に大きく写るほどの差ではなく、実戦では問題にならなかったはずだ。

疑う人は、米軍の撮影したガン・カメラの影像を見てみてほしい。弾道が非常に真っ直ぐだと言われる米軍の13㎜機銃ですら、わずかでも引起しながら射撃すると、大きな「小便カーブ」を描いて下方に落ちていくのがはっきりと分かるだろう。20㎜機銃が悪いのではなく、狙い方が悪いのだ。

無線電話機

初期の零戦には、「九六式空一号」と呼ばれる無線機が搭載されていた。これは本格的な無線電話で、付属のマイクとレシーバーを用いて通話する。

「九六式」の年式が示すように、先代の九六艦戦と同時期に採用され既に実用テストを経ている装備なので、これといって新しいものではない。にもかかわらず、現代では零戦の無線機というと「雑音ばかりで全く聞こえなかった」という悪評ばかり耳にする。

無線装備は全ての実戦機に搭載されており、軍はメーカーにその代金を支払っている。もちろん、使えない装備に予算を使うわけはない。製品の納入時には検収をするので、少なくとも納入時点では使用可能な状態だったはずだが、前線での評価は「全然ダメ」というものの方が多い。無線機に対する評価はパイロットや部隊によって大きく異なるが、概ね、内地の訓練部隊や母艦搭載機の無線はきちんと使えたようだ。対して、南方の基地に派遣された部隊では「全然ダメ」なのが実情で、要は気候と整備、部品供給の差である。

南方基地の超高温・超多湿の環境は電子機器にとっては明らかに過酷で、大部分の無線機は南方への進出後、早期に故障してしまったようだ。これはよく考えれば当然のことで、似たような事例はいくらもある。

例えば昭和30年代、当時SONYの基幹商品だったトランジスタ・ラジオをアメリカに輸出しようとしたところ、高温多湿の船倉内で部品が腐食し、軒並み故障してしまったというのは有名な話だ。

一応、輸出用のパッケージに包んで船倉に収めていてもこの有様だから、かなり念入りに防湿・防熱対策をしない限り、赤道直下の屋外（ジャングル）に精密機器を置いておけば故障するのが当たり前だった。

そして、ひとたび故障してしまえば、その後は部品供給の困難、無線技師の不足等があいまって、全く利用されないということになる。

無線帰投方位測定装置

この装置は、ナビゲーターがいなくても海の上で迷子にならないようにするための、電波誘導装置である。

一人乗りの飛行機で海の上を飛ぶことは大きな危険を伴う。専門のナビゲーターが乗っている大型機ならともかく、一人乗りの戦闘機は洋上で迷子になったら最後、即遭難してしまうからだ。母艦を空中から目視するためには、晴天時でも概ね半径50㎞圏内まで接近しなければならない。母艦から出撃し、300浬《カイリ》（約550㎞）進出して戦闘をしたとする。移動に片道2時間、戦闘と空中集合で1時間とすると計5時間の空中行動となるが、この間母艦が25ノットで航行していれば、その位置は発艦地点から125浬（約230㎞）も移動している。つまり、単純に来た道を戻っても母艦は見えないわけだ。

帰り道は母艦の将来位置を予測して針路をとらないと間違いなく迷子になるが、戦場においては予定位置に必ず母艦がいるということは期待できない。

母艦が敵の攻撃を受ければ、戦闘や回避のために針路を変えざるを得ないので、必ずしも収容予定地点まで到達できるとは限らない。

おまけに、海の上では一面、水平線しか見えない。通常の人間は数分で方向感覚を失い、自分の位置が分からなくなる。そんな環境で数時間飛び続け、どこにいるか分からない母艦を探して着艦するという作業は、恐ろしく難しいものになる。もちろん、洋上航法の訓練によってある程度自分の位置を把握することができるようになるが、これも万能ではない。当時の洋上航法は、飛行時間と速度から飛んだ距離を計算し、航程を積算しながら現在位置を航空図の上に書き込んでいくという原始的なもので、速度計には誤差があるし、横風による偏向は勘で補正するしかない。

飛行時間が長くなれば、すぐに数十キロ単位の誤差が発生してしまう。相当の腕前のパイロットでない限り、一人乗りの戦闘機が洋上で長時間活動することは極めて困難である。

このような洋上飛行の危険と負担を軽減するため、母艦から誘導電波を出し、搭載機がこの電波に乗って帰投できるようにする。この誘導電波の受信装置が「無線帰投方位測定装置」で、当初はアメリカ製の輸入品をそのまま利用した。

部隊では、発明者の名前をとって「クルシー式」とか「ク式」と呼ばれていた。

制式採用

戦闘機は機体だけでなく、エンジン、プロペラ、武装、その他多数の艤装品の集合体であり、それぞれに改良があり、不具合があり、これを解決するノウハウがある。

零戦は多くの新機軸を導入した機体だったから、制式化までの試作期間にはこれらの装備品類のテストと改良も並行して行われた。

特に、外国製品のライセンス生産に頼らざるを得なかった定速プロペラや20㎜機銃の信頼性は気になるところだったが、両者は概ね良好な成績を収め関係者を安堵させた。

試作機の性能が安定したことが確認された昭和15年7月、ついに「十二試艦戦」は「零式艦戦

11型」として制式採用される。もっとも、「11型」はごく初期の生産型で試作機の延長線上にあり、艦載機としては未完成だった。

空母の飛行甲板と格納庫を結ぶエレベーターの幅が零戦の翼幅とほぼ同じなので、そのままだと空母に搭載したときに取り廻しが悪く、最悪の場合、作業中に翼端を破損する可能性があった。

この点を改良した本命の艦載機型は「21型」と呼ばれ、主翼の両端を50㎝ずつ折りたためるようにした他は基本的に「11型」と同じである。

「零戦11型／21型」の飛行性能は概ね以下のとおり。

最高速度：高度4550mで288ノット（時速533㎞）
上昇力：高度6000mまで7分27秒
航続力：巡航速度での飛行時間7時間（距離換算で2300㎞程度）

上記はあくまでもカタログ・データであり、性能の全てを示しているわけではない。特に、ここでは以下の3点に注意して欲しい。

〈1　最高速度のデータは、あくまで「エンジン全開で長時間水平飛行した時」の速度に過ぎないこと〉

288ノットという最高速度は、高度4550mでエンジンを全開にして水平飛行し、数分間加速し続けた結果として得られたものである。しかし、空中戦の最中にこの前提条件が揃うことは殆どあり得ない（通常は急加速・急減速を繰り返す）ので、カタログ上の数値はあくまで参考値に過ぎない。

特に、空戦を始める時点で両者に大きな高度差がある場合、高い位置にいる方が明らかに有利なので、多少の性能差など殆ど無意味である。

〈2　最高速度や上昇力は、飛行高度によって大きく変化すること〉

空気の密度は、高度が高くなるにつれて希薄になる。つまり、高空では同じ速度でも空気抵抗が減るので、その分スピードがつきやすい。

上昇力については、空気の希薄化に伴って翼が受ける揚力が減少し、これが上昇率の足を引っ張るため、通常は高度の上昇に伴って少しずつ上昇率が鈍ってくる。

さらに、空気が希薄になるとエンジン馬力も落ちてくる。その対策として、航空エンジンには「スーパーチャージャー（過給器）」という装置がついている。これは高空の希薄な空気を圧縮してエンジンに送り込む装置で、仮に飛行高度が高くなっても、過給器の性能がそれに追い付いている間はエンジンの出力は落ちないことになる。

これらの要素を総合すると、高度の上昇に伴って、飛行性能は次のように変化する。

最高速度：過給器の性能が限界に達する高度までは性能が向上し、その後は低下する。

上昇力：低高度で最大値をとり、高度の上昇とともに緩やかに上昇率が低下、過給器の性能限界を超える高度では急速に低下する。

零戦11型／21型の場合、過給器の性能限界は高度4000～5000m付近だった。

〈3　航続力は、エンジンの整備状態やパイロットの飛行技術、戦闘や空中集合に要する時間によって大きく影響を受けること〉

当然ながら、整備状態の悪いエンジンは燃費が悪い。また、整備状態にかかわらず、エンジン回転数、プロペラのピッチと燃料の混合比を最適に調整しないと燃費が悪化する。パイロットの飛び方一つで、燃費は20～30％も違ってくる。

戦闘中はエンジンを全力運転するので、巡航時の約4倍の燃料を消費する。30分の空戦を行えば、巡航速度で2時間分の燃料を消費してしまうので、その分行動半径は短くなる。

さらに、大編隊を組んで進撃する場合や、攻撃隊の掩護任務の場合は、他隊と空中で集合し隊形を整える必要がある。大部隊になればなるほど、長い空中待機によるロスタイムが発生し航続距離の足を引っ張る。掩護する爆撃機の巡航速度が遅い場合、これに合わせてゆっくり飛んでやる必要があるが、経済速度より遅く飛ぶことによる損失も考慮しなければならない。

以上のような要素が重なるため、実戦での行動半径は、常にカタログ上の航続距離よりも大幅に短いものとなる。

さらに、カタログ・データを読む上で、気をつけなければならない要素がもう一つある。それは、「速度」という指標は実は何種類もあるということだ。

飛行機の性能を語る際に使われる速度の指標は主に「計器指示対気速度」及び「真対気速度」の2つがある。

まず、対地速度（地面に対する速度）は上空の風の具合で変化するので、性能を表す指標としては、気流に対する相対速度である「対気速度」を用いなければならない。飛行機に付いている速度計は対気速度計である。

この速度計は、「ピトー管」とよばれる細長い管に吹き込む空気の圧力と、外気の圧力差を読み取って針が動く。したがって、大気が希薄になる上空ではその圧力差も小さくなり、速度計の指針は実際の速度よりもずっと低い数値を指す。

これが「計器指示対気速度」で、通常は英語で「Indicated Air Speed（ＩＡＳ）」と呼ばれる。ＩＡＳは、飛行中の機体が受ける空気力の大きさを示すので、速度による飛行特性の変化や降下制限速度を表す際に便利な指標である。

このＩＡＳを元に、飛行高度（大気圧）による補正を加え、さらに、計器の機械的誤差や設置方法による誤差を補正した推定値が「真対気速度」であり、「True Air Speed（ＴＡＳ）」と呼ばれ、最高速度のカタログ・データには通常これが利用される。

しかし、「真対気速度」の推定は簡単ではないので、しばしば推定を間違えることもある。たとえば、零戦21型の「最高速度」としては、５１７㎞／ｈと５３３㎞／ｈの2通りのデータがあるが、堀越氏の説明によれば、これは「ピトー管の位置誤差」の補正ミスによる真速度の推定誤差が原因であり、本当は533㎞／hが正しいのだという。

前述のとおり、操縦席に付いている速度計は「ピトー管」に吹き込む風圧と外気圧の差を測定しているわけだが、飛行機の外は気流が高速で流れているので、そもそも正確な外気圧を測ること自体が至難である。外気圧を測定する孔（静圧孔）の位置一つで、速度計には無視できない誤差が生じる。

低空での飛行速度なら、地上に設置した距離標識を通過する時間から真速度を測定できるのだが、高度4000mでの速度となると、そうもいかない。

正確な速度データを知るためには、アヤフヤな速度計の指針を元に、頑張ってあらゆる誤差を修正しなければならないのだった。

実にややこしい話だが、これを理解していないと大きな勘違いをする場面が沢山あるので、是非この点は頭に置いてほしい。以下、本書では特に注記しない限り、速度は「真対気速度（TAS）」のことである。

零戦の強みとは？

既に繰り返し述べているように、零戦のカタログ性能は今ひとつパッとしない。

しかし現実には、大戦初期に零戦と対戦した連合軍パイロットの多くが、零戦は自分達の乗機より高性能だと感じていた。また、日本のパイロットも零戦の性能には自信を持っており、数が同じなら米軍機には負けないと豪語していた。これは一体どういう訳だろうか？

理由は幾つかあるが、一つの回答は、零戦の性能上の強みは、一般的なカタログ値に現れない要素にあったからである。

その強みとは、①高い上昇率、②低速域、中速域からの優れた加速力、③戦闘中の高度維持能力、の3つ。これらの特性は、いずれも機体の軽さに起因するものだ。

では、上昇率、加速力、高度維持能力の3つが何故、どのように重要なのか。以下に簡単な例を挙げるので、その理由について想像を働かせてみて欲しい。

〔上昇率について〕

既に述べたように、零戦の最高速度「288ノット」は飛行高度4550mにおける水平飛行の数字である。高度がこれより高くても低くても最高速度は落ちるし、逆に高度を下げながら(坂道を駆け下りるように)加速すれば簡単にこれを超える。降下によって、位置エネルギー(高度)を運動エネルギー(速度)に変換できるからだ。

つまり「高度は速度に換えられる」わけで、実際の空戦では、機体の性能にかかわらず、基本的に高所を占めている側が有利になる。

したがって、戦闘機にとっては、カタログ上の最高速度よりも「上昇率」の方が重要な場合がある。実戦では、互いに敵機の存在に気づいてから空戦が始まるまでの間、双方が敵に対して有利な位置を占めようと位置取り合戦をする。このときに上昇率で競り負けてしまうと、常に敵に上空を取られ、不利な状況で戦わねばならない。

さらに迎撃戦闘の場合は、敵機を発見してから上空に到達するまでの僅かな間に交戦可能な高度まで上昇しなければならない。上昇率の鈍い機体は敵機と交戦することすら困難で、不利な高度から無理に突っかかって行けば手痛い反撃を受けることになる。

〔加速力について〕

飛行機が旋回や上昇に入ると、飛行速度は急速に低下する。速度が低下する度合いは旋回半径や上昇角度によるが、例えばカタログ値で時速600㎞くらい出るはずの機体でも、激しい空戦で急旋回や急上昇を繰り返していると、すぐに時速300㎞台、時には時速200㎞台まで減速してしまうことがある。零戦の場合、空戦中は時速300～400㎞台での飛行が多かったと思われる。

よって実戦では、水平飛行の最高速度よりも、時速300～400㎞程度の「低速・中速域」からいかに迅速に加速できるか、その「加速力」がモノを言うことが多い。

零戦は頭でっかちの空冷エンジンに加えて、分厚くて幅広の翼を持つので、スマートな液冷エンジン機に比べて高速域での空気抵抗が大きく、最高速が伸びない。

一方、機体が軽い分だけ、低速・中速域（まだ空気抵抗が小さい）からの加速では零戦に強みがある。速度が落ちた状態から「ヨーイ、ドン」する追いかけっこなら、零戦も米軍機に引けはとらないわけだ。

米軍機からすると、仮に最高速度で零戦を上回っていても、ひとたび旋回戦闘に巻き込まれて速度を失ってしまうと、そこから単純に加速するだけでは零戦を振り切ることはできない。

〔高度維持能力について〕

飛行機は機体を傾けたり、旋回したりすると高度を失う。基本的に上昇以外の全ての機動は高度の損失を伴うと考えてよい。

空戦中は急旋回や降下加速を多用するので、短時間のうちにどんどん高度を失う。うかうかしていると忽ち海面付近まで高度が下がってしまい、それ以上空戦を継続できなくなる。

かといって、下手に上昇に移れば、速度が落ちたところを狙い撃ちされてしまう。

だから、戦闘機にとってもう一つの重要な性能は、「機動中の高度損失が少ないこと」である。激しい戦闘中にも高度を維持できる機体は、常に高所を占めて敵の攻撃を封じ、必要に応じて降下加速してターゲットを追い詰めることができる。

大戦初期の零戦は、高い上昇率と高度維持能力を生かして常に有利な位置を占め、元来の優れた加速性に加えて、「高度差を利用した降下加速」というオプションを利用することによって、思うままに米軍機を追い回すことができた。

なお、一般的には零戦の長所として「旋回能力」が挙げられることが多いが、これは上記のうち「高度維持能力」に該当すると考えていただきたい。

敢えて「旋回能力」という表現を避けたのは理由がある。実のところ、飛行機の旋回半径は、機体の性能云々というより、旋回に入る時の飛行速度（どれだけ速度を殺せるか）と、強大なGに耐えるパイロットの忍耐力次第でほぼ決まってしまう。

機体の性能差は、むしろ、同じ旋回半径で回ったときの高度低下量（言い換えれば、敵機と同じ高度を維持する場合の旋回半径）と、機動中の安定度（バランスの崩しにくさ）という点に現れる。

試作機のまま前線へ

零戦の初出撃は昭和15年8月19日、初交戦は9月13日である。制式採用は同じ年の7月末だから、採用直後には実戦参加していたことになる。

こんなにスピーディーに実戦投入できた理由は、まだ試作機の段階で実験的に前線に送られていたからだった。

これはかなり異例の措置で、当時の海軍航空部隊の苦戦ぶりが窺える。

昭和15年当時、蔣介石の国民党軍は内陸の四川省に退き、重慶に首都を置いて抗戦を続けていた。漢口に基地を置く海軍航空部隊は、はるばる800㎞離れた重慶まで爆撃行を繰り返していたが、有力な中国空軍の反撃を受けて無視できない損害を被っていた。

撃墜される機こそ少ないものの、出撃のたびに多数の爆撃機が大きな損害を受け、その数は延べ300機近くにのぼっていた。

その中には、機体一面ボロボロに被弾して帰還する機体もあった。攻撃部隊の主力「九六式陸攻」は7人乗りだから、2機墜ちれば14人。墜ちないまでも、戦闘機に襲われて被弾すれば機上戦死者や重傷者が出る。

手足がちぎれ、内臓が飛び出し、負傷者が呻き、機内には一面の血飛沫と血溜まり……そんな状態で基地に滑り込んでくる攻撃隊を目にすれば、誰しも戦闘機の威力を認めざるを得ない。一世を風靡した「戦闘機無用論」も、いつの間にか雲散霧消してしまった。

敵の戦闘機に対抗するには、こちらも戦闘機の護衛を付けるしかないが、九六艦戦では片道800㎞の長距離飛行には付いていけない。

長距離援護用の戦闘機として開発中だった双発エンジンの「十三試陸上戦闘機」(後の「月光」)は、まだ実用化には程遠い段階。爆撃機を改造した火力援護機を護衛に付けるアイデアも検討されたが、こちらは飛行性能が足りず実戦では用をなさないと判断された。

かといって、このまま無護衛で出撃を続ければ、陸攻隊が全滅してしまいかねない。

ちょうどこのとき、「十二試艦戦」が試験飛行で優秀な成績を収めているという情報が前線にも伝わっていた。自然、部隊の指揮官やパイロットからは、「三菱の新型艦戦は凄いらしい」、「早く新型機を寄こせ」という声が上がる。

確かに、零戦の航続性能なら、重慶まで爆撃隊を掩護することが出来るはずである。

こうした現場の声に押される形で、海軍は「十二試艦戦」を試作機のまま漢口基地に進出させるという異例の決定をする。

機体とともにエンジニアや支援要員も送り込まれ、出撃の準備が始まった。これと相前後して、内地では「十二試艦戦」を「零式艦戦」として制式採用することが決定する。

初めて重慶上空に出撃した零戦は、試作機として製作され、試作機のまま前線に赴き、制式採用された直後に実戦参加するという奇妙な経歴を持つことになった。

初陣、奇襲に成功

昭和15年8月19日、制式採用されたばかりの試作機12機が、重慶爆撃に向う攻撃隊（九六式陸攻54機）を援護するために漢口基地を飛び立った。しかし、中国空軍はこれを察知したのか、早々に基地から退避してしまい、全く迎撃してこない。

おかげで爆撃は成功し、陸攻隊にも損害はなかったものの、零戦隊は何の戦果もないまま帰還する羽目になった。

零戦隊は翌20日も出撃したが、この日も同様に中国軍機は逃げてしまい、零戦は何ら為すことなく引き上げる。敵戦闘機の撃滅という目的から見れば、連続して空振りであった。さらに翌月の12日にも、同様の空振りがあった。

しかし日本側も、この3回の攻撃の間に、中国空軍の行動パターンを見抜いていた。

中国軍機は、まず攻撃を避けて空中に退避した後、日本軍機の離脱を待って重慶上空に戻り、その後しばらくの間、低空で示威飛行をする。国民に空軍の健在をアピールするためらしい。

おそらく次も同じ手で来るだろう――4回目の出撃では、その裏をかくことになった。

零戦隊は、過去3回と同じように陸攻を掩護して重慶上空に侵入、爆撃完了とともに一旦戦場を離脱する。その間、上空には偵察機を残しておく。

予想通り、攻撃隊の撤退を見届けた中国軍戦闘機は重慶上空に舞い戻ってパフォーマンスを始めた。その数27機。

機種は、ソ連から提供された「ポリカルポフI－16」及び「I－15」という旧式機だった。「敵戦闘機見ユ……」偵察機から無線連絡を受けた零戦隊は、直ちにUターンして重慶上空に戻る。すると、ドンピシャリのタイミング。

零戦隊は、万全の態勢から奇襲をかけることに成功した。

敵機27機に対して、零戦の数は13機と半数だが、状況は零戦が有利だった。幾ら数が多くても、性能に勝る新型機に上空から奇襲を受けては勝てるはずがない。

空戦は全く一方的で、中国軍機は次々に零戦に捕捉され、射撃の的のように20㎜弾を浴びせられた。あるものは火達磨になり、あるものはボロ雑巾のような姿で、1機また1機と地上に消えていった。空戦が終わったとき、パイロットの視界には1機の中国軍機の姿もなかった。

この日の戦果は、「撃墜27機」、つまり交戦した中国軍機を全機撃墜したと報告された。

大勝利の陰に隠れた問題

しかし、実はこの「撃墜27機」はかなり過大報告だったらしい。

中国側の記録と照らし合わせると、実際に撃墜したのは27機のうちの約半数。残りは被弾しつつも何とか帰還したようだ。

つまり日本側は、多くの「撃破」を撃墜と誤認していたわけである。

戦果誤認の原因はいくつか考えられるが、その一つが20㎜機銃の特性だ。

20㎜弾は命中すると派手に炸裂するため、命中した時の手応えが大きい。命中と同時に強い閃光が走り、白煙が上がり、破片が飛び散り、機体が大きく損傷する。これは、通常の射距離であれば肉眼ではっきりと確認できる。

実際には、いかに20㎜弾といえども数発当てた程度では撃墜にいたらず、撃破にとどまることが多い。しかしパイロットの目線からは、わずかな命中弾でも見た目が派手なので、どうしても「撃墜」に見えてしまうようだ。

さらに、被弾した敵機は、訓練では絶対にやらないような急激な（危険な）操作で逃れようとする。機首をガクンと落として見たこともない急激な降下に入ったり、無理な機動で失速してキリモミに入ったり、ひたすらグルグルと横転し続けたり――。射撃に確かな手応えを得た直後に、こうした敵機の異常な飛行を見れば「撃墜確実」と思ってしまうのも無理はない。

上記の初陣は、ほぼワンサイド・ゲームの勝ち戦で、パイロットにも戦果確認を行う余裕があったケースである。それでも2倍の誤認が出る。これは、彼我の実力が伯仲し、パイロットに心理的余裕が無くなれば、膨大な誤認戦果が報告されることを暗示していた。

戦果の誤認は、敵の残存戦力の推定や作戦の成功・失敗の判定を困難にし、次回以降の作戦に大きな影響を及ぼすことになる。

前線からの戦果報告は常に大袈裟になりがちなので、指揮官としてはこれをどこまで割引いて考えるかが悩みどころなのだが、この時点で海軍が「誤認戦果の割引」についてどう考えていたのかは不明だ。

後に日本海軍は、「戦果の誤認が甚だしく、本当の戦果が誰にも分からない」という状態に陥って自滅することになるが、その不吉な予兆はこの時点で既に現れていたのである。

また、今日では余り触れられることがないが、この戦いでは日本側にも損害があった。参加した零戦13機のうち、被弾により1機が大破。他に1機が燃料系統に被弾し、パイロットがガソリンを被っている。幸い、火災が発生しなかったためパイロットは全員生還したが、運次第では「2機喪失」という結果もあり得たわけである。

その場合、損害率は13分の2＝約15％になってしまう。これは、同様の戦闘を3回繰り返せば戦力が半減するということを意味する。旧式機相手、完全な奇襲という要素を考えると決して無視してよい損害ではない。

さらに、このような大戦果の陰には偵察機や誘導機の貢献も大きく作用していることを忘れてはならない。圧倒的に有利な態勢で敵機を捕捉できたのは、自機の危険を顧みず敵地の上空に残って索敵を続けた偵察機のおかげだ。被弾機があったにもかかわらず、戦闘後に長距離を飛行して全機が帰還できたのは、予め復路上空に待機してくれていた誘導隊（当日は、九七式艦攻7機が誘導任務に就いていた）のおかげだ。

いかに優秀な戦闘機といえども、こうした地味な支援なしには勝利はおぼつかない。

第3章　内包された弱点——初期不良と改良

緒戦の圧勝以来、中国空軍はすっかり鳴りを潜めて動かない。結局、その後しばらくの間、両軍の間に大規模な空中戦は発生しなかった。

したがって、この時期における零戦の課題は「いかに敵戦闘機と戦うか」ではなかった。むしろ、この時期の零戦にとって大事だったのは、あらゆる機械に付きものである「初期不良」を洗い出し、これを改良することだった。

戦闘機ほどの精密機械、それも新型機ともなると、小さなものを含めれば不具合は山ほどある。零戦の場合も、制式採用直後から多くの改善すべき点が明らかになったが、中でも最も重大なのは2度にわたる空中分解事故であった。

最初の空中分解

最初の空中分解事故は、昭和15年3月に起きた。

空中分解したのは航空技術廠のテスト・パイロットが搭乗する試作第2号機で、急降下試験中の出来事だった。事故は、急降下の途中で突然機首からエンジンがもぎ取られ、機体もバラバラに分解するという凄まじいものだった。

パイロットは脱出して落下傘降下したものの、どういうわけか途中で落下傘から落ちて殉職してしまい、事故の模様を報告することが出来なかった。

こうした事故は過去に前例のないもので、原因究明は難航する。まず一つの可能性として、プロペラの不具合が疑われた。

プロペラの不具合を改善するために行われた急降下試験の際に事故が発生したこと、空中でエンジンが脱落したことが動力系統の不具合を連想させたからだ。また、この疑念を裏付けるように、事故機から回収されたプロペラは、3枚の羽根の角度（ピッチ）がバラバラで、大きく食い違っていた。

しかし、仮にプロペラの不具合があったとしても、それが機体全体の破壊に結びつくメカニズムが解明できず、原因究明は暗礁に乗り上げる。

しばらくして、事故調査チームの一人が、回収した尾翼の残骸から昇降舵のバランス錘が紛失していることを発見した。本来そこにあるはずの錘は、取付け部分のアームから先が欠けて無くなっていた。錘は墜落の衝撃によって吹き飛んだのではなく、飛行中に既に脱落していた可能性がある。

この発見により、空中分解の原因を「昇降舵フラッター」とする仮説が有力視されるようになった。「フラッター」とは、機体の一部が気流によって「はためく」現象をいい、激しい振動を伴う場合は機体そのものを破壊することがある。

昇降舵のような舵面は、もともと可動部品なのでフラッターを起こしやすいのだった。

バランス錘の欠損により昇降舵の重量バランスが狂い、まず舵面が空中で激しい振動を起こす。そして、この振動に機体が共振することにより機体全体に強大な力が作用し、このような空中分解に至ったのではないか——事故調査チームはこのように推測し、これが一応の結論とされた。

今日では、「事故原因は昇降舵のフラッター」と何の留保もなく断言されることが多いのだが、この結論には疑問もある。昇降舵フラッターの場合は尾部のみが破壊されるのが通常であること等の理由から、他の原因を疑う意見もあったようだ。

フライト・レコーダーの記録があり、技術もずっと進んだ今日の航空機ですら、墜落事故の原因は常に推測・仮説の域を出ない。まして、70年前の事故でパイロットが殉職していればなおさらだ。

事故の正確な原因は神のみぞ知るところだが、だからといって何も対策をしないわけにはいかない。一応、「昇降舵フラッター」の結論に沿って、バランス錘の取付け部分を強化する改修が行われることになり、これ以後、同様の事故は報告されなくなった。

プロペラ振動の問題

事故原因の究明とは関係がないが、事故が起こった際のテスト飛行の課題、つまり「プロペラの振動」という点も重要な話題である。というのも、零戦に限らず、大戦中の日本軍戦闘機は軒並みプロペラ振動の問題に悩まされており、これが戦力発揮上の大きな障害となっていた。

本来は非常に重要な課題であったはずのプロペラ振動問題だが、その後この問題の改善についてどのような対応が行われたのか、あまり注目されていないし、実際よく分からない部分が多い。はたして、零戦のプロペラ振動の問題は解決されていたのだろうか？

零戦の後継機となるはずだった「雷電」や、陸軍の「疾風」（本機は「大東亜決戦機」と呼ばれた切札的存在だった）がプロペラ振動に悩まされた逸話は有名だが、零戦についてはこうした話は余り聞かない。

零戦が搭載したハミルトン式のプロペラは、その後の新型機に搭載されたドイツ式やフランス式のプロペラより単純な機構だから、振動問題は何とかクリアできたのだろうか？

一方で、本家の米国ハミルトン・プロペラにも過回転事故が発生していることを考えると、日本で不具合が無かったとも思えない。

気になる事例も確かにあり、この点は今なお検討を要する問題と言えそうだ。

2度目の空中分解

2度目の空中分解は昭和16年4月に起きた。

今度の機体は試作機ではなく、制式採用された量産機「21型」。前回の事故と同様、急降下試験中に起きた事故だった。

搭乗者は横須賀航空隊（横空）の分隊長だった下川萬兵衛大尉で、残念ながら機体から脱出することができず、殉職してしまった。

この事故が海軍に与えた衝撃は大きかった。しかも、この事故は偶然・突然に起きたのではなく、ある意味で予測されていた。事故防止のため注意を払って行われた飛行で、最悪の事故が発生してしまったのだから、事は重大だった。

下川機の事故には序章があった。空中分解事故が起きる直前、事故を起こした機体と同型の零戦が、一つの小事故を起こしていたのである。

事故を起こしたのは空母「加賀」飛行隊の二階堂易中尉が搭乗する21型で、戦闘訓練中に急降下からの引起しを行ったところ、両主翼に付けられたエルロン（補助翼：機体を傾け、回転させる舵）が吹き飛び、同時に主翼外鈑の一部も剝離して大穴があいてしまった。

幸い、機体は損傷したものの飛行不能にはならず、二階堂中尉は無事基地に帰還することができた。生還した二階堂中尉の報告によれば、事故の直前、主翼に激しい皺が生じたこと以外は、機体が破壊されるまでの間に目立った前兆や振動は感じられなかったという。

実は、主翼に皺がよるという報告は以前からあった。第1章で述べたように、零戦は「撓んで強度を出す」設計、つまり外鈑が伸び縮みして外力を吸収するように作られている。

したがって、高速飛行中や大きな加速度がかかる飛行では、外鈑の一部が引き伸ばされ、あるいは押し縮められて小さな皺が出来る。すでに初飛行の直後から、「翼がブワブワして気持ち悪い」という感想を漏らすパイロットもいたそうだが、このような小さな皺はすぐ元に戻るもので、強度上は特に問題視されていなかった。

しかし、このとき二階堂機に生じた皺は、それまで報告されていたものより「はるかに著しい」もので、旋回を止めても元に戻らなかった。二階堂中尉はこの皺に気づいたものの、気にせずアクロバット飛行を続けていたところ、突然、エルロンと主翼上面の外鈑が吹き飛んでしまった。

この報告を聞けば、二階堂機の事故原因に「著しい皺」が何かしら関係しているのではないか、と想像がつく。ちょうどこの時、実験航空隊である横空には、この「著しい皺」が発生したために、部隊から軍に返納されてきた21型が1機あった。

技術者は、このような今までにない「著しい皺」の報告が相次ぐ原因として、一つの可能性を疑っていた。「著しい皺」の報告があるのは、エルロンに「バランス・タブ」と呼ばれる部品を組み込んだ新型機に集中している。ということは、このバランス・タブが何らかの悪さをしているのではないか……。

そこで、この点を検証する実験が始まった。タブのない従来機と、タブ付きの新型機の両方で二階堂機と同様の飛行を行い、その結果を比較するわけだ。

この実験を担当したのが、2度目の空中分解の犠牲となった下川大尉だった。もちろん、安全確保のため、「著しい皺」が生じたら直ちに飛行を中断する手筈になっていた。

下川大尉はまずタブのない旧型機で急降下試験を行い、何の異常もなく戻ってきた。

次に、大尉はタブ付きの新型機で同様の急降下を行った。空中分解事故はこのときに起こった。

空中分解の原因は？

事故は一瞬の出来事だったが、地上から見守っていた関係者の目撃証言から、先に小事故を起こしていた二階堂機と同様、空中でエルロンが飛散したことが墜落原因とされた。

下川大尉の運が悪かったのは、主翼から吹き飛んだエルロンが尾翼を直撃したことで、尾翼を失った機体はコントロール不能となり、そのまま海面に突っ込んでしまった。

試作第2号機の空中分解と異なり、下川機は尾翼を失った以外はほぼ原形を止めたまま「十字型」のシルエットとなって墜落したらしい。

もっとも、全体が「原形を止めていた」のは墜落するまでで、墜落後の残骸は衝撃で押しつぶされ、歪んだ金属の塊になっている。事故原因の究明は、僅かに原形が残った部分や破片を分析し、実験とシミュレーションを駆使する他に方法がなかった。

事故に至る経緯からすれば、まず疑わしいのは新設されたバランス・タブである。タブをつけたことによりエルロンの重心が移動し、これが予期せぬ振動(フラッター)を誘発して、その結果エルロンが破壊した、と考えれば一応の説明はできる。

しかし、この仮説には有力な異論があった。試作段階の推定では、零戦の主翼・エルロンは事故当時の飛行速度でフラッターを起こす危険はないと考えられていたこと、同様の事故から生還した二階堂中尉はフラッターを経験していないと証言していたことがその根拠だった。

ところが、こうして事故原因について技術者が論争を戦わせている最中も、日本を取り巻く環境は日々悪化していく。米国との戦争が現実味を帯び、海軍も開戦の準備を整え始める。各戦闘機隊は、次々に従来の機材(九六艦戦)を新型機(零戦)に更新し、同時にパイロットの慣熟訓練が急ピッチで進められていた。

墜落事故があったとはいえ、海軍としては、このような緊張した状況下で零戦の飛行訓練を中断するという決断は出来ない。そこでまず、事故原因が究明されるまでの応急措置として、急降下に臨時の飛行制限が課されることになった。

これでは急降下を伴う戦闘訓練に支障が出るが、事故で損耗を重ねては元も子もないので仕方がなかった。当然、部隊からは「早く何とかしろ」と矢の催促がくる。

風洞実験に新たな知見

部隊からの突き上げを受けながら、調査チームは必死に事故原因を探る。そして、ついに事故から1ヶ月半後、事故原因として一つの結論が出された。

「補助翼（エルロン）フラッター」

決め手になったのは、ある海軍の技術者が、模型による風洞実験を精密にやり直し、事故当時の飛行速度でもフラッターが発生する可能性を突き止めたことだった。

それまでの風洞実験は、ごく単純な縮小模型を用いて行われていたのだが、これには盲点があった。縮小モデルを用いる実験の場合、単純にスケールを縮小しただけではダメで、材質の比重や重心、強度や剛性まで、そっくり縮小してやらなければ正確なシミュレーションにはならない。

つまり、たとえば10分の1スケールの模型で実験するなら、実物より遥かに軽く、やわらかい素材を用いて、なおかつ実物の重量バランスをそのまま再現したモデルを作らなければならない。

これは当時の技術では非常に困難なことで、従来はその困難さ故に、こうした徹底した相似性の追求は行われていなかった。したがって、従来型の風洞模型は単に実物の外形を縮小しただけで、その他の要素はかなりいい加減だったのである。

「縮小モデルにおける強度・重量の相似性の追求」——この未知の課題に挑んだのは、海軍航空技術廠の若い一技師だった。世界でも最先端の研究なので参考になる実例はなく、全く手探りの研究だったようだ。

苦心の模型は完全な手作りで、木製の骨組みに絹布を張り、表面に寒天を塗ったり、錘をつけたりして強度や重量を調節するという職人芸で仕上げられていた。模型の造りが原始的なのはともかく、確かに方向性は正しかった。この研究は、世界で最も早い時期にこの問題に取り組んだ事例として、戦後の欧米で高く評価されることになる。

もっとも、このような原始的なモデルで、果たしてどこまで正確な推定が出来たのかという疑問もあるが、この点は検証が不可能なので何とも言えない。

しかしここで重要なのは推定値の正確性ではない。大事なのは、一応の数値とはいえ「計器指示速度300ノット強」という、従来の推定よりも遥かに低い速度域でフラッターが起こり得る可能性が示されたことで、これは画期的な発見だった。

この発見がなされる前は、旧来の実験結果を元に「この速度でフラッターはあり得ない」とみる見解が有力だったが、風洞実験の手法に新たな見地が加わったことにより、下川機の事故も舵面のフラッターとして説明できることが分かったのである。

正確には、この事故の原因は単純な舵面の振動ではなく、主翼の捩れとバランス・タブの存在が介在した複合要因によるものだとされており、これを表現する用語として「補助翼回転・主翼捩れ連成フラッター」という難しい名前がつけられている。

事故への対策

事故の原因が特定されれば、対策の方針も見えてくる。

下川大尉機の事故に対する対策として、海軍は改修項目を以下の通り決定した。

〈エルロンの改修〉

①バランス・タブを廃止する。

②マス・バランスと呼ばれる錘の追加。舵の付け根の部分を重くすることで舵面をはためきにくくする。

〈主翼自体の改修〉

高速飛行時に主翼に生じる「捩れ」がエルロンの振動に影響していると考えられたこと、および「皺」の発生防止の観点から、主翼の強度自体を向上することになった。

①主翼外鈑の厚さを20％増す。

②ストリンガー（縦通材）と呼ばれる構造材を分割せず、連結して抵抗力を強化する。

③外鈑を止めるリベット（鋲）を大型化する。

この新しい仕様は新造機から適用され、既に生産された機体にはこれに準じた応急改修が施された。

事故対策の効果

対策後は、暫定的に設定されていた急降下速度制限が撤廃され、通常通りの訓練ができるようになった。対策後の機体についても、無理な急降下には制限が加えられており、その目安は「計器指示速度（IAS）で340ノット（高度4000m以下のとき）」または「エンジン回転数毎分2800回転以下（高度4000m以上のとき）」と定められた。

とはいえ、訓練時ならばともかく実戦では制限速度など気にしている余裕はなく、しばしばカタログ制限を超える急降下が行われていたらしい。

パイロットによっては「しょっちゅう380ノット（高度不明）くらい出していたが別に平気だった」という豪傑もいたという。

もっとも、ここまでの高速飛行はかなり例外的なケースで、多くの場合は概ね300ノット（IAS）程度で止めて引起しに入ったと思われる。零戦はこれ以上加速すると舵が利かなくなり、ほとんど操縦不能になってしまうからだ。

ところで、この「急降下制限速度」というデータは実に複雑で誤解されやすい。

一般的には、例えば「零戦は行き過ぎた軽量化のために機体強度が不足しており、急降下の制限速度が米軍機よりも大幅に低い……これが零戦の致命的な欠陥である」といった論評が当然のように行われているが、このような断言には注意が必要である。

実際のところ、（少なくともデータ上は）降下制限速度において零戦と米軍機には大差がないし、事故対策後に零戦の空中分解が問題となった形跡はない。

後で詳しく述べるが、「340ノット」という制限は妥当な水準だし、制限速度が設定されたこと自体もさほど問題とするに足りない。近代的な飛行機には全て似たような制限があり、零戦が急降下を苦手とした原因は、機体強度とは別のところにある。

むしろそれよりも、空中分解事故の処理に関しては、非常に重要なのに見落とされがちな点がある。「バランス・タブの廃止」という決定がそれだ。

これがなぜ「非常に重要」なのか？

それは、この決定が本当の意味での「零戦の最大の欠点」と、深く関係してくるからである。

零戦最大の欠点

零戦の最大の欠点――それはエルロンの舵利きが悪く、特に高速域でほとんど利かないという点にあった。

既に何度か説明しているとおり、エルロン（補助翼）は機体を横に傾け、回転（ロール）させる働きをする舵だが、零戦はその舵の働きが良くないのである。

低速域ではまだよいが、高速になるに従って急速に舵が重くなり、操縦桿が動かなくなる。

この不具合は既に試作の段階でテスト・パイロットから報告されており、海軍・三菱ともに重要な改善点として認識していた。

飛行機というものは、方向を変えるにも、旋回するにも、急降下するにも、初動として必ず「機体を傾ける（ロールする）」必要がある（詳しくは132ページ参照）。

したがって、ロールが鈍いということは、つまるところ「全ての動作の初動が遅い」ということであり、空中戦においては「何をやってもワンテンポ遅れる」ことを意味する。

ゆえに、戦闘機にとってロール性能は非常に重要な要素となるが、零戦はそのロール機動が鈍かった。そして、空中分解事故への対策として廃止されてしまった「バランス・タブ」は、不足しているロール性能を補うための装備だったのである。

舵面の末端部を本体の作動方向と逆に曲げてやると、風圧の作用で操舵に必要な力が軽減される。この原理を利用して、高速域で重く、動かなかったエルロンの利きを改善するのが「バランス・タブ」の役割だったが、これが事故の余波で廃止されてしまった。

タブなしでエルロンの操舵性を改善するには、翼や舵面の設計自体を改めなければならないが、既に21型の量産ラインは動き出しており、そう簡単に大きな変更はできない。

結局、ロール性能の改善は新型機「32型」

【バランス・タブの作動図】

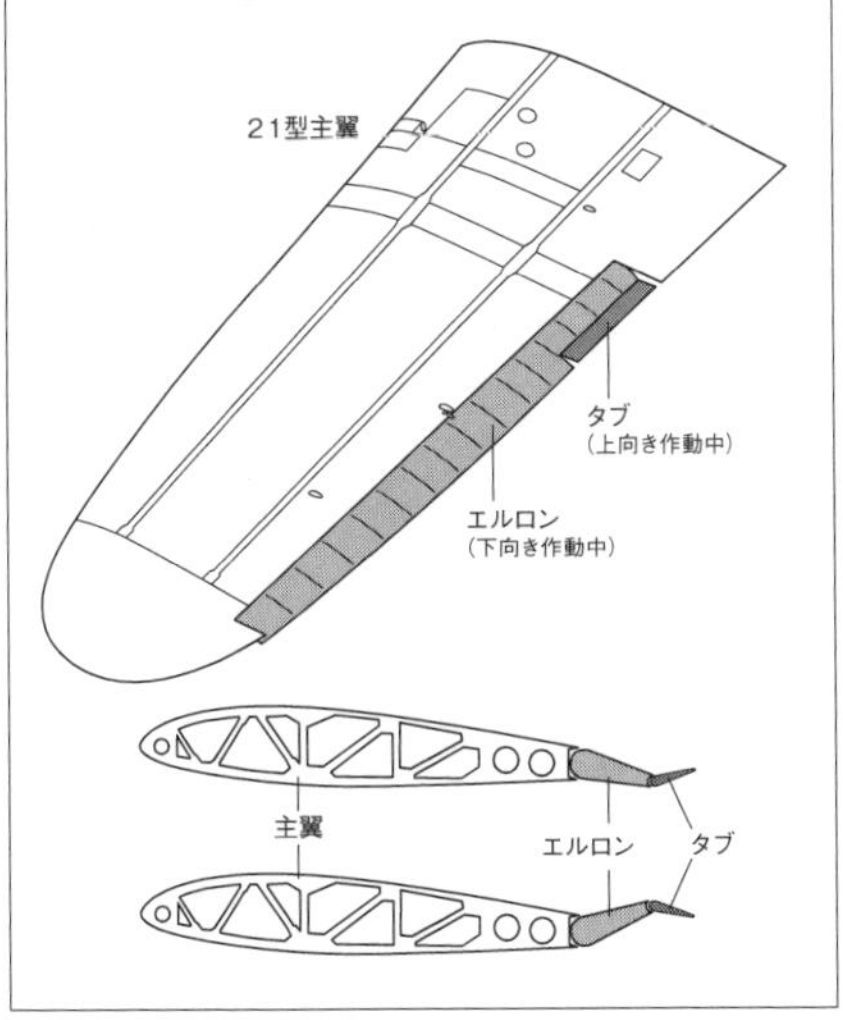

の登場を待つことになり、零戦21型の初期量産タイプ（これが大戦前半の主力機となった）は「ロール機動が鈍い」「高速域で操縦桿が動かない」という重大な欠点を抱えたまま、対米戦に投入されることになる。

降下制限速度について

先ほど、「零戦と米軍機の降下制限速度は大差ない」と書いたが、これは巷での通説と真っ向から対立することになるので、読者は抵抗を感じるかもしれない。

誤解が広まったのには様々な理由があるが、この点についての説明は長くなる。あれこれ言うよりも、まずデータを見て頂いたほうが早いだろう。

下の表に示したとおり、データは年代ごとに概ね同じ水準にある。

艦載機に限れば、日米ともに高度３０００〜４０００ｍの中高度域における制限速度は、真速度（ＴＡＳ）換算で概ね７６０〜９００km／h程度。多少の差はあるにせよ、零戦と米軍機の降下制限速度は大差がないのである。

制限速度チャート

年代	機種	制限速度(IAS)	高度	マッハ数
1942(昭17)	零戦21型	340kt	4000m	0.66
	F4F-3 ワイルドキャット	410mph(※1)(356kt)	10000ft(3048m)	0.66
1943(昭18)	零戦32型	360kt	4000m	0.7
	F4U コルセア	385kt	10000ft(3048m)	0.7
	P-38J ライトニング	420mph(365kt)	10000ft(3048m)	0.67
1944(昭19)〜1945(昭20)	零戦52型甲	400kt(※2)	4000m	0.77
	F6F ヘルキャット	390kt(※2)	15000ft(4572m)	0.78
	P-51 マスタング	440mph(382kt)	15000ft(4572m)	0.76

(※1) F4F-3のデータは"Terminal Velocity"と表現されているので、「制限速度」というよりも「これ以上は加速しない」といった方が正確である。
(※2) これはカタログ上だけの数値である。実際には、制限速度に達する前に圧縮波の影響を受けて危険な状態となるため、実用上の制限速度はもっと低い。

「零戦の降下制限速度が米軍機に大きく劣る」という誤解が広まっているのは、大多数の人が

「計器指示速度（ＩＡＳ）」と「真速度（ＴＡＳ）」を区別せず、混同しているからだ。

これを混同したままだと、「Ｆ６Ｆの最高速度は時速９００㎞、対する零戦は強度不足のため時速６５０㎞までしか出せません」（前述のＴＶ番組の解説）といった誤解を生むことになる。

ここでＦ６Ｆの制限速度を「９００㎞／ｈ」としているのは、高度１５０００フィート（ft）におけるＩＡＳ３９０ノットを真速度に換算すると９０８㎞／ｈ程度になるからだろう。しかし制限速度チャートに注記したとおり、これはメーカー発表のカタログ値にすぎず、「音速の壁」の影響で実際の制限速度はこれよりずっと低い。

しかも、真速度で比較するなら零戦の方も換算しなければフェアではない。高度４０００ｍにおけるＩＡＳ３４０ノットは真速度に直すと約７６０㎞／ｈ、３６０ノットなら約８１５㎞／ｈなので、「ヘルキャット」の実用制限値と大差ないことになる。

もっとも、これは零戦の機体の強度が米軍機とほぼ同じだということを意味しない。物理的な頑丈さという点では、明らかに米軍機の方が上だ。しかし、飛行機に関しては「軽さ＝強さ」という要素があり、しかも急降下の制限速度は必ずしも機体強度では決まらない。

急降下を危険にする要素は機体に作用する空気圧だけではなく、むしろ他の要素の影響の方が大きいからだ。

機体強度が直接的に制限速度に影響するのは、大気が濃密な低高度域に限られる。中高度以上の高度では大気が希薄になるため、機体に加わる空気圧も弱まり、同じ速度でも機体の強度には十分な余裕ができる。

しかし一方で、高度が高くなるにつれて「音速の壁」が迫ってくる。１９４０年代当時の翼の設計技術では、概ね飛行速度が音速の70％前後に達すると、翼面に圧縮波（衝撃波）が発生してしまい、激しい振動、コントロールの喪失等の危険な状態を惹き起こす。

このような超高速気流の特性が飛行に悪影響を与える状態をCompressibility（空気圧縮）といい、Compressibility 現象が発生する速度をCritical Mach Number（臨界マッハ数）という。高い高度になるほど機体はより加速しやすく、音速はより低くなるため、中高度以上では主としてこの「臨界マッハ数」が急降下の制限要因になる。

音速はその日の天候や高度で異なるが、マッハ０・７は高度４０００ｍにおいて計器指示速度（ＩＡＳ）３６０ノット（真速度で８１５㎞／ｈ）前後となり、ちょうど零戦32型の制限速度と重なる。

１９４０年代の戦闘機の臨界マッハ数は概ね０・７～０・75程度で大差がないので、必然的に、中高度域における実用的な制限速度は機種にかかわらず３６０～３８０ノット（ＩＡＳ）付近に集中することになる（１２４ページの制限速度チャート参照）。

もっとも、日本では高速気流の挙動に関する研究が遅れていたので、おそらく零戦の制限速度は音速を意識したものではない。単に、結果的に「いいセン」だったわけだ。

エンジン回転数の制限について

次に、急降下速度を制限する要因として重要なのがプロペラ（エンジン）の回転数である。

プロペラの先端部は、羽根の回転速度と機体の前進速度が合成されるため、比較的簡単に音速を突破してしまう。

この状態でさらに加速を続けると、プロペラの「超音速部分」が拡大して強い振動と衝撃波を発し、最悪の場合はプロペラが破損し墜落する。さらに、プロペラ回転の加速に応じてエンジンの回転数も上がるが、これが設計上の許容限度を超えると、エンジンが焼き付いて飛行不能になる。

ここで、前述した零戦21型の降下制限を思い出してほしい。高度4000m以上では速度の制限はなく、「エンジン回転数毎分2800回転以下」と定められている。

速度ではなく回転数で制限が課されている理由がお分かりだろう。中高度以上では空気が希薄なので機体強度は問題でなく、むしろプロペラの音速対策やエンジンの許容回転の方が重要だからである。

面白いことに、「エンジン全開で急降下し、高度4000mで計器指示速度340ノットまで加速」したと仮定すると、ちょうどこの近辺でプロペラ先端速度が音速を超えることになる。これも偶然かもしれないが、なるほどよく出来た基準だと思う。

米軍機の場合、各高度（5000ft刻み）における制限速度がIASで表示されたチャートがあり、パイロットはこれを暗記したり、コ

急降下の制限要因		
	主	副
高高度	圧縮波の影響（マッハ数）	プロペラ回転数
中高度	プロペラ回転数	圧縮波の影響（マッハ数）
低高度	空気力（IAS）	プロペラ回転数

クピットに貼り付けたりしている。

しかし、IAS表示は高度によって大きな差が出るので、パイロットは常に速度計と高度計を見比べながら「目下の制限速度」を判断する必要がある。戦闘中にこの複雑な作業をこなせるパイロットが、はたして何割いただろうか。

零戦の機体強度に関する評価

零戦の機体強度についてどう評価するかは難しい。

しかし、データと実用結果を見る限り、「実用上問題ない程度にヤワにする」という設計方針は、一応成功していたと評価してよいのではないだろうか。

零戦の空中分解事故として今日知られているのは上記の2例のみで、下川大尉機の事故に基づく対策が行われた後は、同様の事故は報告されていない。

こうしたフラッター問題や空中分解事故にしても、実は1940年以降の高速機には付きものと言ってよい問題で、何も零戦に限った話ではない。実は多くの米軍機も同様の問題を抱えており、いち早く改善されたという点では、零戦はむしろ優等生である。

この点に関連して、著名な航空評論家であるマーチン・ケイディン氏の言葉を引用しよう。米陸軍戦闘機P－38に空中分解事故が頻発したことについて、以下のような一節がある。

「フラッター問題はほとんどすべての新型戦闘機の開発過程で生じた問題であることを強調しておく必要がある。尾翼フラッターの問題はP－38だけの問題としている人が多いが、他の飛行機に言及せず、P－38だけを取り上げるのは全くナンセンスと言えよう。あの不恰好なリパブリックP－47型サンダーボルト戦闘機を取り上げてみると、その初期型では尾翼のフラッターが起き、高速で降下中に機体が分解する事故が少なくなかったので、パイロット・キラーの悪名が高かった。また、第二次大戦で最も成功を収めた急降下爆撃機はカーチスSB2C－4型ヘルダイバーである。だが、この試作型であるXSB2C－1型は、急降下時に尾翼がねじ曲がってしまう事故が起き、何人かパイロットが死亡したために『後家づくり』という、すさまじい異名をとったものである。あの素晴らしいノースアメリカンP－51型ムスタング戦闘機ですら、同じような事故に苦しんだのである。NACA（航空諮問委員会）の築き上げた、目ざましい研究ぶりを紹介した『大空の先駆者』（アルフレッド・A・クノッフ社刊）の著者ジョージ・W・グレイは、その問題について次のように述べている。

〔最近、何機かのムスタング戦闘機で飛行中に尾翼が吹き飛ぶ事故が発生した……ムスタング戦闘機を悩ましたと同じような尾翼関係の事故が他の軍用機にも生じていたのである。その開発過程において、多かれ少なかれ、尾翼にまつわるトラブルが生じなかった戦闘機は一つとしてない。これは速度が速くなり、時速400マイルを超えたことによるものである〕」（引用は『双胴の悪魔：P－38』マーチン・ケイディン著より）

第二次大戦中最高の傑作機とされるP－51や、高速・重戦闘機の代表格であるP－47、P－38ですら、その初期にはフラッターによる空中分解事故を経験していた（なお、P－38については、別の原因でその後も空中分解の癖が抜けなかった）。

右記の記事では触れられていないが、今では「頑丈」の代名詞のように言われているF6F「ヘルキャット」も同様で、尾翼フラッターの癖がなかなか直らず、実戦投入が遅れたり飛行制限が課せられたりしている。

日本機では、やはり最も頑丈な機体とされる陸軍の三式戦闘機「飛燕」が、試験飛行中にエルロンのフラッター事故を起こしている。

フラッター問題に関しては、「実際に飛ばしてみるまで誰にも分からない」というのが実情なのかもしれない。

また、興味深いことに、米軍は零戦の機体強度が不足しているとは考えていなかったらしい。米軍による零戦の分析レポートはいくつかあるが、戦争も末期に近い昭和19年6月、零戦（32型）に対する米軍の評価が固まってきた時期に作成されたレポートには、次のような一節がある。「構造は軽量だが造りが薄っぺらではなく、一般に思われているのに反して相当頑丈である」

このレポートは続けて、零戦の機体構造が脆弱だという認識は、しばしば空中で爆発・分解する（燃料タンクの防爆対策がないことが理由）ために生じた「誤った解釈」であり、構造的に脆い訳ではないと述べている。

なぜ零戦は急降下が苦手なのか?

零戦が「急降下」という機動を苦手としたことは、おそらく間違いない。

多くのパイロットが「米軍機が急降下で逃げると追い付けない」とか「零戦は急降下の突っ込

みが利かない」といったコメントを残しており、この言葉に嘘はなさそうである。

カタログ上の降下制限速度には大きな差がないにもかかわらず、なぜこのような結果になったのだろうか？　この点については、大きく5つの原因が考えられる。

①降下前の飛行速度、巡航速度の差

実戦では、機体の性能以前の問題として、双方が降下に入る前の速度、いわば「スタートラインとなる速度」に大差がある場合が多い。

例えば、一方が優位の高度から降下加速を利用して接近し、射撃後そのまま下方に突き抜けていくという典型的な「一撃離脱」戦術を取った場合がこれにあたる。

この場合、攻撃される側の飛行速度は巡航速度か、これよりやや速い程度（通常は300〜400km／h台程度か）なのに対し、攻撃側は降下による加速が付いて相当の高速（500〜600km／h台またはそれ以上）になっている。

こうなると、機体の性能にかかわらず、優位高度から先手を取って降下した方が圧倒的に速い。出遅れた側があわてて急降下で追いかけても、スタートの速度が違いすぎるので追い付く見込みはない。このことは攻撃側が零戦で、あとから追うのが米軍機の場合でも同様である。

もっとも、米軍機は全体的に零戦より巡航速度が速い（P‐40で+100km／h以上）分だけスタートで有利になる。つまり、米軍パイロットが「降下する零戦に追い付けない」というシーンに遭遇する可能性もあるが、その確率は相対的に低くなる。

②初動の遅さ

通常の手順で急降下を行う場合、いったん機体を180度横転（ハーフ・ロール）させて上下逆さとし、そこから操縦桿を引いて機首を下げる必要がある。したがって、急降下の初動の素早さは、その機体のロール性能に左右されることになるが、前述のとおり零戦はロールが鈍い欠点があった。

同世代の米軍機と比較した場合、零戦21型のロール性能は「大幅に劣っている」と言わざるをえず、大戦初期のライバルであるP－40と比較すると約半分しかない。

例えば高度10000ft（3048m）、飛行速度がIASで230ノット（真速度で約500km／h）という条件では、P－40は180度ロールを2秒以内でこなすが、零戦21型が同じ機動で追いかけようとすると4秒前後かかってしまう。

この速度では、飛行機は1秒間に140mくらい飛行するから、初動で2秒の遅れは相当厳しいものにな

【右横転からの急降下】

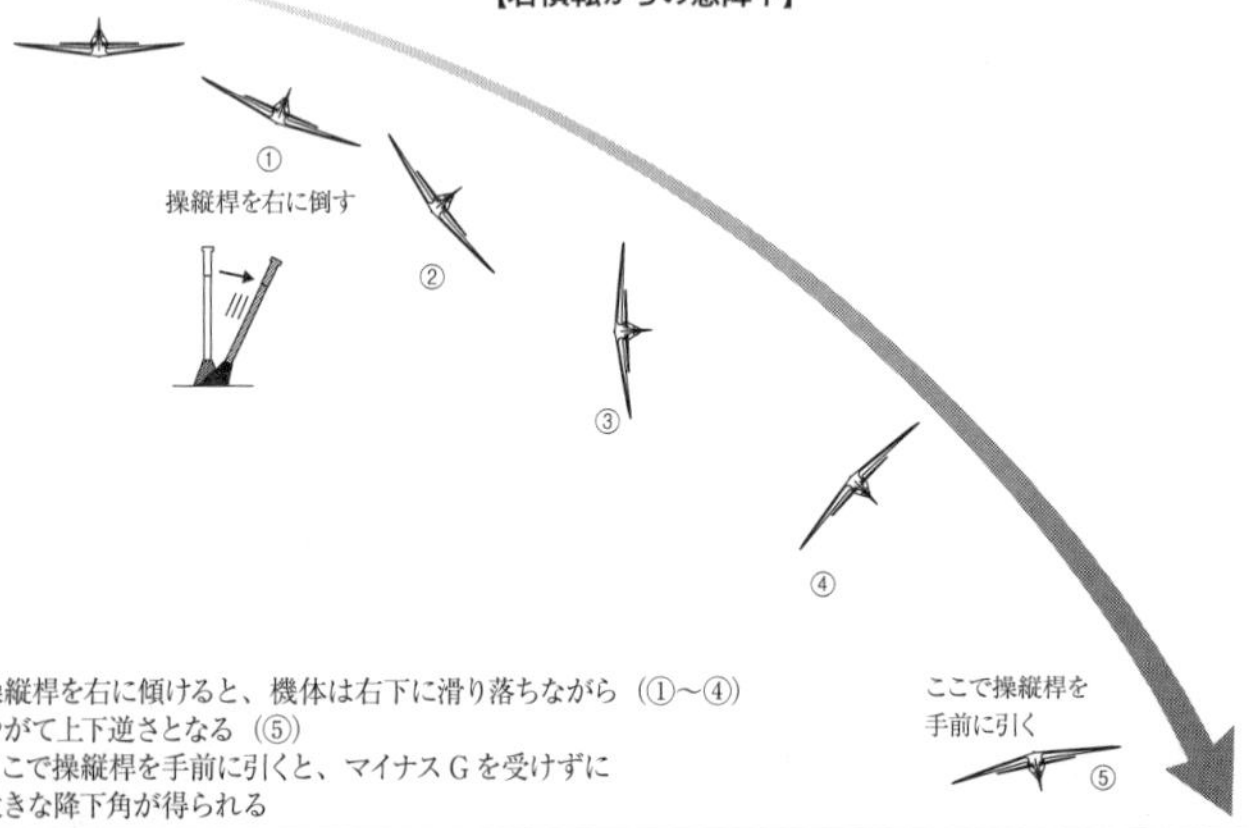
①
操縦桿を右に倒す
②
③
④
ここで操縦桿を
手前に引く
⑤

操縦桿を右に傾けると、機体は右下に滑り落ちながら（①～④）
やがて上下逆さとなる（⑤）
ここで操縦桿を手前に引くと、マイナスGを受けずに
大きな降下角が得られる

る。

さらに実戦ではパイロットが敵機の動きを判断し、操縦桿を動かすまでの反応時間（早くても0・5秒）が加算されるので、降下開始までに2・5秒強の遅れが生じる（＝零戦の飛行軌道は300m以上大回りになる）と考えなければならない。

背面飛行から通常姿勢に戻る際にもう一度180度ロールを行う必要があるので、ここでさらに2秒の遅れ、合計4・5秒となると、これはかなり絶望的な差である。

これは、「巡航するP－40の後方に零戦が忍び寄って距離を詰め、攻撃位置についた」という理想的状況においてすら、P－40が半横転から急降下で離脱を図った場合、零戦は初動で大きく出遅れて、ターゲットを取り逃がしてしまうということを意味する。

動きの鈍い機体を何とか急降下に入れたとしても、その時点でターゲットは既に遥か前方にあり、降下時の加速で劣る零戦はもう追い付けないのである。

スタート時点でP－40の飛行速度がもっと速い場合には、両者のロール性能の差がさらに開くため、状況はもっと悪くなる。
③降下加速の鈍さ
制限速度に大差はなくても、その速度に達するまでの時間、つまり「降下加速」は機体によってかなり差がある。

降下時の加速率を決める要素は単純で、機体重量が重く、翼面積が小さく、エンジン馬力が強く、機首が尖っているほどよい。

零戦の場合はというと、機体が軽く、翼面積は大きく、エンジン馬力は小さく、シルエットは絶壁あたま（空冷式エンジン）なので、当然ながら降下加速は芳しくない。逆に、重くてトンガリ頭のP－40やP－38は降下加速が優れている。

機種によって差はあるものの、全体的に「大重量・大馬力」な米軍機の方が、零戦よりずっと降下時の加速が良いのである。

したがって、零戦が出遅れながら何とか急降下に入ったとしても、そこから先はターゲットとの距離を詰めるどころか、どんどん引き離されていくだけ。初動の出遅れ分を考えると、有効射程距離にほんの一瞬捉えられるかどうか、というのが現実だろう。

④降下中の安定性、操舵性の悪さ

今まで述べた要素だけでも、「零戦が急降下で米軍機と渡り合うのは厳しい」ということがご想像いただけるだろう。しかし、実はさらに致命的な要素が零戦の急降下を困難にしていた。

零戦は加速するに従って操縦性が低下してゆき、制限速度に達するずっと手前で正常なコントロールを失ってしまうのだ。

まず、飛行速度が250ノット（IAS）を超えると、エルロン操舵が非常に重くなって、操縦桿が横に倒れにくくなる。もともと低いロール性能がさらに低下し、旋回や方向転換が非常に鈍重になる。

さらに加速すると、パイロットの意思に反して機首の引起しが始まり、降下角を維持できなくなる。この傾向について、操縦桿による修正は困難である。

それでも頑張って加速しつづけ、速度が300ノット（IAS）に達すると、操縦桿は恐ろしく重くなり、特に横方向には殆ど動かなくなってしまう。

エルロンは殆ど利かず、ロール機動は事実上不可能になる。この段階でパイロットに許された操作は、ゆっくり操縦桿を引いて、機を水平に戻すことだけである。

したがって、現実的には、零戦の急降下はせいぜい300ノット（IAS）までが限界で、それ以上の加速は自分の首を絞めることになる。さらに、米軍機が「急降下に入った後、降下中にロール機動を行い、進路を変えながら引き起こす」という逃げ方をすると、高速域でロールができない零戦は全く付いていけないのだった。

これは実に深刻な問題で、多くのパイロットは「急降下」という機動で米軍機と渡り合うことを諦めざるを得なかった。仮に急降下を行う場合でも、なるべく早めに切り上げて引き起こし、高度を維持して次のチャンスを狙った方が利口だ。

零戦のこうした傾向は、特に21型において顕著だった。改良型である32型、52型ではかなり改善されたものの、高速域で操縦桿がロックしてしまう傾向は相変わらずで、最後まで根本的な解決には至らなかったようである。

⑤プロペラ性能の差

この点が実際にどこまで影響したかは分からないのだが、事実として日米のプロペラ技術には到底埋められないほどの大差があった。

前述したとおり、零戦が装備したプロペラは、昭和13年に米国が日本にライセンスした技術で作られている。つまり、昭和13年の段階で、既に「仮想敵国に売ってもよい程度の技術」だったわけである。

そして零戦のプロペラは、基本的に終戦までこの「昭和13年の技術」から進歩しなかった。昭和17年頃になると、米軍戦闘機とのプロペラ性能の差は歴然としてくる。

性能の差がもっとも端的に現れるのが「プロペラピッチの調整角」だが、このデータは、そのプロペラが対応できる速度帯の広さを意味している。

ピッチ角の調整範囲は、零戦の20度に対し、P－40が30度、F４F－４が35度、F６F－３が39度で明らかな差がある。

ピッチ角の調整範囲が狭い零戦のプロペラは、喩えればギアが３速しかないようなものだ。速度変化の激しい空中戦においては「低速で重く、高速でスカスカ」になる傾向を生じる。

特に零戦21型のプロペラは基本的に低速仕様なので、高速域では完全にスカスカになり、エンジン馬力を吸収できずに過剰回転を起こす可能性が高い。先端部が音速を突破して振動を始め、最悪の場合はエンジンが焼付いてしまう。

この危険を防ぐには、急降下を短時間で切り上げるか、またはエンジン出力を絞って降下する必要がある。つまり、いずれにせよフルパワーで降下する米軍機には付いていけないということになる。

急降下と戦果確認

このように、機体強度とは別の要因で、零戦の急降下機動は大きな制約を受けていた。そして、米軍機の急降下に追随できないことは、零戦の撃墜戦果を大幅に減少させる要因となった。いくら優勢に空中戦を戦っても、最後に急降下で逃げられてしまうと、戦果には結びつかない。

野球でいえば、「ノーアウト満塁から無得点」のような試合が多いわけだが、実戦はスポーツよりもっと厳しかった。

野球なら「無得点」の結果が残るが、空中戦では急降下による離脱を「撃墜」と誤認することが多いからだ。内容で押しているという実感が強いだけに、パイロットの戦果確認は甘くなりがちで、「急降下で逃げられた」のを「一撃で撃墜した」と思い込むようになる。

撃った弾が当たっていないことに気付かないので、空中射撃の精度も上がらず、急降下で逃げる敵機を追い詰めるための戦術も工夫されない。これはゆゆしい問題だった。

第4章　攻勢の優位——栄光の時代

昭和16年12月8日、真珠湾に対する奇襲攻撃によって、ついに対米戦の火蓋が切られた。ここからの数ヶ月間が零戦にとって栄光の時代であり、連合軍機を圧倒する活躍で「無敵神話」を築き上げることになる。

もっとも、後述するとおり、これは機体の性能云々というよりも「奇襲のご利益」または「攻勢優位の賜物」とでも言うべき戦果なのだが、いずれにせよこの時期に零戦が最も輝いていたことに変わりはない。

開戦前夜

昭和16年12月当時、太平洋方面における連合軍航空兵力の配置は概ね次のようなものだった。

〈米軍〉

ハワイ・オアフ島：陸海軍機合計約300機

フィリピン・ルソン島：陸軍機を中心とする約200機

〈英軍〉

マレー半島の各基地：約300機

〈オランダ軍〉

インドネシアの各基地：約200機

意外に大きな戦力を持っていたのがオランダと英国の植民地軍である。これらは当時の世界情勢の緊迫に伴って増強されており、機材は基本的に米国からの輸入機で構成されていた。

しかしその機種をみると、F2A「バッファロー」、P－36「ホーク」など旧式機ばかり（厳密には輸出版は原型機とは型式名が異なるが、ここでは気にする必要はない）。

いくら強化したとはいっても所詮は植民地軍なので、列強の主力部隊と戦えるような一線級の兵力は回されてこないのだ。

アジア地域の連合軍航空兵力は、本国でお払い箱になった旧式機が「第二戦線」である太平洋に回されてきたというのが実態で、その実力は頭数ほどではない。しかも、これらの戦力は広大なアジア植民地の各地に広く薄く展開しており、日本の巨大な航空部隊に対抗できる程のまとまった戦力はどこにも存在しなかった。

おまけに、両国に輸出された飛行機の実態は酷いもので、部隊に納入された機体の性能はカタログ値を大きく割り込み、英国では「ガラクタを摑まされた」と批判が起こるほど惨めな成績しか発揮できなかった。

後に英軍は欧州から実績ある「ハリケーン」部隊を引き抜いてシンガポール防衛に充てることになるが、この方面は主に陸軍機の担当だったので、零戦との対戦は僅かだった。

したがって、開戦当時の連合軍航空兵力のうち、海軍にとって当面の脅威となるのはオアフ島とフィリピンの米軍のみということになる。

真珠湾奇襲

ハワイ作戦では、真珠湾に停泊中の艦船だけでなく、オアフ島にある米軍航空兵力を制圧・破壊することが重大な任務の一つとされていた。攻撃隊を米軍戦闘機から守る必要があるのはもちろんだが、機動部隊に対する航空反撃の芽も摘んでおかなくてはならない。

艦船攻撃は魚雷と大型爆弾を抱いた艦攻隊が引受け、250kg爆弾を抱いた艦爆隊と護衛の戦闘機が飛行場制圧に向かう。

まず、艦爆隊が米陸軍のホイラー飛行場に第一弾を投下する。当然のことながら完全な奇襲であったため、米軍機は格納庫や駐機場に無防備に並んでおり、格好の標的となった。爆撃で燃え上がる飛行場に、零戦の機銃掃射が追い討ちをかける。250kg爆弾の直撃を免れた米軍機も、零戦の20㎜弾を受けて片っ端からスクラップにされていった。

結局、この日だけで地上の米軍機の殆どが破壊され、オアフ島の航空兵力は壊滅した。ごく少数の米軍戦闘機が空襲の合間を縫って迎撃に飛び立ったものの、圧倒的多数で押し寄せる日本機を押し止める力はなく、攻撃部隊は妨害を受けることなく作戦を完了した。

米軍側は、空戦で少なくとも7機の日本機を撃墜したと主張しているが、空戦の戦果報告が過大になりがちなのは万国共通で、正確なところは分からない。

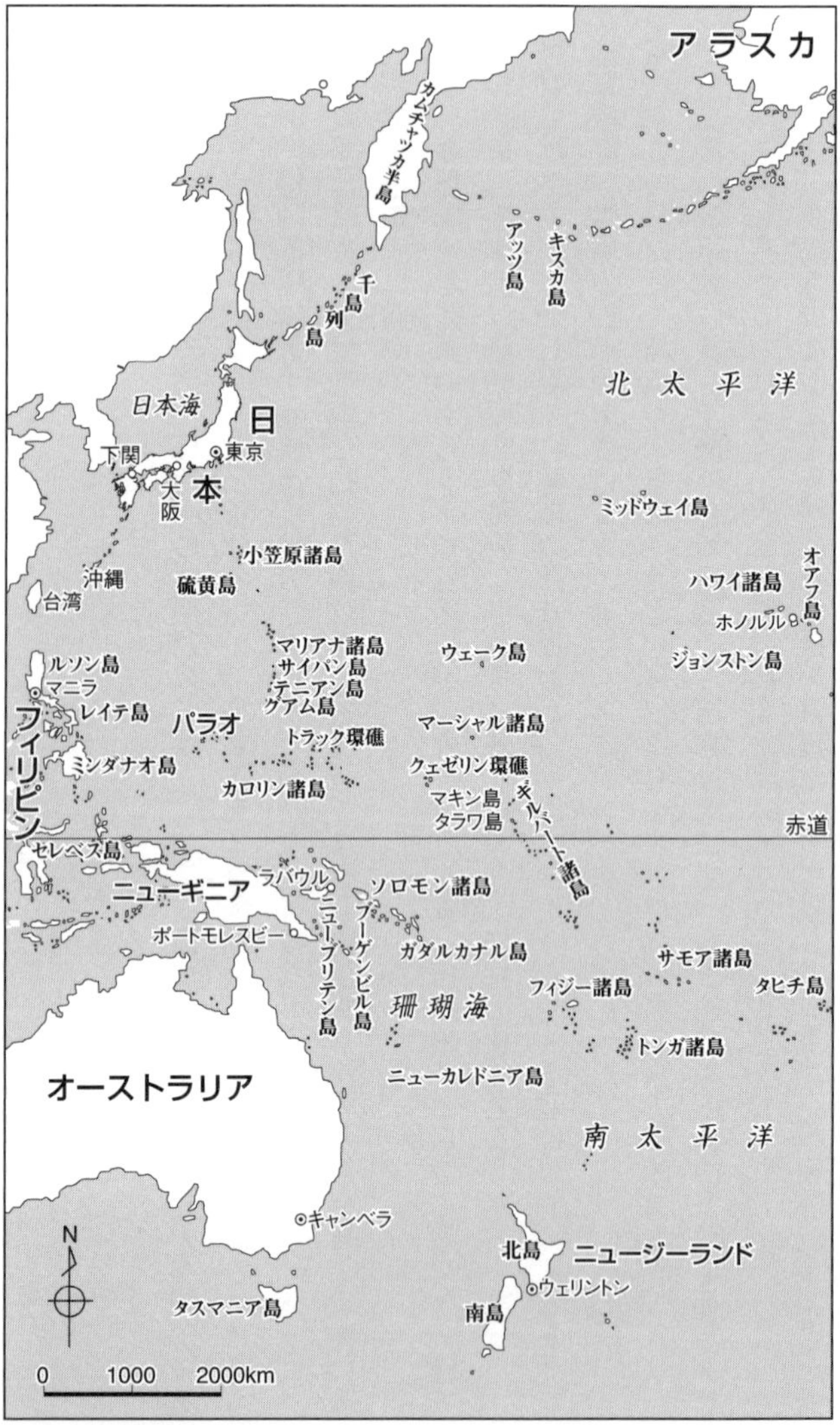
アラスカ
カムチャツカ半島
アッツ島
キスカ島
千島列島
北太平洋
日本海
日本
下関
東京
大阪
ミッドウェイ島
小笠原諸島
オアフ島
沖縄
硫黄島
ハワイ諸島
台湾
ホノルル
マリアナ諸島
ウェーク島
ジョンストン島
ルソン島
サイパン島
マニラ
テニアン島
グアム島
レイテ島
フィリピン
パラオ
マーシャル諸島
トラック環礁
ミンダナオ島
クェゼリン環礁
カロリン諸島
マキン島
ギルバート諸島
タラワ島
赤道
セレベス島
ラバウル
ソロモン諸島
ニューギニア
ニューブリテン島
ブーゲンビル島
ポートモレスビー
ガダルカナル島
サモア諸島
フィジー諸島
タヒチ島
珊瑚海
トンガ諸島
ニューカレドニア島
オーストラリア
南太平洋
キャンベラ
N
北島
ニュージーランド
ウェリントン
タスマニア島
南島
0
1000
2000km

太平洋戦争関連図

日本側の記録によれば、8日の戦闘で失われた零戦は9機。多くは対空砲火によるものだが、空戦で墜とされたものが数機あることは確かで、米軍戦闘機は不利な状況下で敢闘したといってよいだろう。

フィリピン制圧作戦

フィリピンはアジア地域における唯一の米軍根拠地であり、ルソン島の中部から南部に点在する航空基地群には、最新鋭の機材と優秀なパイロットを揃えた精鋭部隊が展開していた。

その中核をなすのは、「ニコルス・フィールド」「クラーク・フィールド」及び「イバ・フィールド」の3基地で、第一線級機の殆どはここに集中していた。ニコルス基地は首都マニラの郊外に位置し、残る2基地はその北西、ピナトゥボ火山を挟んで東の裾野にクラーク基地、西の海岸にイバ基地がひかえる。

各基地間の距離はだいたい羽田―成田と同じか、やや遠いくらい。相互支援や共同作戦が可能な位置関係にあり、全体で一つの基地群として機能していた。

このころ、世界的にはまだ日本の航空戦力に対する評価は低かった。

フィリピンを基地とする米空軍は、当時太平洋地域で最強と目されており、米軍自身もそう自負していた。おそらく、「遅れた日本の飛行機など、いくら束になったところで米軍の精鋭には敵うまい」というのが、当時の欧米世界の認識だったはずだ。

もちろん日本側はそうは思っていないが、少なくとも「太平洋で最強の空軍」を相手にするのだという緊張感はあった。開戦前夜、この強敵と対峙する台湾の航空部隊では、パイロット達が「今度の攻撃で、俺たちの3分の2は死ぬだろう」と覚悟を語り合ったという。

フィリピンの米空軍は、日本の戦争プラン（南方作戦）にとって最大の障害であり、ハワイの太平洋艦隊と同様、真っ先に排除すべき強敵だった。

そして日本海軍は、真珠湾と同様、ここでも先制攻撃によって米軍の出鼻を挫く作戦を選択した。

フィリピンに近い台湾南部に攻撃部隊を集中し、開戦直後、全力で米軍基地に先制攻撃をかける。奇襲に成功すれば、米軍の航空兵力の大半を地上で撃破することができ、その後の戦況は圧倒的に有利になるはずだった。

この作戦のために、海軍航空部隊の精鋭が台湾南部の2基地（台南、高雄）に集められ、フィリピン攻撃を想定した訓練が繰り返されていた。

そして、いよいよ12月8日未明。

南雲中将の機動部隊が真珠湾に忍び寄っていたころ、台湾の基地も攻撃隊の発進準備に忙殺されていた。

攻撃隊の主力は、双発の一式陸攻及び九六陸攻の合計108機。これを89機の零戦が掩護するので、攻撃隊だけで総勢197機。さらに偵察機や哨戒機が飛ぶ。

【フィリピンの米陸軍航空兵力】
（主要なものに限る）

ニコルス基地	戦闘機２個飛行隊
クラーク基地	戦闘機１個飛行隊、爆撃機４個飛行隊
イバ基地	戦闘機１個飛行隊
その他の基地	戦闘機１個飛行隊
合計	戦闘機５個飛行隊、爆撃機４個飛行隊

（定数約150機＋補充機・訓練用機材。戦闘機１個飛行隊で約18機）

基地が2つに分かれているとはいえ、これだけの機数を一度に発進させるのは並大抵のことではない。地上要員や燃料車、弾薬車が忙しく走り回り、夜を徹した準備作業が続いた。

攻撃隊の陸攻には、それぞれ12発の小型爆弾（60kg陸用爆弾）が搭載された（ただし、一部例外あり）。

各中隊はそれぞれの目標に対し、編隊による絨毯爆撃で爆弾の網を被せる。

1個飛行隊で12発×27機、合計324発の爆弾が正確に着弾すれば、飛行場は地上の敵機ごと一挙に粉砕されるはずである。

奇襲か強襲か

しかし、このフィリピン空襲作戦には、奇襲が約束された真珠湾攻撃とは決定的に違う点があった。それは「時差」である。

ハワイはフィリピンよりずっと東にあり、経度は約80度違う。夜明けの時間差にすると約5時間。その分、ハワイの方が日の出の時刻が早いのである。

真珠湾攻撃部隊は、米軍に発見されることを避けるため、未明に母艦を出撃して黎明とともに攻撃に入る。しかし、このときフィリピンはまだ深夜なので攻撃隊は出撃できない。有効な地上攻撃を実施するためには、最低限の明かりが必要なのだ。

【フィリピン空襲部隊の編成】
〈台南基地より発進〉
陸攻２個飛行隊　一式陸攻、九六陸攻各27機
零戦１個飛行隊　36機
合計90機
攻撃目標：クラーク基地
〈高雄基地より発進〉
陸攻２個飛行隊　一式陸攻54機
零戦２個飛行隊　53機
合計107機
攻撃目標：ニコルス基地及び周辺の補助飛行場

やむなく攻撃開始時刻を黎明時とすると、米軍に開戦後5時間の準備時間を与えることになる。常識的には、真珠湾と同じような完全奇襲は不可能であり、敵機の反撃を排除しつつ行う「強襲」を覚悟する必要がある。

しかも、米軍の諜報部隊は日本軍の動きを感知しており、みすみす奇襲を許すほど甘くはなかった。

日本海軍が台湾南部に航空兵力を集中させていること、日本の偵察機が米軍基地を写真撮影し、上空の気象偵察（攻撃部隊に目的地の気象情報を伝達するため）を行っていること、その他様々の「きな臭い動き」は、すでに米軍司令部に筒抜けになっている。

フィリピンの米軍は、開戦時には既に臨戦態勢に入っており、台湾の日本軍基地に対する攻撃すら準備している段階だった。油断しきっていた真珠湾の米海軍とは異なり、フィリピンの各基地には緊張感がみなぎっていた。

8日深夜（現地時間）、フィリピンの米軍司令部に「真珠湾奇襲」の情報が伝えられると、直ちに各部隊に非常召集がかけられる。身支度を整えたパイロットは戦闘配置で待機し、飛行機は格納庫から引き出され、燃料と実弾を搭載し、整備員がエンジンや計器をチェックする――作業は夜のうちにテキパキと進み、日の出前には迎撃準備が整った。

敵襲があれば、戦闘機隊はいつでも迎撃に飛び立ち、空戦能力のない爆撃機は空中に退避することができる。万全の態勢を整えたところで、敵機発見の報が入った。

現地時間8日午前9時、米軍の警戒網がクラーク基地のはるか北方、ルソン島中部のリンガエン湾に向けて南下する日本機の編隊を捉えた。

直ちにクラーク基地から第20追撃飛行隊（定数18機、P－40装備）が出撃し目標に向うが、日本機はルソン島北部の陣地を爆撃しただけで引きあげていった。肩透かしを喰った迎撃機は、なすところなく基地に引き返す。

その後、日が高くなっても、一向に日本機の空襲はない――「今日の空襲はこれで終わりか？」と米軍司令部やパイロットに張り詰めていた緊張感が緩み始めた。

実は、このとき日本海軍の攻撃隊はまだ台湾の基地にいた。夜明けとともに米軍飛行場に殺到するはずが、前日夜に発生した濃霧に阻まれ、飛行機が発進できる状態ではなくなっていたのである。

台湾南部には陸軍の飛行場もあったのだが、なぜかこちらは霧の影響を受けず、予定通りに攻撃隊を発進させていた。陸軍機の任務は友軍の上陸支援だったので、特に飛行場には接近せず、リンガエン湾付近の米軍を攻撃して去った。

8日朝に米軍が探知したのは、この陸軍機の編隊だった。

海軍機ようやく発進

結局、海軍機の発進は当初の計画より6時間以上も遅れてしまい、目標上空への到達は昼過ぎの見込みだった。これでは到底奇襲は期待できず、敵戦闘機の激しい迎撃を覚悟する必要が出てきた。

この段階での無理な攻撃は大きな損害が予想されたため、台湾の司令部はその場の判断で攻撃目標を変更。当初の目標だったニコルス基地をターゲットから外して、全力で西のイバ基地を叩くことになった。

ニコルス基地は主要3基地のうち最も奥にあり、ここを攻撃する場合は攻撃の前後にクラーク・イバ両基地の上空を通過する。当然、何れかの上空で米軍に確実な迎撃機会を与える（味方に大損害がでる）ことが予想される。規模は小さくても、まず手前にあるイバ基地を潰して、ニコルス基地を孤立させる方が無理のない作戦といえた。

海軍の攻撃隊がようやく台湾の基地を発進し、南シナ海を南下して目標に向っているころ、米軍は新たな動きを始めていた。司令部は、「いま日本軍の攻撃がないのなら、いち早く戦力をまとめ、先に台湾の航空基地を叩くべきだ」という至極当然の判断に傾いた。

クラーク基地では、空中退避中だった「空の要塞」B－17重爆撃機が呼び戻されて着陸し、台湾攻撃のために給油と爆装を始めた。朝に空振りの出撃をした戦闘機隊は、給油を受けるために

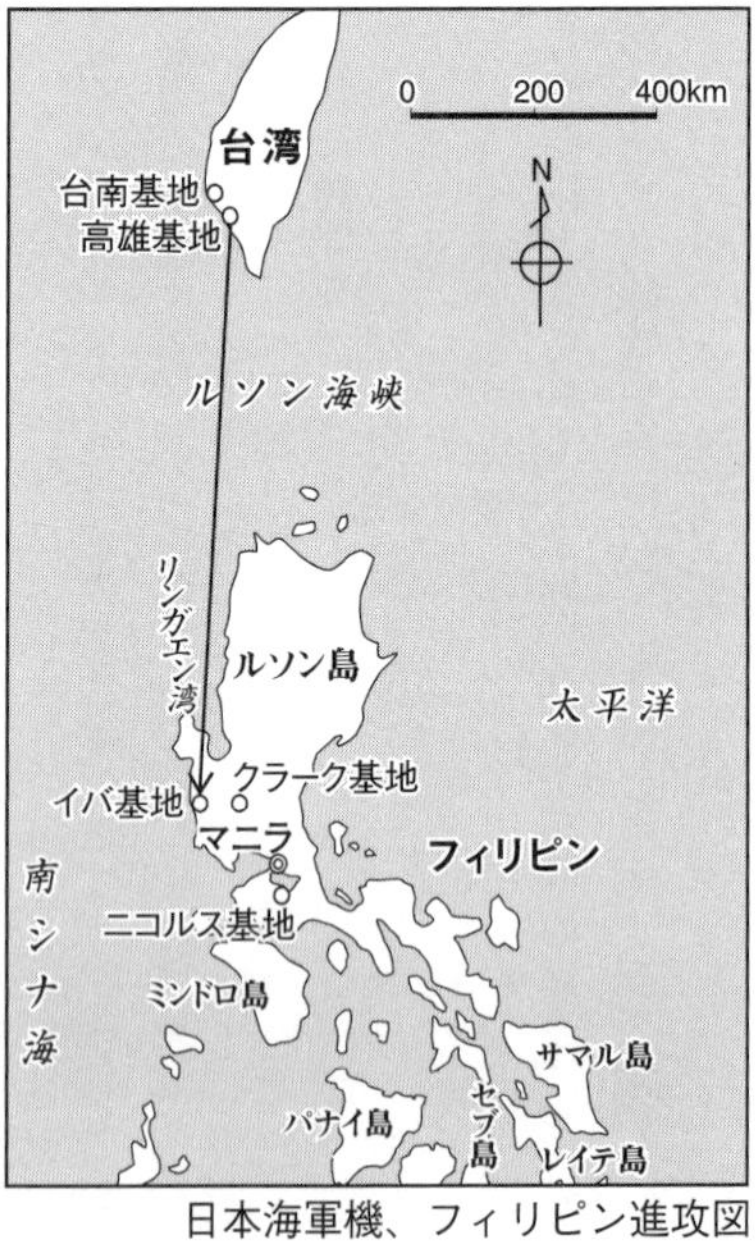

日本海軍機、フィリピン進攻図

基地に戻ってきた。パイロットは疲労しており、昼食をとって休息する者もいた。

地上の飛行機は分散も隠蔽もされず、駐機場に整列した状態で停止していた。

米軍パイロットが緊張感を欠いていたわけではない。彼らは真夜中に叩き起こされ、初めての実戦という緊張感と死の恐怖を味わいつつ長時間待機した挙句、早朝から戦闘機に搭乗し、寒く、空気が薄い上空で何時間も敵を待ち続けたわけで、基地に着陸して安堵するなという方が無理だろう。

幸運な奇襲

米軍が完全に無防備な状態となった昼過ぎ頃、まるで狙いすましたように日本の攻撃隊が上空に現れた。

実は、米軍のレーダーはその1時間も前に日本の攻撃隊を捕捉して警報を発しており、イバ基地から第3追撃飛行隊（P－40装備）の18機が緊急発進して迎撃に向かっていた。ところが、レーダーの距離測定には大きな誤差があった。誘導が適切に行われず、P－40は日本機を捕捉できなかった。

イバ基地に日本軍機が突入したのは、ちょうど「空振り」したP－40が基地に引き返し、半数が着陸を終えたときだった。残り半数も着陸のために速度と高度を落としており、まともに空戦を行える状態ではない。

不利な態勢から圧倒的多数の零戦に襲われたP－40は、たちまち5機を撃墜される。さらに3

機が燃料切れにより不時着、残りは基地施設とともに地上で粉砕され、第3追撃飛行隊は一瞬で消滅してしまった。

同じ頃、クラーク基地にも攻撃隊が殺到した。このとき、クラークに配属されていた飛行機の大部分は地上にあり、上空に無防備な姿を曝していた。

待機していた第20追撃飛行隊のP－40が緊急発進を試みたが、大部分は駐機場で炎上するか地上滑走中に撃破され、離陸できたのは数機に過ぎなかった。

戦闘機の妨害がなかったため、攻撃隊の陸攻は落ち着いて正確な爆撃を行った。基地全体が爆煙につつまれ、駐機場は一瞬にして火の海。最初の爆撃を免れた機体も、低空に舞い降りた零戦の銃撃で次々に炎上する。

さらに、イバ基地が簡単に壊滅してしまったため、イバ攻撃隊の一部がそのまま矛先を転じてクラーク攻撃に参加し、状況はさらに一方的となった。

この日の攻撃が終わった時、クラーク基地にあった戦力の大部分が地上で大破し、残った機体も大なり小なり損傷していた。基地の施設が大損害を受け、パイロットの死傷も多く、もはや戦力の再編は不可能だった。

クラーク・フィールドの航空基地としての能力は、開戦後僅か半日でほぼ喪失した。クラーク基地配属の兵力のうち、第20追撃飛行隊（P－40）は地上で壊滅、虎の子のB－17爆撃機も半数が地上で撃破され、残存機は他の基地に分散退避せざるを得なかった。

攻撃目標から外れたニコルス・フィールドには2個飛行隊（定数36機）のP－40戦闘機がいた

が、両飛行隊はマニラ湾周辺上空を警戒中で、指揮系統の混乱もあり大部分がこの日の戦闘に参加できていない。

さらに、やや遅れて近くの飛行場からP－35戦闘機（第34追撃飛行隊）が応援に駆けつけたが、所詮は「本来なら博物館ゆき」の骨董品。殆ど何もできないまま3機を大破されて後退した。

米国の著名な戦史家であるサミュエル・モリソンはこの攻撃を評して次のように述べている。「開戦日の一日で、そして十分な警告があったのに、効果的な戦闘部隊としての極東航空軍は抹殺された」（引用は『モリソンの太平洋海戦史』より）

結局、この日の両軍の損害は次の通り。米軍の損害には諸説あるが、ここではモリソンに従った。

〈日本側〉
零戦：7機喪失（他にパイロット1名重傷）
陸攻：戦闘損失なし（他に事故により2機喪失）
〈米軍側〉
戦闘機：56機喪失
B－17爆撃機：18機喪失
その他：25機喪失
（喪失数には地上撃破を含む）

空中戦の結果は？

この惨めな大敗の中、米軍が一矢を報いた事例もある。

日本軍の空襲が始まった時、ごく僅かの（4機とされる）P－40戦闘機がクラーク基地から緊急発進し、少数ながら有効な反撃を行った。

その戦果は、少なくとも数機の零戦を撃墜し（スコアは不明）、2機を穴だらけにするという立派なものだ。おそらく、地上銃撃に夢中になっている零戦に上空から忍び寄って仕留めたものだろう。

運任せのゲリラ攻撃に過ぎないとはいえ、友軍が大敗する中、初陣でこれだけの戦果を上げた米軍パイロットの腕前は見事といわなければならない。

また、戦果こそないものの、「骨董品」の旧式機（P－35）で零戦の大部隊に立ち向かい、全機が帰還した第34追撃飛行隊のガッツと技術も劣勢の中で天晴れであった。

一方、8日に喪失した米軍戦闘機のうち、零戦による撃墜が確認できるのはイバの第3追撃飛行隊所属機（P－40）5機のみで、このほかにクラーク上空で数機のP－40が撃墜されたと思われるものの、正確なスコアは分からない。

フィリピンでは、開戦後わずか3日間の戦闘で多数の米軍パイロットが一挙に死傷した。

そのため、「いつ、だれが、どこで」撃墜され、あるいは地上で死傷したのかを正確に特定するのは難作業になる。

たとえば、地上で大破した機体の多くは原形をとどめていない。敵機の空襲が連続する中で広大な基地を歩き回って一つ一つ残骸を確認し、乗員がいたのか、焼け焦げた死体が誰なのかを調べて記録するだけでも大変な作業になる。しかもオフィスや兵舎は爆撃で吹っ飛んでおり、部隊はその晩の寝床の心配をしなければならない状態なのだ。

戦闘後の点呼で欠けているメンバーも、撃墜されたのか、地上で戦死したのか、負傷して野戦病院にいるのか、または出撃して他の基地に降りたのか、真相はすぐには分からない。

生還したパイロットの戦闘報告書にしても、一分一秒を争う命懸けの戦いが連続しているときに、呑気にデスクワークなどしていられない。後回しにした報告書を提出する前にパイロットの身に何か（戦死・負傷後送・他部隊編入等）あれば、部隊の行動調書にはその分だけ穴があくことになる。

さらに、飛行機の喪失原因には「撃墜」と「地上撃破」の他にも「不時着」「行方不明」「事故破損」があるが、海上や草原、民間飛行場に不時着したパイロットが基地まで辿り着けない場合や、僚機のいないところで遭難した場合には記録の取りようがない。

結局、これらの点は後から情報をつき合わせて辻褄を合わせるしかないのだが、未だにその辻褄がなかなか合わない。当時の司令部はさぞかし混乱したことだろう。

あえて推測すれば、8日の戦闘に関しては、①クラーク基地上空で戦闘に参加したP－40がごく少数であること、②旧式のP－35を1機も撃墜できていないこと（多くの零戦は地上銃撃に専念していた）、③日本側の戦果報告が13機（確実撃墜）と控えめであること（空中戦の戦果報告は、通常2～3倍かそれ以上に膨らむ傾向にある）等を総合して考えると、空中でさほどの大戦果があったとは考えにくい。

これは筆者の独断だが、空中戦での戦果に限れば、8日の撃墜戦果は「10機未満」と考えておいたほうが良さそうである。

3日で終った米空軍の抵抗

前述のとおり、開戦劈頭の大戦果で米空軍は事実上「抹殺」されていた。

部隊として活動可能なのはニコルス基地の戦闘機2個飛行隊（P－40）のほか、その周辺に旧式のP－35が1個飛行隊のみ。生き残りのB－17は少数ずつの運用しかできず、打撃力としては微弱な「こけおどし」に過ぎなかった。

とはいえ、40機ほどの戦力を持つP－40部隊は依然として脅威であり、完全な制空権を確保するためにはこれを排除する必要がある。台湾からの航空攻撃の第二撃は、ニコルス基地とその周辺の飛行場に向けられることになった。

9日は悪天候のため大規模な空襲は見送られ、台湾から大編隊が出撃したのは翌10日。攻撃隊は大きく二手に分かれ、一隊がニコルスと周辺の飛行場を、もう一隊はマニラ湾のキャビテ軍港を目標に侵攻する。

ニコルス攻撃隊の零戦は34機だったから、残存部隊のP－40が全力で迎撃すればかなり「いい試合」になるはずだった。

しかし、負け戦では指揮官の判断も鈍るものらしい。

10日の朝から午後にかけて、米空軍は残存機を掻き集め、日本軍上陸部隊に対してささやかな反撃を行った。戦略的には何の意味もないこの攻撃で、米軍は若干の戦果と引き換えに3機を失ったほか、さらに大きな代償を支払う。

ニコルスに残っていた戦闘機の一部をこの攻撃に引き抜いたため、10日昼に現れた日本軍機の大編隊に対し、迎撃できたP－40は2個飛行隊で僅か20機ほど。護衛の零戦よりずっと少ない数しか揃えられなかった。ほかに「骨董品」P－35を15機ほど駆り出したが、日本軍機の来襲高度が高かったこともあり、旧式機では性能的に手が出ない。

結局、米軍は1機の陸攻も撃墜できず、逆にP－40部隊は護衛の零戦に反撃されて大損害を被ってしまう。飛行場とキャビテ軍港は爆撃でひどく破壊され、一方的な敗戦となった。

特にキャビテは港湾施設が大破して軍港としての機能を喪失。さらに停泊中の潜水艦が撃沈され、弾薬庫の被弾で魚雷のストックが全滅してしまった。極東方面の潜水艦隊は発射すべき魚雷がなくなり、その後の作戦に大きな支障をきたすことになる。

全ての戦闘を総合すると、この日だけで10機以上の米軍戦闘機が撃墜されたといわれ、地上撃破を含めると残存兵力の過半がすり潰された。僅かな残存機は分散・温存されることとなり、僅か3日で米空軍の組織的な抵抗は終わった。

P－40の弱点

10日の空戦で、零戦は米軍のP－40戦闘機に対して一方的勝利を収めた。

この日、零戦の損失は3機のみ。陸攻隊には被害がなかった。これに対し、ニコルスのP－40１個飛行隊は出撃10機のうち3機を失い、同じく10機前後で迎撃した一隊も圧倒され、合計で約10機のP－40が撃墜された。

正確なスコアは不明だが、両飛行隊は直後に防空任務から外されており、撃墜されたもの以外に被弾大破した機が相当数あったと思われる。

護衛戦闘機の数が多かったとはいえ、20機というまとまった兵力を投入して1機の攻撃機も撃墜できないのだから、頭数の不利だけでは言い訳にならない。この結果は、P－40の持つ性能上の弱点に加えて、運用上のミスが影響していた可能性が高い。

P－40の最大の弱点は、高高度性能が極端に低いことである。搭載する「アリソン」エンジンの過給器（高空で希薄になった空気を圧縮してエンジンに供給する装置）が貧弱なため、中高度以上になるとエンジン馬力が急速に低下し、機体の重さも手伝って性能がガタ落ちになる。その意味で、P－40は「低高度専用の戦闘機」だった。

P－40の最適戦闘高度は5000m以下。高度6000mぐらいまでは何とか頑張れるが、7000m以上では既にアップアップで、やっと飛んでいるだけという状態になる。10日に爆撃にやってきた陸攻隊の高度は進入時で7000m以上。高度からして、そもそもP－40には持て余す相手だった。

P－40隊は、馬力もスピードも落ちた状態のなか必死に上昇し、なんとか基地を守ろうと強引に陸攻隊に突っかかっていったらしい。そこに、上空から加速しつつ高度を下げてきた零戦が襲いかかる。この状態で多数の零戦に包囲されれば、もはやP－40になす術はない。

10日の防空戦で米軍機の損害が大きかったのも頷ける話で、こうした戦術上・運用上のミスは、機体やパイロットの能力差以上に大きく響いてくる。迎撃戦の場合、敵が上空に進入してくるまでのわずかな時間で、敵機より高い高度まで上昇できなければ全く戦争にならないのである。

航空戦における「攻勢の優位」

一般的には、航空戦に限らず「戦いは守る側が有利」だと考えがちだが、実際はそうでもない。攻撃側は戦う相手、投入兵力、攻撃のタイミング（天候と時刻）及び進入高度を自由に選べるから、戦いのイニシアチブを握りやすい。

強力な敵は迂回してもよいし、弱いところは集中して叩けばよい。そして、混乱した敵が分散するのを待って各個撃破することができる。開戦直後の海軍機によるフィリピン攻撃はまさにこの典型だった。

また、飛行機の発進準備には意外なほど時間がかかるもので、完全装備の戦闘機が駐機場に待機している場合でも、エンジン始動から暖機運転（これをやらないで急に戦闘出力を出すとエンジンが咳き込んでしまう）、地上滑走、離陸までで最低15～20分はかかる。燃料・弾薬を補給中の場合や、機体が格納庫や防護施設に収まっている状態の場合、発進までに30分～1時間は覚悟せねばならない。

つまり、予めエンジンを始動して待機しているのでない限り、仮に基地から１００㎞の距離で敵機を捉えたとしても迎撃のチャンスはなく、迎撃機が上昇する前に攻撃隊が上空に殺到してくる。下手に緊急発進しようとすれば、地上や低空で破壊される。

まして防御側が準備不足の場合や、レーダーや前衛基地などの早期警戒手段がない場合にはさらに悲惨で、航空戦は攻撃側が圧倒的に有利になる。緒戦で零戦が米軍機を圧倒できた最大の理由は、実はこの「攻勢の優位」にあったのである。

幸運に支えられた勝利

10日の攻撃により、フィリピンにおける米空軍の活動はほぼ停止した。

これ以降、少数の米軍機が地味な哨戒飛行やゲリラ的攻撃を行うことはあっても、まとまった数の飛行機が組織的に運用されることはなかった。緒戦を生き残った米軍パイロットは、まるで落ち武者のようにオランダ領インドネシアに逃れた。

この成功までに要した時間は僅か数日であり、海軍機を含めて総勢200機以上の米軍機を無力化したのに対し、払った犠牲は零戦10機程度に過ぎない。全く一方的な大勝利といって良いだろう。

現代の日本では（おそらく戦中も）、しばしばこの大勝利の要因は「零戦の圧倒的高性能」および「優秀なパイロットの技術」だと言われる。だが、はたしてそうだろうか？

機体の性能やパイロットの技術も、確かに勝利に一役買ってはいるだろう。しかし、これほどの圧倒的な勝利を得られた要因の最たるものは、明らかに「幸運」と「敵の失策」および「攻勢の優位」である。この点を忘れるわけにはいかない。

8日の完全奇襲が成功した陰には、①偶然の濃霧により「結果的に」時間差攻撃となった陸軍機の第一撃が陽動の役割を果たしたこと、②一方で海軍機の発進の遅れが米軍の誤判断を招いたこと、さらに③米軍の哨戒・指揮系統が混乱して迎撃機が戦闘参加できなかったこと、という幸運があった。

10日の圧勝も、機体の性能というよりも、数的な差と米軍側の運用上のミスに負うところが大きい。そしてこの兵力差と米軍司令部の混乱を生んだのは、まぎれもなく8日のラッキーパンチなのだ。

したがって、有り体に言えば、この勝利は「攻勢の優位」に支えられた「まぐれ」なのである。実のところ、日本の参謀達もフィリピン制圧がこんなに簡単に進むとは思っていなかった。

事前のシミュレーションでは、相当の損害を出して手持ち兵力を使い果たすことを覚悟していただけに、この勝利は日本にとって嬉しい誤算になった。

忘れられた課題

フィリピンでの予想外の大勝利に、部隊も司令部も沸き立っていた。「歴史的大勝」ともいうべき内容だから、参謀は素直に喜んでよいし、パイロットは誇ってよい。しかし、「勝って兜の緒を締めよ」という言葉の通り、勝利の後こそ、もう一度その内容を見つめなおす必要がある。今回のフィリピン作戦についてもこれが言えた。

「終始、米軍を圧倒した」という確かな感覚とは裏腹に、実際の撃墜数は意外なほど少ないのである。

P－40との空戦に限れば、当初フィリピンに展開していた4個飛行隊（定数72機）のうち、最初の3日間で零戦が撃墜したのはせいぜい20機程度と推定され、あとは全て地上撃破である。

これに対して零戦はのべ150機以上を投入しており、喪失は10機程度。他に数名のパイロットが負傷している。

零戦の損害の全てがP－40との空戦によるものでは無かろうが、空中で戦った機数と空戦開始時の態勢で圧倒的に有利だったことを考えると、必ずしも満足のいくスコアではない。

また、8日には旧式機P－35を圧倒しながら、3機を大破したのみで1機も撃墜できていない。P－35は特に撃たれ強いわけでもないから、これは零戦隊にとって少々不満の残る結果である。

圧倒的に有利な状況を生かしきれず、みすみす「絶好の獲物」を取り逃がしているケースが多いわけだが、司令部には誇大な撃墜戦果（3日間の合計で約60機）が報告され、それを裏付けるように米軍機が空から消えた。圧倒的な撃墜戦果を疑う者は少なかった。

ここまで徹底して勝ってしまうと、戦果を厳密に検証しようという空気は生まれにくくなる。パイロットも参謀も、「戦果確認」という点では完全に盲目になっており、これが後に大きなアダとなって返ってくることになる。

昭和17年の初頭、日本軍はフィリピンの米軍を破り、ここを足がかりとしてオランダ植民地を占領しようとしていた。

オランダ領インドネシア（以下「蘭印」）には、石油、天然ゴム、錫、ボーキサイト、タングステン等の戦略物資が大量に埋蔵されているからだ。

そもそも、日本が無理をして連合国に宣戦したほとんど唯一の理由は、この蘭印の地下資源を得るためと言っても過言ではない。経済封鎖に喘ぐ日本経済にとって、まさに蘭印は生命線だった。

しかし、この地域の重要性は連合国にとっても変わらない。しかも、オランダ本国は既にドイツの勢力下にあり、さらにアジア植民地を失えば、オランダ政府の主権が及ぶ領土は地上から消滅してしまう。オランダにとっては分が悪い戦いとはいえ、簡単に明け渡すわけにはいかなかった。

最後の砦であるインドネシアを防衛するため、オランダ軍は持てる戦力の全てを動員した。しかし、もともと手薄な航空兵力は広範囲に分散しており、各部隊には僅かな兵力しか配置されていなかった。

インドネシア上空では何度となく空中戦が行われたが、一度に出撃してくるオランダ軍機の数は概ね10機以下。蘭印作戦には陸軍機も参加しており、質・量ともに優勢な日本側は易々とオランダ空軍を各個撃破することができた。

一方の連合軍機は空戦で劣勢に立っただけでなく、地上攻撃や艦船攻撃にも駆り出されて消耗を重ね、みるみる弱体化していった。

唯一、首都ジャカルタを抱えるジャワ島には比較的まとまった戦力が置かれていた。蘭印で最大の空中戦は、昭和17年2月3日、ジャワ島上空で行われた。

「最大の空中戦」といっても、当日出撃したオランダ軍機はわずか19機。しかも、そのうち半数以上がCW－21という「戦闘機モドキ」だった。

CW－21は純正の戦闘機ではなく、弱小国向け輸出用に作られたアメリカのカーチス・ライト社製の廉価版商品で、列強国なら訓練用機材にしかならないシロモノである。こんな機体を戦闘任務に駆り出さねばならないほど、オランダ空軍の台所事情は厳しかった。

まともな戦力と呼べるのは、オランダ空軍のP－36「ホーク」7機と、フィリピンから後退してきた米軍の第17追撃飛行隊のP－40が6機のみ。しかも、「言葉の壁」でオランダ軍と米軍の共同作戦は事実上不可能だったから、各個バラバラに敵を求めて戦闘することになる。

対する零戦隊は、単一の航空隊（三空）で編成された27機が一団となって進入する。

頭数ではほぼ互角ではあるものの、日本側は同じカマの飯を食ったベテラン軍団だから、部隊としてのまとまりは米蘭軍の比ではない。実質的な戦力では、日本側が圧倒的に優勢だった。

この日の空戦で、零戦は15機ほどの連合軍機を撃墜したが、その大半は「戦闘機モドキ」のCW－21で、P－40は1機しか落とせなかった。零戦の喪失は3機。大勝利には違いないが、手放しで喜べる内容でもなかった。

一方、零戦が護衛した爆撃機の攻撃によって、地上に残っていたオランダ軍機と飛行場施設が破壊された。残存機の集中運用は不可能になり、オランダ空軍は事実上壊滅した。

この後蘭印では、米軍の「落ち武者軍団」である第17追撃飛行隊（臨時）が最後の抵抗を続けるが、戦力としては微弱で大勢を覆す力はなかった。

（臨時）という妙な名前が付いているのは、フィリピンで壊滅した「第17追撃飛行隊」、「第20追撃飛行隊」及び「第3追撃飛行隊」の生き残りが中核となり、オーストラリア経由で送られてきた機材と補充要員で再編された混成部隊だからである。

新たに補充されたパイロットは飛行学校を出たばかりの新人で、実戦機の慣熟訓練すらロクに受けていない状態。ベテランの目から見れば素人同然の有様だったという。

しかし総力戦とは所詮こういうもので、「補充要員が素人同然」という点は日米とも終戦まで変わらなかった。

落ち武者軍団の苦戦要因はこればかりではない。足場の悪い撤退戦で補給も滞りがちなうえ、熱帯特有の厳しい気象条件で機械故障が頻発。稼動機が20機を超えることはまずなかった。

それでも第17追撃飛行隊（臨時）は粘り強く戦い、空戦のたびに撃墜戦果を報告し、かつ大負けをしなかった。しかし善戦も長くは続かず、戦闘と故障でじりじりと戦力が低下し、1942年3月までには部隊としての戦闘行動がとれなくなってオーストラリアに撤退することになる。

第17追撃飛行隊（臨時）の撤退により、蘭印の制空権は完全に日本軍の手に落ちた。

フィリピンと蘭印の攻略を終えた時点で、海軍航空部隊が払った犠牲（被撃墜機）は僅かに50機ほど（内訳は零戦27機、陸攻13機、その他9機）に過ぎない。事前の想定では、蘭印攻略までに零戦160％、陸攻40％の大損耗を予想していたことと対比すれば、このスコアはまさに驚異的といってよかった。

司令部は想定外の一方的大勝利に狂喜しただろうし、パイロットが零戦の性能と自分達の技術に自信を深めたことは容易に想像できる。

何しろ、「太平洋で最強」といわれた空軍といざ戦ってみたら、あっけないほど楽に勝てたのである。少々鼻が高くなるのも止むを得ないし、反省を忘れることがあっても不思議ではない。

機動部隊の猛威

昭和17年初頭、目ざましい海軍機の活躍により、フィリピンと蘭印方面の作戦は極めて順調に推移していた。海軍機が米蘭軍を相手にしている間に、マレーの英空軍は陸軍機が叩き潰した。これにより、西太平洋の連合軍航空兵力は一掃される見込みとなった。

日本軍の次のターゲットは、その外周にある連合軍の拠点に移る。連合軍が態勢を立て直す前に、ニューギニア、北部オーストラリア、ビルマ及びインド洋方面の基地を、いち早く叩かなくてはならない。

この任務は、真珠湾攻撃を終えたばかりの空母機動部隊に与えられた。

機動部隊は、まず真珠湾の帰りがけに中部太平洋の孤島「ウェーク島」を通過し、抵抗を続ける米軍部隊を攻撃して戦局を決定づけた。艦隊はその後いったん内地に帰港し、昭和17年の正月早々に瀬戸内海を出撃して南太平洋に向かう。

最初の標的は東部ニューギニアの小都市「ラバウル」の港と飛行場だった。次いでオーストラリア北岸の拠点である「ポートダーウィン」を攻撃、そのまま西進して蘭印攻略戦を支援し、まだ戦備の整っていない連合軍の拠点を次々に急襲して破壊した。

勝ち戦の勢いに乗った時は、空母機動部隊はまさに無敵だ。

数隻の空母だけで常に数十機、時に100機単位の大規模な戦力を集中的に運用できるし、艦隊は1日に数百㎞も移動する。

艦隊の機動力を利用して、反撃を避けつつ敵の防備の最も弱いところを突くことができる。しかも、攻撃の日時や進入コースは自由に選べるので、ベストのタイミングで奇襲的な攻撃が可能になる。

攻撃される側から見ると、準備不足の小兵力では歯が立たないし、十分に防備した拠点は迂回されてしまう。海上を高速で駆け回る艦隊は発見するだけでも一苦労で、一度見つけても夜のうちにどこかへ消えてしまう。いつ何時来るか分からない神出鬼没の攻撃に対し、常に警戒していなければ奇襲を許すことになる。

南雲艦隊はこの圧倒的な優位をフルに生かした。点在する連合軍拠点を急襲しては、小規模な敵部隊に対し圧倒的大兵力を注ぎ込んで、ひと揉みにこれを押し潰す。その戦闘は余りにも一方的で、いわば「勝って当然」。ここで特に触れる必要もないほどだ。

インド洋作戦

手の届く範囲の目標をあらかた潰し終えてしまった南雲艦隊は、さらにマラッカ海峡を抜けてインド洋に侵攻する。大英帝国の生命線であるインド洋の制海権を脅かすためだ。

シンガポールを追われた英国東洋艦隊は、セイロン島にある「コロンボ」と「トリンコマリー」の軍港に身を潜めていた。セイロン島作戦では、まずこの艦隊を撃滅することが第一目標とされ、作戦名は「C作戦」と名づけられた。

作戦名の由来については単に「セイロン」の頭文字をとったとも言われており、もしこれが本当なら作戦目標を秘匿する意思がなかったともいえる。あるいは「敵艦隊が出て来てくれれば好都合」くらいの威勢の良さがあったのかもしれない。

いずれにせよ、英軍側は通信諜報によって既に日本側の企図を察知しており、軍港に停泊していた東洋艦隊はいち早く出航して南方に退避してしまった。しかも、南雲艦隊はかなり早い段階で英軍の哨戒機に発見されていた。

艦隊がセイロン島に近づいた時、すでに基地は厳戒態勢にあり、空母2隻を含む英艦隊が南インド洋を遊弋しつつ反撃の機会を窺っていた。状況的には日本側に不利である一方、兵力は圧倒的に南雲艦隊が優勢だった。

当時、セイロン島には戦闘機6個飛行隊（実数は70～80機程度か）があり、うち4個飛行隊がコロンボ周辺に、2個飛行隊がトリンコマリーに配備されていた。当時の欧州戦線は一進一退の激戦を続けており、インド方面に一線級の兵力を回す余裕がなかったため、装備に新鋭機は含まれていない。

セイロン島に配備されていたのは、主に陸上戦闘機「ハリケーン」と艦上戦闘機「フルマー」及び若干の爆撃機のみで、いずれも既に一線級とは言い難い機体ばかりだった。

「ハリケーン」は初飛行が1935年で、胴体の後ろ半分が鉄の骨組みに布張りという老兵。1942年の段階では性能的に限界が来ており、欧州戦線では対地攻撃機として最後のご奉公をつとめていた。

「フルマー」は戦闘機のくせに2人乗りで、後席に航法士が乗っている変り種。当然その分重く、性能は芳しくない。飛行性能を捨てて「洋上で迷子にならない」ことを優先した設計で、空戦能力は艦爆に毛が生えた程度。はっきり言って戦闘機としては二流だ。

4月5日のコロンボ空襲の際は、この「ハリケーン」と「フルマー」併せて30〜40機が日本機を迎撃したが、空戦では零戦に圧倒されてしまった。

機体の性能差に加え、英軍機は発進が遅れて不利な高度からの劣位戦となった。さらに日本側は零戦36機、爆撃機・攻撃機92機の大編隊だったから、英軍機は少ない兵力をさらに分割して攻撃機の阻止に当たらねばならない。

結果は明らかで、この日の戦闘で英軍戦闘機は20機前後（このほかに雷撃機6機）を失ったのに対し、零戦の喪失は1機のみ。戦闘機対決はほぼ日本側のワンサイド・ゲームであった。

特に、正面から護衛の零戦に空戦を挑んだ一隊は貧乏くじで、壊滅的損害を出してほぼ全滅してしまった。

しかし、彼らの犠牲は無駄ではなかった。一隊が護衛機を足止めしている隙に、一部の英軍機が零戦の反撃をかわして攻撃隊に襲い掛かり、艦爆6機を撃墜している。被害は「瑞鶴」艦爆隊に集中しており（5機）、主にこの中隊が英軍機に食いつかれたようだ。

攻撃の成果が捗々しくなかったこともあり、帰還した「瑞鶴」のパイロットに戦勝ムードはなかった。帰還した搭乗員の控え室はまるでお通夜のようだったという。

十分な数の護衛機が付いていながら、性能的に劣る英軍機に活躍を許したことは反省すべき材料であり、攻撃機護衛任務の難しさを示している。

困難な直掩任務

このときの零戦隊は、半数を「制空（敵戦闘機を制圧する）隊」として自由戦闘させ、残る半数を「直掩（離れずに掩護する）隊」として攻撃機にはり付ける戦術を採っていた。英軍戦闘機の出現とともに、零戦4個中隊のうち「制空隊」2個中隊（3機で1小隊、それが3つ集まって1個中隊）が編隊を離脱して敵機に突入し、残る2個中隊が護衛を継続する。

しかし、艦爆・艦攻は合わせて92機（10個中隊程度と思われる）おり、攻撃隊は中隊毎にそれぞれ割当てられた攻撃目標に向かったため、護衛機の駒不足で裸の編隊が生じ、その隙を英軍機に突かれたようだ。

このような場合は中隊を分離して、各編隊に数機ずつでも護衛を割り振るべきなのだろうが、当時の海軍機はこうした運用を行っていなかった。これは、「戦力の分散を避ける」という教条的な理由もあったかも知れないが、おそらく一番の理由は、単に空中指揮が困難だったからだろう。

当時の海軍機は、隊内のコミュニケーションを昔ながらの手信号や飛行機の挙動（翼を振る）で行っていた。先頭を行く隊長機からは後続する列機（部下の乗機）が見づらいので、中隊長は編隊をまとめるだけで精一杯だし、部下からの意見具申も困難だ。

列機は勝手に中隊長機から離れる訳にはいかないので、咄嗟の判断で隊を分離したり、役割分担を決めて別行動をとることはかなり難しい。

零戦に搭載されていた無線電話は雑音が大きいことが嫌われ、空戦指揮にはあまり利用されていなかった。こうした制空と直掩のどちらを優先するかという問題と、空中指揮の硬直性は、その後の作戦において大きな足枷となって跳ね返ってくることになる。

不手際の目立つ航空戦

4月5日のコロンボ空襲に続いて、南雲艦隊は9日にトリンコマリーを空襲する。攻撃は飛行場と港湾施設を破壊し、停泊中の中小艦船にも損害を与えた。

英軍戦闘機は果敢に迎撃するが、出撃したのは僅か20機ほど。それでも零戦3機、艦攻1機を撃墜し、代償に8機を失った。

さらに、南雲艦隊は別の大物を仕留めた。セイロン島攻撃の最中、偵察機が付近を航行していた英国艦を発見し、2回の攻撃で軽空母1隻、重巡洋艦2隻、駆逐艦と補給艦各1隻を撃沈したのである。一方、南雲艦隊には1隻の損害もない。

軽空母と重巡は1万トン級の大型艦だから死傷者数も膨大で、この敗報はチャーチル首相を大いに嘆かせたという。

この結果だけみれば、確かに日本軍の圧倒的大勝利ではある。しかし、個々のシーンを良く見ればかなり不手際の目立つ戦いだった。

コロンボ攻撃時の護衛失敗は既に述べたが、これ以外にも戦闘機と分離した艦爆が英軍機に襲われて手痛い損害を出す事例があり、これらは空中指揮次第で防げたはずだった。

また、「戦場はいつも晴れている訳ではない」という至極当然の、しかし忘れがちな現実が突きつけられる場面も続出した。

南雲艦隊の上空に現れた英軍の哨戒機は、最高速度が零戦の約半分という鈍足ながら雲を利用して巧妙に逃げ回り、迎撃した零戦を数十分にわたって翻弄した。たった1機の飛行艇をなかなか撃墜できず、その間に我が艦隊の位置や陣容が次々と打電されてしまうのだから司令部は焦ったことだろう。

さらに、断雲にまぎれて忍び寄った爆撃機に奇襲されるという一幕もあった。伏兵は双発の中型爆撃機「ブレニム」で、大胆にも戦闘機の護衛を伴わずにやってきた。

図体の大きいブレニムが9機。普通なら接近に気づかないはずはないが、艦隊上空に手ごろな断雲があったことが災いした。「ブレニム」は誰にも気づかれずに爆弾を投下し、初弾は巡洋艦「利根」の近くに着弾した。

一瞬、日本側は何が起こったか分からない。

次の瞬間、旗艦「赤城」が至近弾の水柱に包まれ、僚艦からは赤城が被弾したように見えた。幸い損害はなかったが、日本側はこの時点で初めて攻撃に気づいたのである。

上空警戒の零戦も全く敵機に気づいておらず、阻止行動は行われなかった。投弾を終えて離脱する「ブレニム」を追撃して5機を撃墜したものの、母艦を防衛するという意味では完全に失敗だった。しかし、いくつもの課題を抱えつつ、セイロン島作戦は「大勝利」のうちに終了する。

南方戦線の実態

蘭印作戦やセイロン島作戦の経過を見れば明らかな通り、開戦から半年間の南方戦線の実態は「分散した小兵力を、集中した大兵力が圧倒する」という場面の連続だった。

兵力を集中して速やかに攻撃、さらに前進して即攻撃、また前進、攻撃……が繰り返され、後退する連合軍には立ち直る時間が与えられない。

守る側からすると、迎撃態勢が整う前に大兵力が奇襲的に押し寄せてくるため、残存兵力を結集する間もなく次々に各個撃破されてしまう。やむなく防衛線を後ろに下げると、これがまた悪循環を生む。

急速な戦線の後退により指揮系統や通信が混乱し、貴重な施設や物資が放棄され、補給が困難になり、少ない兵力はさらに分散。新たな拠点には何もなく、全て一からやり直し。

防御設備がないので攻撃を受ければ裸同然、早期警戒網もなく奇襲に無防備、正確な情報が得られないので立てる作戦は全て裏目……ひとたびこの悪循環に陥れば、大兵力も忽ち消耗し尽くしてしまう。

一発ハードパンチを喰らってよろめいたところに、すかさずボディーブローを連打されているようなもので、一度守勢に回るとなす術がないのである。

開戦当初に見られた零戦の圧倒的優勢は、実は大部分がこの「攻勢の優位」に支えられたものだ。米陸軍の主力機P－40は決して雑魚ではなく、特に低高度域では恐るべき強敵だった。実際に低空域でP－40と闘ったパイロットはその手強さを体感していたはずだが、そうした場面自体が少なかったことが「米軍機（P－40）は弱い」というイメージを定着させてしまったに過ぎない。

実際のところ、機体の性能という点では米軍機もそれほど劣るものではなかったし、火力に関しては明らかに米軍機に分があった。

スコアに響く「火力差」

この時期、零戦が装備した20㎜機銃の弾数は左右各60発しかない。しかも、実際には弾倉の故障を防止するため、装弾数を各55発程度に抑えていたようだ。

米軍機は少なくとも各銃２５０発程度を積んでいるから、射撃時間で零戦の約3～4倍。これは撃墜スコアに直結する、非常に有利な要素だった。空戦中に20㎜弾を撃ち尽くした零戦は牙を抜かれたのも同然で、あとは米軍機の独擅場になる。

緒戦においてすら、零戦は多くの場合、内容で圧倒的に押していながら「大勝ち」がない。頼みの20㎜が数連射でカラになるのだから当然だろう。サブ・ウェポンとして7・7㎜機銃が2挺あるが、非力すぎてこれでは撃墜スコアは稼げない。

2挺合計で110発しか撃てない零戦の20㎜機銃に比べ、米軍機は1500発以上の13㎜弾をぶちまけることができるので、下手でも「数撃ちゃ当たる」を期待できる。しかも米軍の13㎜機銃は極めて高い貫通力を持っており、その徹甲弾はちょっとした戦車の装甲をブチ抜く位の威力がある。

数発でエンジンに致命傷を与え、半端な装甲を無力化する高性能は20㎜機銃に勝るとも劣らないものだった。

一方、20㎜機銃の威力に関しては若干買い被られているところがある。

20㎜弾は命中と同時に炸裂するため、どこに当てても有効弾となり機体に大きなダメージを与える。この点は確かにその通りで、20㎜機銃が有効な兵器であることに疑問の余地は少ない。但し、どんな装備にも一長一短がある。

20㎜弾の場合、せっかくエンジンやパイロット、燃料タンク等を直撃するコースで命中させても、そこに到達する前に信管が作動して爆発し、胴体の外鈑を吹き飛ばすだけで終わってしまうことが多い。

つまり、20㎜機銃は「どこに当てても効くが、急所には届きにくい」装備だと言える。

総合的に見れば20㎜弾の破壊力は確かに強力だが、1発や2発の命中弾で空中分解はしない。

結局は一ヶ所にまとめて何発か当てないと撃墜には至らない。

こうした利害得失に加え、圧倒的な弾数の差を総合すると、やはり火力に関しては米軍機が相当優勢と言わざるを得ない。

この火力差は、「栄光の時代」に引き続く「激闘の時代」において大きな意味を持ってくることになる。

第5章　米軍の新戦法――激闘の時代

すでに述べたとおり、開戦後の約半年間、零戦は「勝ち戦の勢い＝攻勢の優位」に支えられて連戦連勝を重ねてきた。

しかし昭和17年も中ごろになると、さすがに「奇襲のご利益」も薄れてくる。零戦は、態勢を整えた連合軍の航空兵力と、初めて真っ向から対戦することになった。

この「栄光の半年間」が終わった時、多くのパイロットや指揮官は、米軍機が急に強くなったように感じたはずだ。

しかし実際には、この時期の米軍は緒戦の大敗で多くの熟練パイロットを失っていた。また、総力戦に備えて生き残った熟練者が教官として本国に召還され、あるいは新編成される航空隊の幹部として転勤していく。

熟練者だけで編成された部隊はなくなり、補充要員は素人同然。平均的なパイロットの技量は低下していたはずで、実力的には「急に強くなる」はずはない。

実は、それまでの戦いでは、米軍が潜在的な実力を発揮しないまま自滅してくれただけなのだ。初期の混乱から立ち直った米軍は、未熟なパイロットと旧式の機材を巧みに駆使して、しばしば零戦と互角に、時にはそれ以上の戦いを繰り広げるようになっていく。

新型機「32型」

海軍航空部隊が緒戦の大戦果に沸いていた昭和17年春、零戦の新タイプ「32型」の量産が始まり、前線部隊に供給され始めた。

「32型」の名が示すとおり、従来の「21型」からエンジンと機体の両方をバージョンアップした（命名ルールについては序章を参照）待望の新型機である。

まず、エンジンが新型の「栄21型」に換装された。

エンジンの本体は従来の「栄12型」と同じなのだが、付属するスーパーチャージャー（過給器）が強化されたことにより、従来は4000〜5000mだった全開高度が6000mとなり、各高度における最高速度や上昇力、加速力が向上していた。

この時期、既に攻撃機の爆撃進入高度は7000〜8000mに達していたので、これを迎撃し、または掩護する戦闘機にもこれに対応した高高度性能が求められていた。エンジンの換装はこの方針に沿った改良であり、時宜に適ったものといえる。

一方、この明らかに妥当な改良によって、エンジンの燃費が悪くなった。車に詳しい人ならピンとくるだろうが、チャージャー（過給器）の性能を上げると燃費は落ちる。32型も例外ではなく、戦闘出力時のエンジンの燃費は2〜3割増加し、その分戦闘行動半径が小さくなった。

機体の構造としては、両翼の端を0・5mずつ切断したことが特徴で、これにより複雑な翼端折畳み機構が不要となり、量産性の向上とともに重量軽減にも一役買った。急降下制限速度が計器指示速度360ノットまで緩和され、降下時の加速も少し良くなった。

外観上の特徴は翼端が角ばっていることで、これによりシルエットの印象が変わり、一見別の機種のようにも見える。そのせいか、米軍は32型にだけ「Hamp」という別のコードネームを与えている。

武装面では、20㎜弾の搭載量が各銃60発から100発に増加した。

オリジナルのエリコン機銃に100発弾倉は用意されていなかったが、「60発では余りに少ない」という前線の苦情に応え、必要に迫られて日本で開発したものだ。

この改良は、20㎜機銃の弾数の少なさに泣かされていた多くのパイロットにとって大きな朗報だったが、新型弾倉の量産ラインが本格稼動するのはもう少し後のこと。前線にある零戦の大部分は依然として60発の20㎜弾を頼みとしていた。

さらに、零戦が抱える最大の弱点（ロール性能）にも改良が加えられた。横方向の操舵を軽くするためにエルロンの長さが短くなり、面積も縮小された。

この改良により、32型のロール性能は21型に比べて大幅に改善したと報告されている。それでも米軍機に比べると劣っていたが、「全くどうにもならないレベル」から「腕力次第で何とか戦えるレベル」に改善した意味は大きい。この点は、昭和18年5月にまとめられた海軍の戦訓レポートの中で、次のように述べられている。

「二号零戦ハ特ニ高速時横転操作軽快ナル為空戦上極メテ有利ナリ。将来戦闘機計画ニ当リ、格闘戦性能検討ニ際シテハ、速力、上昇力、翼面荷重、馬力荷重ノ外、横操作ノ軽快性（慣性能率、補助翼ノ利キ及ビ重サ）ニ関シテモ考慮ノ要アルモノト認ム」（筆者注：「二号零戦」とは、32型以降の零戦を指す。また、「横転操作」「横操作」はロール機動を指す）

平時の惰性

32型の改良は妥当なもので、確かに戦闘機としての基本性能は進歩していた。しかし、改良設計が昭和16年の夏頃（対米開戦前）までに完成していたこともあり、まだ随所に「平時の惰性」というべき要素が残っていた。

一見して平時の雰囲気を感じ取れる典型的な例は、機体に迷彩塗装が施されておらず、平時の「白塗り」塗装のまま生産が継続された点だ。

厳密には「白塗り」というと語弊があり、「明灰白色」（明るいグレー）とか「飴色」と呼ばれる微妙な色らしいが、いずれにせよ遠目には「白」と言ってよい明るい色で、迷彩効果は期待できない。

米軍機に高度の優位がある場合、零戦の白い機体は暗い海面（または陸地）をバックにしてくっきりと浮かび上がってしまい、遠くからでもよく目立つ。

一方、米海軍機は海面に溶け込むブルー系・グレー系の迷彩塗装を施しているため発見されにくく、零戦を友軍機と見間違えることもない。

つまり零戦は、米軍機から先に発見され、攻撃されやすくなる。敵味方の区別だけでなく、艦爆・艦攻との機種識別も容易だ。

「九九艦爆」は固定脚に尖った楕円翼という個性的なシルエットだし、零戦と遠目の印象が似た「九七艦攻」は緑色の迷彩塗装を施しているから、米軍機のパイロットは日本の艦載機を一目で識別することができる。

軽視されがちだが、敵味方識別・機種識別は空中戦において極めて重要な要素となる。

空中では基本的に中隊単位（3機×3小隊＝9機程度）で編隊を組んで行動しており、周囲に見えるのは同じ中隊の機ばかりである。天候や状況によっては、友軍機の編隊はかなり離れた位置を飛んでおり、遠くに見えるゴマ粒のような機影が敵なのか味方なのか、判然としないことも多い。

従って、実戦では友軍機を敵と間違えて誤射する事故や、味方だと思って近づいたら実は敵機だった（突然撃たれてようやく気づく）というケースが極めて頻繁にある。また、敵だと分かった場合でもそれが戦闘機なのか、爆撃機なのかによって戦い方が全く違うので、下手に近づくと逆にやられてしまうこともある。

一つ例を挙げれば、日本海軍のエース中のエース、「大空のサムライ」で有名な坂井三郎氏の経験がこの典型といえる。

坂井氏の戦歴は大部分が陸軍機を相手にしたもので、米海軍機との交戦はガダルカナルでの1回と硫黄島での数日間のみ。実はその2回とも、機種識別に失敗して撃墜されかけているのだ。

一度目は昭和17年。ガダルカナル戦の初日で、米海軍のＳＢＤ「ドーントレス」艦爆をＦ４Ｆ

「ワイルドキャット」戦闘機と誤認した。戦闘機の死角に潜り込むつもりで後上方から至近距離に迫ったのが失敗で、後方銃座の弾幕につかまり片目を失明。瀕死の重傷を負って戦線から後退しなければならなかった。

二度目は傷の癒えた昭和19年。硫黄島上空の迎撃戦で、空中集合中のＦ６Ｆ「ヘルキャット」群を友軍の零戦と誤認し、合流しようと接近したところで襲撃された。超エースの操縦技術と地上砲火の支援により離脱に成功したものの、普通ならまず間違いなく撃墜されていたケースである。

このように、敵味方・機種の識別ミスは即命取りになるため、敵味方不明の機影を発見した場合はその「見定め」が重要になる。しかし、空中の飛行機は急速に接近する。目の良いパイロットが目標を８㎞の遠距離で発見（この距離では、小型機はゴマ粒にしか見えない）したとしても、双方が３６０㎞／ｈの速度で接近した場合、僅か40秒後にはすれ違ってしまう計算になる。

空中戦の勝敗は一瞬の判断にかかっており、「見定め」が20～30秒遅れただけでも態勢は大幅に不利になる。その意味で、空中で容易に機種が識別されることは、軍用機にとっては大きなマイナス要素なのである。

同じような例は米軍にもある。例えば、米陸軍のＰ－38戦闘機は双胴双発、シルエットは「井」の字型をしており誰が見ても一発で識別できた。

Ｐ－38は「高速急降下が危険」「舵が重い」「エンジン不調」等、ほかにも様々な問題を抱えていたが、欧州戦線で同機を運用した部隊が最大の欠点として真っ先にあげたのは「空中で早期に発見・識別される」点であった。

防弾装備

もともと防弾装備というものは、「平時には無くて当然、戦時にはあって当然」という性質のものである（67〜69ページ参照）。

この事情は米軍機も同様で、欧州大戦の勃発と輸出機に対する英軍の要求をきっかけに、少々無理をしても防弾装備を後付けする形になった。その結果、米軍戦闘機の場合、1942年（昭和17年）以降はほぼ全ての機種で操縦席の防弾が導入された。

米軍機の防弾は、主として操縦席の後方に厚さ8㎜前後の装甲を施したもので、これが当時の一般的な防弾装備の水準だった。

8㎜という装甲厚は、口径7・7〜7・9㎜級の軽機関銃弾に対する防御を想定したもので、操縦席防弾鋼板の重量は通常50〜60kg程度。さほど重厚なものではない。

一方、零戦の場合は「21型には無くて当然、32型以降にはあって当然」ということになるが、重量増加を嫌ったのか、結局32型では防弾の追加が見送られてしまった。

戦闘機の総重量は燃料や弾薬の残量によって大きく異なり、飛行中に200〜300kg程度の変動は普通である。プラス60kg程度であれば誤差の範囲ともいえ、性能低下も数字の上ではごく僅か（操縦感覚では差が出る）だったはずだから、結論的には僅かな重量増加を惜しんで防弾を放棄する形になってしまった。

もっとも、「60kg程度なら誤差の範囲」というのは飽くまで用兵側の理屈で、パイロットや技術者の感覚からするとこの差は大違いらしい。メーカーは計画外の重量追加で機体のバランスが崩れることを嫌ったし、腕利きのパイロットほど離発着やアクロバットでフラつく飛行機は好まない傾向があった。

また、米軍の13㎜機銃が持つ破壊的な威力を考えると、仮に米軍機並み（8㎜程度）の装甲を追加したとしても、顕著な効果は期待できない。結局、「気休め程度の装備で性能を落とすよりは……」と考えて防弾を見送ったと思われるが、この判断に対する評価は難しいところだ。

もともと、戦闘機の防弾は「無いよりまし」という程度が限界で、顕著な効果がなくても統計的に有効ならそれで満足すべきものである。パイロットの士気を維持するという意味においては、「気休めでも装甲があることに意味がある」という側面もある。

一方で、大量動員されるパイロットの大半は機体の性能を十分に引き出す技術を持たないため、装甲による多少の性能低下があっても、戦力発揮上は特段の障害とはならない。

利害得失を総合して考えると、結論的にはやはり装甲はあるべきだったのだろう。

しかし、これは「所詮大多数のパイロットは素人」「多少の飛行性能など戦力には無関係」「気休めでも士気は鼓舞できる」「統計的に若干でも効果があれば良い」という非情な割り切りを前提にして初めて成り立つ結論である。言葉を換えれば、これはパイロットの能力を信頼せず、人の生死を統計論と費用対効果に還元した「戦時の理論」なので、必ずしも現場の反応は良くない。

米軍の場合も、戦時改修を施した「F4F－4型（ワイルドキャット）」の飛行性能が従前の「F4F－3型」に比べて大きく低下したため、前線のパイロットからは改造を批判する意見が多く出され、米海軍はその説得に奔走しなければならなかった。

まだ余裕があるうちは、こうした「平時の惰性」から抜け出すのは難しい。海軍が零戦に「戦時の理論」を適用するのは、戦況が悪化した昭和19年末になってからである。

因みに、しばしば零戦の無防弾と米軍機を対比して、「人命軽視・精神主義の日本軍 vs. 人命尊重・合理主義の米軍という文明対立が云々……」式の高尚な議論が展開されることがあるが、ここで注意しておくべき事実がある。

実は、僅かな装甲重量を惜しんだのは米軍も同様だということだ。

米軍機は、大戦後半に就役した2000馬力級の大型機も含めて、基本的に13㎜弾対応の装甲は持っていない。武装や弾数、動力艤装、燃料搭載量に十分な重量を割いた反面、装甲の増厚は見送られていた。

一方、同時代の日本陸軍機や独軍機は小兵ながら13㎜弾に対応する装甲を持っており（日本海軍機は米軍機と同レベル）、同時に13㎜級かそれ以上の武装を備えていた。つまり、米軍も13㎜弾に対応する必要はあったことを考えると、この話はそう単純でもない。

防漏タンク

軍用機の防御には、装甲による「防弾」とは別に、燃料タンクの「防漏」化がある。

巨大な燃料タンクに装甲を施すのは重量面で非現実的なので、「防弾」を諦めて弾丸は貫通させ、その後の燃料漏れだけを止める。これは「セルフ・シーリング（自動防漏）」タンクと呼ばれ、タンクを何層ものゴムで覆う（またはタンクの内側をゴム袋とする）ことで実現する。ゴムの弾力によって被弾口を極力小さく抑えつつ、ガソリンに触れると膨張する天然ゴムの性質を利用して破口を塞ぐ、というのがその理屈である。

まず爆撃機用としてセルフ・シーリング技術の研究が始まり、次いで戦闘機用のタンクも開発が進められていたが、ここには大きな技術的問題があった。

「ゴムの弾力で被弾口を小さく抑える」「天然ゴムの膨張で破口を塞ぐ」というのは、飽くまで理屈上の話。実際の機銃弾の破壊力は凄まじく、タンクを護るゴムはすぐにボロボロに引き裂かれてしまうのだった。

耐久試験の結果、試作した防漏タンクは軽量級の7・7㎜弾に対しては有効だったものの、13㎜級の機関銃弾に対しては満足な成績が得られなかった。いくら工夫しても、すぐに大きな破口が生じて燃料漏れが止まらない。

この事実に直面して、日本では陸海軍で異なる対応がとられた。

陸軍は「無いよりはまし」と割り切ったようで、まず原始的な防漏タンクを小型機にまで標準装備し、生産しながら改良するという方針をとった。

一方、海軍ではまず「一式陸攻」以上の大型機にのみ防漏処置を施し、小型機への装備は見送った。昭和18年以降は小型機にも防漏タンクが導入される予定だったが、肝心のタンクの生産が進捗せず、結局は大部分が未装備に終わってしまった。

零戦の場合、防漏タンクのかわりに燃料タンクに自動消火装置を設置して対応した。これは熱センサーが火災を感知するとタンク区画に消火ガス（炭酸ガス）が噴出し、酸素を遮断して消火するシステムで、作動に確実性があり一定の効果があったようだ。概ね昭和19年製以降の後期生産型から標準装備されている。

このような自動消火装置を装備した戦闘機は世界的にも珍しく、海軍はその性能に満足していたようだが、防漏タンクの未装備を考えると物足りなさは拭えない。

確かに「燃料タンクの火災防止」という点で自動消火装置は優れており、半端な防漏タンクより有効だったかもしれない。2、3発程度のまばらな被弾であれば、裸のタンクでも発火しないことが多いし、もし発火しても自動消火装置がある。

しかし、仮に自動消火装置で火災墜落は免れても、数分後に被弾したタンクは空になるので、近くに不時着できる基地がなければ帰投は不可能である。

「まぐれ当り」程度の軽微な被弾で帰りの燃料を失って海上不時着（かなりの確率で遭難）という勿体ない損失は、防漏タンクがあれば避けられる。防漏タンクの効果は火災防止だけではなく、さらに「被弾後の帰投燃料の確保」という大きな役割があるのだ。

実際の零戦の戦歴を見ると、燃料不足から海上不時着して遭難したのではないかと疑われる損失が実に多い。そのうちの何割かは、仮に原始的な防漏タンクでも装備していれば生還できた可能性があり、ここは非常に惜しまれる点だ。

海軍は防漏タンクに「火災の防止」を期待して裏切られたわけだが、実は米英軍のセルフ・シーリング・タンクの性能もさほど優秀なものではなかった。大抵、敵戦闘機の火力をまともに受ければ耐え切る力はなく、一連射で火ダルマになってしまう。セルフ・シーリングの効果は所詮その程度のものなのだ。

もし海軍がタンクの火災防止にこだわらず、「不時着機を2、3割減らせればよい」という程度に割り切ることが出来ていれば、防漏タンクの導入は早期に実現していたかもしれない。

救難装備

零戦には、救難装備として「浮泛《ふはん》装置」と呼ばれる装置があった。これは、発着艦に失敗して空母の甲板から海中に落ちてしまった場合や、故障や燃料切れで海上に不時着する場合に備えた浮力装置である。

パイロットはベルトで座席に体をしっかり固定しているので、着水してから脱出するまでには少々時間がかかる。着水のはずみでパイロットが失神ないし負傷したり、風防が閉まって閉じ込められることもあり得る。

したがって、パイロットが確実に不時着機から脱出するためには、機体が海に突入・停止してから、少なくとも数分間は水面に浮いていなければならない。その時間を稼ぐのが浮泛装置なのである。

構造は簡単で、胴体内にゴム袋の浮体を設置し、不時着時にボンベから圧搾空気を送り込んで膨らませ、機体に浮力を与える。

技術的には展張式の救命筏とほぼ同じなのだが、なぜか初期の零戦には浮泛装置だけがあり、救命筏が装備されていなかった。米軍戦闘機は逆で、救命筏だけを搭載しており浮泛装置にあたるものは付いていない。

一概にどちらが良いとは言えないが、一般的に言えば、平時に有難いのは浮泛装置で、戦時に有効なのが救命筏ということになる。

救命筏が役に立つのは、あくまでパイロットが脱出した後の話。故障や燃料切れの場合は機を捨ててパラシュート降下する手もあるが、一番怖い「発着艦事故」は超低空での一瞬の出来事だから、空中での脱出はできない。

機が一瞬で水没してしまえば、筏を広げることも出来ないままパイロットは水死する。したがって、平時の「訓練の友」としては救命筏より浮泛装置が有難い。訓練なら近くに必ず救難艦がいるので、10分も浮いていれば確実に脱出し、救助してもらえるからだ。

一方、戦時は敵に撃墜されることを最大のリスクと考えねばならない。ここで役立つのはむしろ救命筏の方である。

浮泛装置は、飽くまでも「機体ごと暫く浮いている」ための装置に過ぎない。浮泛装置の浮力だけでは長時間の漂流は困難で、波が荒ければ機体はすぐに破壊され、沈没してしまう。つまり浮泛装置は、短時間で救助を期待できる環境下で確実な脱出を約束するものであり、誰もいない海の上で何日も救助を待つという使い方は出来ないのだ。

零戦の設計は、確かに訓練中の事故に対する生残性は高い。しかし、救命筏を持たない零戦が、戦場で被弾し母艦や基地に帰れなくなると悲惨なことになる。

付近に友軍がいない場合、海上不時着は溺死・衰弱死とほぼ同義である。その結果、「苦しんで死ぬより、いっそ一思いに即死したい」という思いから敵や海面に突入して自爆、ということになりやすい。

救命筏とサバイバル・キットがあれば、「救助を信じて、1週間頑張ってみよう」という気分にもなる。戦時には、浮泛装置の代りにこうした不時着装備を積み込むべきだったのだが、日本海軍はこの点の対応も後手に回ってしまった。

珊瑚海海戦

珊瑚《さんご》海《かい》海戦は、昭和17年5月に生起した史上初の空母機動部隊決戦である。戦いは5月7日から翌8日にかけて行われ、東部ニューギニアとオーストラリア北岸の間にある「珊瑚海」がその舞台となった。

これはちょうど、フィリピンの米軍が全面降伏した日の直後にあたり、日本軍にとっての絶頂期であると同時に、連合軍にとっては最悪の一瞬だった。

当時、既にインドネシアの全域とニューギニアの大部分は日本軍の手に落ち、連合軍は東部ニューギニアの小都市「ポートモレスビー」を拠点として抵抗を続けていた。

ポートモレスビーは、連合軍にとってニューギニア戦線における最終防衛線であり、同時にオーストラリア防衛の最前線であった。

日本海軍の航空部隊は、既に昭和17年の春頃からこの拠点に対して連日攻撃を加えて戦果を挙げていたが、日本側根拠地との間には4000m級の急峻な山脈が立ちはだかっており、陸路では攻略できそうもない。

となれば、攻略は海路によるしかないが、ニューギニアの東端はオーストラリアの北岸に沿うように細長く伸びている。上陸部隊を乗せた船団は、東に大きく迂回したあと、ニューギニアとオーストラリアの間に広がる「珊瑚海」を突破しなければならない。

ポートモレスビーへの進攻ルートが限られているため、船団の航程は米軍から丸見えで、航空機による妨害は必至である。

上陸船団には巡洋艦・駆逐艦の一隊が付き添い、さらに米空母の出現に備えて大型空母「翔鶴」「瑞鶴」で編成された第五航空戦隊（五航戦）を動員する大作戦となった。

この作戦は「MO作戦」と名づけられたが、セイロン島作戦に続き、またしても目標の頭文字にちなんだ

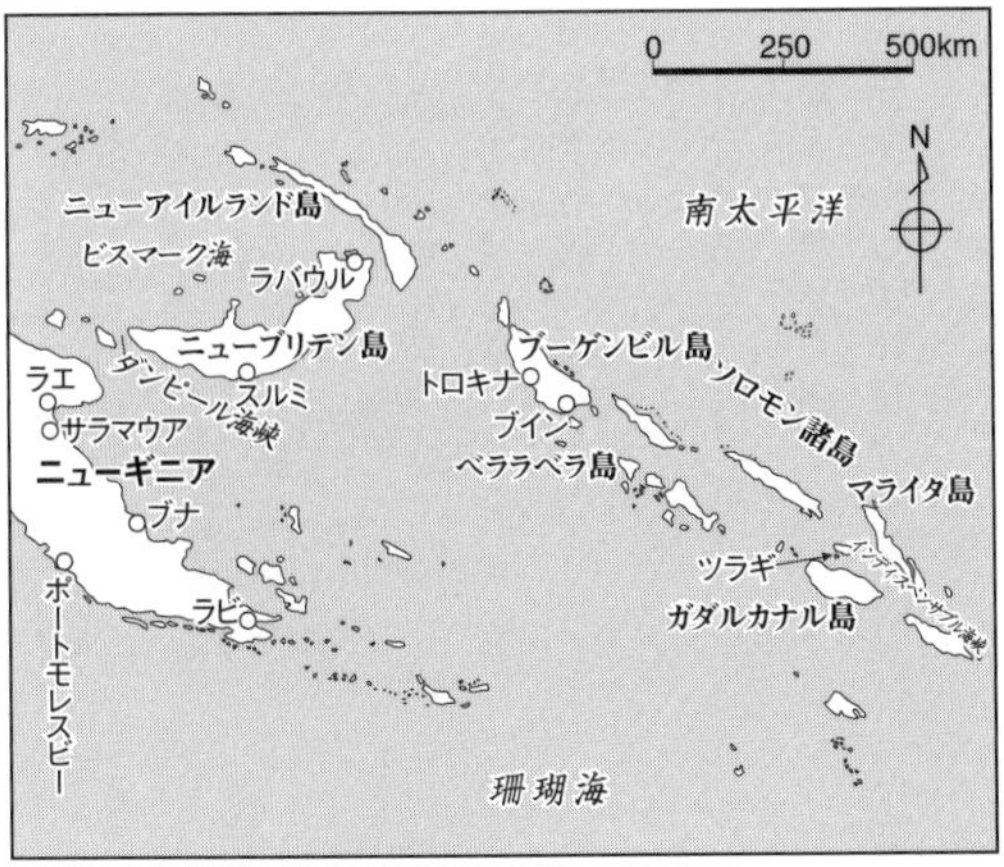

ニューギニア周辺の地図

「そのまんま命名」である。

米軍もこの動きを摑んでおり、上陸部隊を阻止するため大型空母「レキシントン」「ヨークタウン」を中心とする機動部隊（第17任務部隊）を出撃させていた。

軽空母「祥鳳」の運命

このとき、五航戦の司令部は新たな空母運用術を試すつもりでいた。

軽空母「祥鳳」を五航戦に編入し、その搭載機を入れ替えて全機零戦とするのである。軽空母を「戦闘機専用滑走路」として利用することによって、上空警戒機の運用を円滑にする工夫だった。

上空警戒の戦闘機（直衛機という）は運用が難しく、何もなくても一定時間ごとに交代して給油せねばならないし、空戦があった場合には合間に弾薬補給が必要になる。

この直衛機の収容、再発進というのは普段でも手間と時間を食う難作業であるが、特に攻撃機が出撃待機している時にこれをやろうとすると大事になる。

まず、甲板に並べてある攻撃機群を前へどけるか、リフトで格納庫に戻して艦尾側の着艦甲板を空け、ここに戦闘機を収容。これに給油・給弾したあと再発進させるが、今度は発艦滑走のため艦首側の甲板を空けねばならない。

何十機もの攻撃機が待機している場合、直衛機を収容するたびに艦内で飛行機の大移動をやることになり、これだけで甲板上と格納庫内は大混乱に陥る。この隙を敵に突かれたら、空母は一発で大火災になってしまうだろう。

直前に行われたセイロン島作戦の戦訓は、司令部の幕僚達にこうした危惧を強く抱かせた。セイロン島作戦では、陸上基地の攻撃を準備している最中に英軍の巡洋艦が発見されるというケースがあったが、この時「翔鶴」「瑞鶴」の格納庫は攻撃機の兵装転換（魚雷→爆弾→魚雷）と在空機の収容で大混乱となり、結局一日中ずっと飛行機の移動と魚雷・爆弾の交換作業を繰り返した挙句、肝心の攻撃機は発進しないまま戦闘が終了するという失態を演じていた。よく知られているように、この悪夢は直後のミッドウェイ海戦で再現されることになる。

残念なのは、機動部隊の幕僚達には既にこの時点で正確な問題点の認識があり、かつ正しい解決方針が模索されていたにもかかわらず、珊瑚海海戦においてこの「正しい処方箋」が実践されなかったことだ。

結局、珊瑚海では、「上陸船団の防空態勢強化」という陸軍の強い希望に応えて、「祥鳳」は機動部隊から分離して上陸船団の護衛に回されてしまった。

しかも、このとき「祥鳳」は固有の搭載機が少なく、使える零戦は6機のみ。この程度の戦力を単独で護衛に投入しても無意味なのは明らかで、「祥鳳」側も五航戦への編入を希望したがついに容れられなかった。

MO作戦を任される第四艦隊司令部とすれば、陸軍から「数千の陸兵を見殺しにするのか」と突き上げられて何もしない訳にもいかない。かといって主力は出せないので、結局「祥鳳」を単独で派遣してお茶を濁すことになったようだ。

出撃にあたり、「祥鳳」は戦術上の得失を無視して船団の視界内に留まるよう要求されたという。この逸話が示すように、この決定は陸海軍の政治的妥協の産物であり、「祥鳳」は陸軍部隊の盾として差し出された格好だった。

そして哀れな「祥鳳」は、本海戦の冒頭であっけなく撃沈されることになる。

5月7日、上陸船団は米軍の哨戒機に発見され、空母「レキシントン」「ヨークタウン」を発した90機以上の艦載機が来襲。「祥鳳」はその大部分の攻撃を1隻で引き受け、船団の盾としての役割を十分に果たした。

「祥鳳」は必死の回避運動で第一波の攻撃を何とか凌ぐが、第二波の攻撃で立て続けに命中弾を見舞われ、全艦大火災となってなす術なく沈没。艦は第二波の攻撃開始からごく短時間で沈没したため、乗員の多くが艦と運命を共にした。日本の喪失空母第一号であった。

なお、「祥鳳」は沈没前に3機の零戦（プラス旧式の九六艦戦が3機）を発艦しており、これらの直衛機は奮戦して米軍機3機を撃墜している。

立て続けに起こるミス

日本の機動部隊からすれば、米軍機が「祥鳳」を攻撃している間が、米空母に反撃する絶好のチャンスだった。「翔鶴」「瑞鶴」からは約80機の攻撃隊が発進し、米機動部隊を目指していた。

しかし、目標地点で攻撃隊が見た敵は、たった1隻のタンカーと駆逐艦だけ。空母を含む「機動部隊」はどこにも見当たらなかった。

これは、日本側の偵察機が目標に十分接近せず、甲板の平らな給油艦を遠目に見て空母と誤認したことが原因で、五航戦は米空母撃滅の最大の機会を逃すことになった。

それでも五航戦司令部は諦めず、その日の夕方、無理を承知で薄暮攻撃を企図し、艦攻と艦爆合計27機を出撃させる。しかし、結局敵艦隊を発見できないまま戦闘機の迎撃を受けて攻撃は失敗した。

夜間飛行能力がない零戦はこの攻撃に参加しておらず、護衛が付かなかったため攻撃隊は米軍機の迎撃で大損害を出してしまった。さらに夜間帰投中に一部の機が誤って米空母に着艦しようとし、対空砲火を浴びるという思いがけない事件も重なり、計10機が失われた。

そして、最大の戦闘は翌8日の昼に発生した。

この日の戦闘では、日米双方がほぼ同時に敵艦隊を発見し、ほぼ同時に同規模の攻撃隊を1度だけ発進させた。各艦隊の上空で攻撃隊を迎え撃った直衛（防空）戦闘機の数もほぼ同数であり、両軍の実力が試される戦いとなった。

日本側攻撃隊の戦い

日本の攻撃隊は、米艦隊まで距離68浬（約１２５㎞）まで迫ったところで「レキシントン」のレーダーに探知された。攻撃隊の進撃速度を１８０ノットとすると、僅か20分余りで艦隊の上空に到達することになる。

このとき、米艦隊の上空には直衛機として８機のＦ４Ｆ「ワイルドキャット」戦闘機がいた。

これらの戦闘機は既に早朝から上空警戒を続けており、燃料不足のために迎撃地点に向かうことができない。この8機は空母の上空に留められ、甲板上で待機していた9機が緊急発進して迎撃ポイントに向った。

しかし、この迎撃は有効ではなかった。

9機の迎撃機は「ヨークタウン」の4機と「レキシントン」の5機から成っていたが、このうち「ヨークタウン」の4機は母艦のオペレータによって何もない空中に誘導され、迎撃の機会を失った。「レキシントン」を発進した5機は予定の迎撃ポイントに到着したが、日本機の進入高度が予想より高く、肉眼で機影を確認した時には高度差があり過ぎた。「レキシントン」のレーダーは旧式で、目標の高度測定ができなかったのだ。

「ワイルドキャット」のはるか上空をすり抜けて行く日本の攻撃隊に対し、3機が反転して追いかけるが、上昇しながらの追跡ではスピードが出ず、なかなか追い付かない。

この編隊は艦隊上空まで追い続けてようやく日本機を捕捉したが、時すでに遅く母艦への攻撃阻止には役立たなかった。残る2機の「ワイルドキャット」は降下して雷撃隊を狙ったが、護衛の零戦に追い散らされた。

目を覆うような不手際が続出する中、意外に善戦したのがSBD「ドーントレス」隊である。

【米第17任務部隊】

「ヨークタウン」攻撃隊：F4F 6機

SBD 艦爆24機

TBD 艦攻9機

「レキシントン」攻撃隊：F4F 9機

SBD 艦爆22機

TBD 艦攻12機

（合計82機）

防空隊：F4F17機

【第五航空戦隊】

攻撃隊：零戦18機

艦爆33機

艦攻18機

（合計69機）

防空隊：零戦19機

本来は艦爆であるＳＢＤだが、爆弾を積まない状態であれば一応空戦ができる性能を持つため、当日は多数が補助戦闘機として低空哨戒任務に就いていた。

この「ドーントレス」隊は低空進入の雷撃機を阻止する役割を与えられており、雷撃隊の突入と同時に、これに果敢に空戦を挑んできた。

これらのＳＢＤは護衛の零戦に５機が撃墜されたものの、一部が雷撃機（九七艦攻）の編隊に突入して若干の戦果を挙げたとされる。この「代打戦闘機」は意外な健闘を見せたが、日本機の進入速度が米軍の予想を大幅に上回っていたため、攻撃を阻止するには至らなかった。

結局、大部分の日本機が迎撃網を突破して米空母に襲い掛かった。猛烈な対空砲火が出迎えるが、揺れる艦上から打ち上げる高射砲など滅多に当るものではない。

艦爆・艦攻隊は弾幕を突破して次々に爆弾や魚雷を投下し、この攻撃で「レキシントン」「ヨークタウン」の両艦が損傷した。「レキシントン」の被害は軽微に見えたが、後に損傷に起因するガソリン爆発で沈没。

「ヨークタウン」には２５０kg爆弾１発が直撃しただけだが、これは艦内深くまで貫通して炸裂したので内部構造が破壊され、機関の出力が低下した。さらに多数の至近弾が舷側付近の水中で爆発したため、その爆圧と破片で喫水線下の船体は大きなダメージ

炎上する「レキシントン」

を受けていた。

第17任務部隊はこれ以上の損耗を避けるため、真珠湾への帰投を命ぜられた。

攻撃隊の損害については、資料によってかなり差がある。日本側の公刊戦史である『戦史叢書』によれば、米艦隊上空で艦爆7機、艦攻4機が撃墜され、ほかに艦爆5機、艦攻1機が帰路に不時着してパイロットを救助したとある。

一方で、『戦史叢書』には出撃69機に対して母艦への収容が48機（零戦18機、艦爆20機、艦攻10機）という記述もある。被撃墜11機と不時着6機を差引くと艦爆1機、艦攻3機が宙に浮く計算になるが、詳細は不明だ。

さらに、五航戦が当日の午後に作成した「戦闘速報」では、航空機の損失は「零戦3機、艦爆9機、艦攻8機」とあり、これまた食い違う。その後に情報を突合わせて作成された資料は、攻撃隊の零戦が全機帰還した点では一致しているから、こちらはあくまで「速報」として見た方がよさそうだ。

正確なスコアはともかく、米軍のまずい空中指揮のおかげで、攻撃前に撃墜された機がごく少数であることは確かで、これは米軍側の記録からも裏付けられる。

対空砲火による撃墜もせいぜい数機程度と見られ、日本側の損害の過半は攻撃終了後、艦攻と艦爆が零戦と分離したところを「ワイルドキャット」に撃墜されたものと推定される。

緊急発進した「ワイルドキャット」は攻撃終了後にやっと日本機に追い付き、これにちょうど日本艦隊への攻撃任務から帰投してきた「レキシントン」戦闘隊が加わった。攻撃終了後に大空戦があった点は確かなようだ。

この防空戦での米軍機の損害は、「ワイルドキャット」4機と「ドーントレス」5機（資料により1～2機の差あり）とされているので、空戦に関しては零戦の完勝といって良い。一方で、守るべき艦攻と艦爆を多数撃墜されてしまったことは反省すべき材料である。

米軍側攻撃隊の戦い

米軍の攻撃隊は発進時刻の差で当初から「ヨークタウン」隊と「レキシントン」隊に分離しており、さらに雷装したTBD「デバステーター」の脚が余りにも遅いため、途中で雷撃隊と爆撃隊が大きく分離してしまっていた。

さらに当日の天候が影響した。米艦隊の上空が概ね晴天だったのに比べ、日本艦隊の上空は天候不順で雲が多く、所々に激しいスコールを伴う積乱雲が発生していた。

このような悪天候の中、まず日本艦隊を発見したのは「ヨークタウン」の「ドーントレス」艦爆隊（24機）だった。

この編隊指揮官は相当に豪胆な男で、日本艦隊を発見した後もすぐに攻撃に移らず、雲間を旋回しながら30分近くも雷撃隊の到着を待っていた。

艦隊上空には直衛任務の零戦が警戒にあたっていたが、誰も雲に隠れた米軍機を発見できない。「ドーントレス」は30分もの間、何の妨害も受けずに旋回を続けた。

さらに、日本側の防空指揮にはもう一つ大きな不手際があった。

「ドーントレス」が日本艦隊の上空に達する1時間ほど前、偵察機から「米軍の攻撃隊が味方に向った」旨の報告があり、その直後に艦上の見張員が「敵味方不明機」を確認したので、機動部隊は待機していた零戦を緊急発進させて警戒を強めていた。

しかし、その後「敵味方不明機」が友軍機の誤認と分かり、上空にあった零戦の一部を収容してしまったのである。そのため、「ヨークタウン」隊が来襲したとき、艦隊の上空にあった零戦は僅か6〜8機（資料により異なる）に減少しており、艦上で待機していた約10機が緊急発進したものの、一部は発進が間に合わなかった。

しかも米軍機が雲を利用して接近したため、空母の至近距離に迫るまで発見できず、発見した時にはこれを迎撃する時間的余裕が殆どない状態だった。その結果、「ヨークタウン」艦爆隊は僅か3機（「ドーントレス」艦爆2機、「ワイルドキャット」1機）を失っただけで攻撃を成功させ、離脱することができた。

また、雷撃隊のTBD艦攻は魚雷を投下した後、すぐに近くのスコール雲の中に突っ込んで退避したため、零戦は後を追うこともできずにこれを取り逃がしてしまった。

この攻撃で、米軍機は「翔鶴」に2発の爆弾を直撃させたが、魚雷は全て外れた。

「ヨークタウン」隊が去った後、30分余り遅れて「レキシントン」隊が到着した。

この隊は途中の雲中飛行で分離してしまい、日本艦隊を発見した時には「ワイルドキャット」6機、「ドーントレス」艦爆4機、TBD艦攻11機に減少していた。残りは攻撃を断念して引き返している。

米軍の攻撃隊は弱体だったが、またしても日本側の迎撃は精彩を欠いた。発見距離が近すぎたためと、僅か6機の「ワイルドキャット」が非常に有効な妨害を行ったため、零戦は母艦が攻撃される前に米軍機を阻止することができなかった。「レキシントン」隊の「ドーントレス」艦爆とTBD艦攻は、ほぼ全機が防空網を突破して爆弾・魚雷を投下したが、幸いにも命中したのは爆弾1発だけで、「翔鶴」はなお全力航行が可能だった。

防空網の突破には成功した「レキシントン」隊だが、その後はあまりツイておらず、攻撃終了後に追跡してきた零戦に捕捉されてしまった。「レキシントン」隊はこの日の攻撃で「ワイルドキャット」4機、「ドーントレス」艦爆3機、TBD艦攻1機を失い、この中には指揮官機が含まれていた。

米軍の攻撃隊は合計で11機を撃墜されたことになり、その大部分が零戦による戦果と推定される。これに対し、迎撃した零戦の被撃墜は1機のみだった。

空戦のスコアだけを比較すれば、零戦は防空戦闘でも勝利したと言える。しかし母艦への攻撃阻止に失敗したことを考えると、手放しで評価できる戦果でもなかった。

なお、この日に両艦隊の上空で撃墜された米軍機の数を合計

攻撃を受ける「翔鶴」

すると約20機だが、米軍の公式記録はこの日「あらゆる原因を含めて」33機を喪失したと述べている。このことから、撃墜には至らなくても、海上不時着や被弾大破した機が相当数あったと思われる。

日米ともに不手際が目立つ戦い

珊瑚海の戦いは、日米双方ともミスと錯誤の連続で、非常に不手際の目立つものだった。

米軍はせっかくのレーダー情報を生かせず、誘導ミスで迎撃機を右往左往させた挙句、日本の攻撃隊に殆ど無傷で防空網を突破されてしまった。

兵力としては十分だったはずの攻撃隊も分散し過ぎ、しかも一部は目標に到達しなかった。攻撃機数が多い割に魚雷は全て外れ、命中したのは爆弾3発のみ。

戦果確認もお粗末で、攻撃隊は日本空母に魚雷と爆弾多数を命中させ撃沈した旨を報じ、防空隊は「零戦10機を含む32機撃墜」という過大な戦果を主張していた。

実際の撃墜数は対空砲火による戦果を含めて12〜16機（うち零戦1機）なので、概ね2〜3倍ないしそれ以上の誇大報告となる。

また、「ドーントレス」艦爆隊の戦果が少なかった背景には、急降下中に風防と爆撃照準器が真っ白に曇るというトラブルもあった。これは、降下中に生じる外気温の急激な変化と、南方特有の高温多湿の気候によって生じたもので、事前にテストしていれば防止できた初歩的なミスだった。

そして、米軍にとって最も痛かったのは、攻撃終了時には中破状態にとどまっていた「レキシントン」が、その数時間後に大爆発を起こし沈没してしまったことだろう。タンクから漏洩したガソリンの蒸気が艦内に充満していたのに、これに気づかずに作戦を継続したために起きた事故だった。これは、米軍に空母のダメージ・コントロールの重要性を認識させる教訓となった。

一方の日本軍も、無意味に戦力を分散して「祥鳳」を失い、索敵では給油艦と空母を誤認して攻撃隊を空振りさせた。これで焦った司令部は、攻撃をはやるあまり戦闘機の掩護をつけない強引な攻撃で貴重な戦力を損耗してしまった。

迎撃戦闘も上手くなく、敵機の来襲寸前に上空警戒機を収容してしまったほか、悪天候にも災いされて米軍機の発見が遅れた。結局、直衛の零戦は母艦への攻撃を全く阻止できなかった。また、米空母への攻撃に際しても、零戦が分離したところを狙われて艦攻と艦爆が一方的に叩かれるという失敗が繰り返された。

さらに、魚雷2本と直撃弾3発、空母撃沈1隻の戦果に対し、攻撃隊の報告では2隻の空母に対し魚雷12本と爆弾多数が命中し両艦とも撃沈確実と報じられており、戦果確認の甘さは米軍とどっこいどっこいだった。

艦隊陣形と対空砲火についても大きな戦訓を残した。米軍機の攻撃を受けたとき、空母を護るべき巡洋艦は「翔鶴」から8㎞も後方を航行しており、母艦の周囲に有力な護衛艦が存在しない状態だった。その結果、「翔鶴」はほぼ裸同然の状態で米軍機の集中攻撃を受け、対空砲火は極めて疎散なものとなって阻止効果を発揮しなかった。

海戦の総括

一般的に珊瑚海海戦については、「日本側の戦術的勝利」と言われることが多い。確かにその通りだが、それは偶然「レキシントン」が爆沈してくれたおかげだ。

「レキシントン」は戦艦の船台を利用した頑丈な艦で、魚雷2本程度の被弾は十分許容範囲内のはずだった。直撃弾2発はいずれも飛行甲板を外れており、その損害は限定的で飛行機の発着も可能だった。僚艦「ヨークタウン」もかなりダメージを受けたとはいえ、一応航空機の運用が可能な能力を維持している。

このまま「レキシントン」が無事に帰投していれば戦いは明らかに日本の敗戦だったが、五航戦の司令部は誇大な戦果報告に惑わされ、暫くの間「敵空母は2隻とも撃沈し、大勝利」だと信じていた。真の勝敗のバランスを決めたのは、単なる「運」なのである。

本海戦では日米両軍ともにミスを繰り返したが、たとえば直衛戦闘機の迎撃失敗について言えば、米軍は既にレーダー情報に基づく戦闘機の無線誘導を実施しており、そのやり方が試行錯誤の段階にあったに過ぎない。

逆に日本側は「何も準備していないからどうにもならなかった」状態で、問題の深刻度から言えば日本側のモタつきはより危険だった。

戦果の誤認はともかく、日本の司令部でも直衛機運用の問題点は認識せざるを得ず、後にまとめられた「珊瑚海海戦戦訓」には以下のような記述がある。

「上空直衛機ノ発進ハ機ヲ失セザルコト特ニ肝要ナリ。母艦ニ於テハ陸上基地ト異ナリ過早ニ上空直衛機ヲ上空ニ配備スルハ発着艦頻繁トナリ或ハ重要時機ニ齟齬ヲ生ズル虞ナキニシモ非ザルヲ以テ上空直衛機ノ発進時機ニ関シテハ極メテ慎重ヲ要スルモノアリ」

「八日ノ海戦ニ於テハ味方触接機ヨリノ通報ニ依リ凡ソ敵機来襲時刻予知セラレタルニモ拘ラズ翔鶴、瑞鶴共敵機来襲ヲ発見シテ後急速発艦セシメタルモノ数機アリ」

「八日ノ戦闘ニ於テハ上空直衛機ハ何レモ至近距離ニ敵ヲ発見シ、之ガ攻撃ニ殆ド余裕ナカリシ如キ状態ナリ」

「本戦闘ニ於テ上空直衛機ニシテ味方重巡ノ発砲ニ依リ敵襲ヲ発見セルモノ多シ」

「味方上空直衛機ガ今少シ余裕アル戦闘ヲシタランニハ翔鶴ノ被害ハ或ハ避ケ得ラレタルヤモ知レズ、電波探信儀等ニ依リ速ニ敵襲ヲ予知シ之ヲ誘導スル如ク考案ノ要アルモノト認ム」

つまり、8日の戦闘では予め敵機の来襲時刻が予期されていたのに母艦の対応が適切でなく、さらに敵機が至近距離に接近するまで空襲に気づかず、上空警戒の零戦の多くは味方艦の対空砲火を見て敵襲を知ったという有様で、敵機の阻止には「殆ド余裕ナカリシ」状態だったという反省から、今後は「電波探信儀（レーダー）」を導入する等して戦闘機の誘導を行うべきだというのである。

戦闘機の性能がどうのという以前の問題として、「きちんと戦える状態で敵と出会うこと」がいかに難しいかを思い知らされる内容だ。

戦訓としては実に真っ当で、特にセイロン島作戦に続きレーダーの装備要求が明確に出されている点が注目される。

ミッドウェイ海戦

余りにも有名な「ミッドウェイ海戦」である。

その経過については、既に改めて書く必要もないと思われるので、ここでは詳細は省き、話を進める上で最低限必要な前提だけ述べておく。

昭和17年5月末、海軍は北太平洋(ハワイの西方)にある「ミッドウェイ島」を攻略するため、上陸部隊とこれを支援する機動部隊を出撃させた。

機動部隊はセイロン島作戦から帰還したばかりの主力部隊で、「赤城」「加賀」の第一航空戦隊(一航戦)、「蒼龍」「飛龍」の第二航空戦隊(二航戦)からなり、4隻の空母で合計約270機の飛行機を搭載していた。指揮官は真珠湾以来の南雲忠一中将である。

日本側はこの作戦を「MI作戦」と名付けており、またしても目標の頭文字をとった「そのまんま命名」であった。暗号は事前に解読され、米軍は防備を整えていた。

南雲艦隊を迎え撃つのは、「エンタープライズ」「ホーネット」「ヨークタウン」の3隻の空母と、ミッドウェイ島に配置された基地航空部隊である。米軍側は艦載機と陸上機の合計300機以上が出撃可能で、航空機の頭数では日本側より優位にあった。

3隻の空母は「エンタープライズ」「ホーネット」の第16任務部隊と「ヨークタウン」の第17

任務部隊の2群に分かれて行動していたが、これは日本側にとって予想外の展開だった。「ヨークタウン」が生存していること自体は、日本側も既に掴んでいた。しかし、僅か1ヶ月前の珊瑚海海戦で深傷を負わせたことは事実で、6月中の戦列復帰は不可能と考えられていた。

しかし、米軍の対応は日本の常識を破った。当初3ヶ月を要すると見積もられた「ヨークタウン」の修理は無理やり3日の応急手当に短縮され、損耗した飛行隊も直ちに入れ替えられた。ちょうど空母「サラトガ」が修理と整備のため戦闘任務から外れており、宙に浮いた搭載機を「ヨークタウン」に転属させた。

この突貫作業による戦力補強により、米機動部隊の空母は3隻（搭載機約240機）となり、一応は頭数で南雲艦隊に匹敵する陣容に仕上がった。もっとも、ろくに修理も終わらないまま出撃する「ヨークタウン」の乗員にとっては実に酷な話である。

ミッドウェイ島攻撃隊の戦い

6月4日未明（現地時間。日本時間は5日深夜）、ミッドウェイ島攻撃のため南雲艦隊から零戦36機、艦爆36機、艦攻36機の計108機が発進した。

これを迎え撃つのは、ミッドウェイ基地から発進した海兵隊の26機の戦闘機である。機材は旧式のF2A「バッファロー」20機が主体で、これに6機のF4F「ワイルドキャット」が加わっていた（機数については資料により1機程度の誤差あり）。

米軍はミッドウェイ島から93浬（約170㎞）の距離で日本機の編隊を捉えたので、攻撃開始までに約30分の猶予を得た。この早期警戒情報のおかげで、米軍機は予め高度を取って日本機を待ち構えることができた。

一方、主力である「バッファロー」は既に二線級で、性能的には圧倒的に米軍が劣勢。さらに26機のうち半数を洋上の阻止線に向わせ、半数を基地上空に待機させるという戦術が採られたため、ただでさえ少ない兵力が二分されてしまった。

まず、洋上阻止隊の12機（うち5機が「ワイルドキャット」）が優位な高度から艦攻隊、艦爆隊に襲い掛かり数機を撃墜。編隊指揮官機も燃料タンクを撃ち抜かれたが、幸い火災は発生せず帰還することができた。

しかし、最初の一撃で米軍機の高度の優位は失われ、零戦が割って入ってきた。戦闘機の編隊は崩れ、その後はアクロバット飛行を駆使する乱戦となった。

米軍機が第二撃、第三撃を狙おうとすれば、結局はターゲットである艦攻や艦爆の進撃高度に留まらざるを得ないが、その後方上空には護衛の零戦が控えている。無理に艦攻や艦爆に食い付いていくと、かえって零戦に絶好の反撃機会を与えてしまう。

このような事態を避けるためには、十分な機数を揃えて護衛戦闘機を牽制する必要があり、もし手駒が足りない場合は最初の一撃だけで離脱するしかない。しかし、この時の海兵隊機には基地を護る責任があり、このような消極的な戦い方はできなかった。

また、空戦が零戦のエンジン全開高度である４０００m付近で行われたことも、日本側にとって有利な要素だった。中高度での単機格闘戦となれば、零戦の右に出る飛行機はない。

しかも零戦隊には圧倒的な数の優位があり、一方の米軍機は本来の目標である攻撃機とも戦わねばならないのだから、その不利は覆い難い。

基地上空で警戒隊の「バッファロー」が戦列に加わったはずだが、おそらくこの時点で洋上阻止隊の大部分は撃破されていたと思われる。

この空襲で、日本側は零戦2機、艦爆1機、艦攻4機が撃墜され、さらに艦攻4機が帰路に不時着した。不時着機を含めた喪失機は11機で、他に多数が被弾していた。

ただし、零戦の被撃墜2機のうち1機は地上掃射のため低空に舞い降りたところを対空砲火で撃墜されたもので、空戦による零戦の喪失は1機のみとされている。

一方、8機の損失を出した艦攻隊は高度3000m以上から水平爆撃を実施しており、対空砲火による損失は少ないはずである。艦攻隊の損害は、その多くが米軍機の襲撃によるものと推定される。

この戦果に対し、米軍機は「バッファロー」15機と「ワイルドキャット」2機の計17機を撃墜され、残りも大部分が大破して飛行不能という壊滅的な損害を出した。

不時着と大破を含めた米軍の喪失機数は24機で、戦闘機同士の空戦に限れば零戦の勝利は間違いない。しかし、攻撃隊の損害を考慮すると一般的に信じられている程の「一方的大勝利」でもないことが分かる。

空戦による日本機の被害を10機（地上砲火による1機を除く）と仮定すると、「キル・レシオ（戦果／損害比率）」は2・4対1となる。機数と性能の差を考えると、結構いい勝負だったと言えないだろうか？

レーダーによる適切な早期警戒は確かに効果を挙げており、仮に米軍機の空中指揮が適切であれば差はもっと縮まった可能性がある。

また、このとき零戦が撃墜したのは主に低性能の「バッファロー」であり、「ワイルドキャット」は6機中の2機しか墜としていない点にも注意が必要だ。

艦隊上空の迎撃戦

6月4日（現地時間）の早朝、ミッドウェイ島の飛行場からは、いち早く米軍の攻撃機が出撃していた。これは、ミッドウェイ島空襲に向う日本機の編隊をレーダーが探知したため、空中退避を兼ねて急速発進したものである。

まず雷撃隊として、TBF「アベンジャー」艦攻6機とB－26「マローダー」攻撃機4機。いずれも制式採用されたばかりの新型機である。さらに爆撃隊として、B－17「空の要塞」15機と、海兵隊所属の艦爆2個飛行隊28機が日本艦隊を目指した。

このとき、日本艦隊上空には常時25機から35機程度の零戦が滞空していた。天候は概ね良好で、飛行機からは容易に艦隊を発見でき、艦隊からは上空の飛行機を視認できる状態だった。

天候については「曇っていた」とする説もあり、実際にも幾らか断雲があったようだが、当日の日本空母の戦闘詳報の記載、B－17が高高度からの水平爆撃を問題なく行い、かつ日本空母の鮮明な空撮写真を撮影している点、来襲した海兵隊の艦爆隊を日本側が早期に発見して迎撃している点等からみて、日本艦隊の上空にさほど雲量があったとは思われない。

日本機の空襲が迫る中を急いで発進した米軍機は、離陸した順に逐次攻撃に向かった。その結果、少数機ずつの散発的な攻撃が長時間だらだらと継続することになった。

上空警戒の零戦は分散した敵を容易に捕捉することができ、徹底的な迎撃を行うことができた。攻撃は一発も命中せず、米軍機の損害は拡大した。

新鋭機で編成された雷撃隊10機のうち7機が還らず、残る3機も大破して全滅。海兵隊の艦爆は半数の13機を撃墜された。基地に帰還した機も穴だらけで、再使用できるものは僅かだった。合計すると、この日の朝ミッドウェイ基地を飛び立った攻撃機は53機のうち20機が撃墜され、多数が撃破された。B－17を除く残存機の大部分は不時着ないし大破しており、戦力はたちまち壊滅状態となった。

米空母機が出現

基地航空隊の攻撃が一段落すると、次いで3隻の米空母を発進した艦載機が襲いかかってきた。まず戦場に到着したのは、「ホーネット」所属のTBD「デバステーター」艦攻15機（第8雷撃飛行隊）だった。

この隊は進撃途中でSBD「ドーントレス」艦爆隊及び護衛のF4F「ワイルドキャット」と分離しており、護衛も共同攻撃もない単独攻撃を強いられた。しかも、日本の偵察機が事前にこれを発見して通報したため、艦隊は迎撃準備を整えていた。

15機は一丸となって「蒼龍」に襲いかかろうとするが、艦隊からかなり手前の地点で護衛の零戦多数に捕まり、なす術なく撃墜されていった。

ＴＢＤ艦攻は愛称こそ「デバステーター（破壊者）」という威勢の良いものだったが、飛行速度が極めて遅く、既に旧式な機体だった。しかも搭載する魚雷の制約で、攻撃前には速度と高度をさらにギリギリまで落とす必要がある。

米軍の航空魚雷は強度が弱く、概ね速度１００ノット、高度50ｍ以下で投下しないと着水の衝撃で破壊してしまうというお粗末な兵器だった。

【雷撃隊進入図】

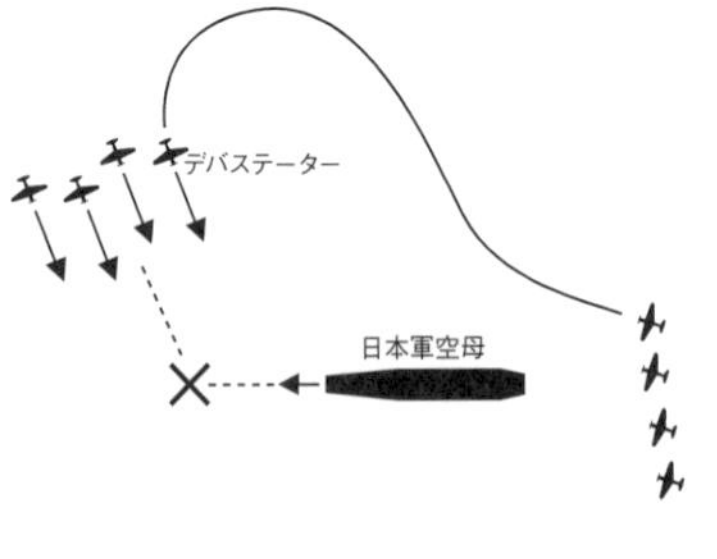

目標の前方からアプローチしないと、魚雷は命中しない

全速で逃げる空母の速力は30ノットなので、真っ直ぐ飛んだとしても相対速度は僅か70ノット（約１３０㎞／ｈ）。零戦の射撃を避けて蛇行すれば速度差はさらに縮まり、僅かな距離がなかなか詰まらない。

さらに、魚雷の走航速度は空母と大差ないので、後ろから「追い撃ち」してもまず当らない。したがって、雷撃機は必ず目標の斜め前方か、最悪でも真横から進入せねばならないが、そのためには大回りの旋回コースを取る必要があるので、余計に時間がかかるのだった。

15機いたＴＢＤ「デバステーター」は一向に雷撃針路に乗れないまま、数分の間にバタバタと零戦に撃墜されてゆき、攻撃地点に到達したのは1機だけ。わずか1本の魚雷は易々と回避され、残った1機も離脱中に撃墜された。

第8雷撃飛行隊は全滅し、機銃手1名を除いて全搭乗員が戦死したが、これはほぼ全て零戦の迎撃による戦果である。

こうして、「ホーネット」隊が決死の攻撃を終えた頃、新手がやってきた。

これは「ホーネット」と同じ第16任務部隊の「エンタープライズ」から発進した第6雷撃飛行隊（14機）で、機種はやはりTBD「デバステーター」だった。

今度は「加賀」が狙われたが、この隊も戦闘機の護衛を受けておらず、結果は同様だった。14機のうち9機が撃墜され、帰路に1機が不時着。母艦に帰投した4機のうちの1機はスクラップ同然で、そのまま海中に投棄された。雷撃による戦果はなかった。

合計すると、第16任務部隊から出撃した29機の雷撃機のうち、母艦に収容されたのは4機のみだから、零戦は米軍機に86％（大破した機を含めれば90％）の出血を強い、かつ全ての攻撃を撃退したことになる。

さらに少し遅れて、「ヨークタウン」の第3雷撃飛行隊（12機）が到着した。

「ヨークタウン」隊だけは6機の戦闘機が護衛についていたが、うち4機は後方にあって掩護に参加できず、「ドーントレス」艦爆隊とは分離していたため、事実上は雷撃機のみの単独攻撃となった。

護衛の零戦が群がり、たちまち12機中10機を撃墜。残る2機も帰路で不時着したので母艦まで帰着した機はなく、不時着機の乗員のうち1名は機上で戦死していた。まさに全滅で、当然何の戦果もなかった。

「ヨークタウン」隊を含めた米空母の雷撃隊全体では、出撃41機のうち83％にあたる34機が撃墜され、さらに3機不時着、1機が大破して海中投棄という惨状。大破機まで含めれば損失率は93％、搭乗員の戦死も8割を超えた。ほとんど特攻に近い凄まじい結果だ。

なお、護衛の「ワイルドキャット」は1機を失ったのみである。

艦隊迎撃機としての実力

既に述べたように、零戦はもともと艦隊迎撃機として設計された機体だ。ミッドウェイ海戦は、零戦が本来の用途で大規模に運用された数少ない事例の一つになった。

この時点までの数時間で、直衛の零戦隊（最大約40機、延べ１００機程度か）は断続的に来襲した約１００機の米軍機を全部撃退し、そのうち54機を撃墜、10機以上を不時着または大破させ、かつ味方艦隊には何の損害も出さなかった。さらに、ミッドウェイ島上空で撃墜破した戦闘機24機を加えれば、一瞬で米軍機約90機を葬ったことになる。

これは空前の大戦果で、もうケチのつけようがない。

普通なら、この一戦のみでも十分合格点を与えられる内容である。しかし、この直後に起きた悲劇によって、零戦の奮戦も輝きを失ってしまうことになる。

「運命の5分間」

これまた語りつくされた話題なので詳細は省くが、零戦隊が雷撃機の迎撃に全力を傾けている間に、遅れていた「ドーントレス」艦爆隊（2個飛行隊47機）が戦場に到着した。

艦隊も、直衛の零戦隊も直前までこれに気づかず、攻撃を阻止できなかった。この「ドーントレス」隊の急降下爆撃によって日本空母は次々に炎上し、「飛龍」を残して壊滅してしまう。

当日の天候からいえば、レーダーが無くても事前に敵機の発見は可能だったはずだが、結局は攻撃を受ける直前まで何の対応もとられなかった。

この「世紀の見落とし」が起きた最大の理由は、米軍機の絶妙な突入タイミングにあるらしい。雷撃隊として最後に飛来した「ヨークタウン」隊の出現が現地時間の午前10時15分頃で、「ドーントレス」の攻撃開始が10時22分。「デバステーター」艦攻の脚が非常に遅いため、10時22分の段階でまだ雷撃隊は空母に向けて突進中だった。

つまり、「ドーントレス」隊が上空から日本艦隊に忍び寄っていた最後の数分間は、ちょうど零戦が「ヨークタウン」雷撃隊に取り付いて次々に火を噴かせ、最後に生き残った数機がいよいよ雷撃針路に入ろうとしている、まさにその時だったことになる。

当然、母艦は雷撃回避運動を準備しており、大多数の見張員の目は雷撃機の挙動に集まっていたはずだ。

「ドーントレス」の進入高度は約6000ｍだから、水平距離10㎞のときの実距離は約12㎞。この距離では、小型機の翼幅は僅か1ミル、視覚的には「ただの点」にすぎない。少しでも薄雲やモヤがかかっていれば、肉眼での発見は困難だ。

訓練ならともかく、実戦の空には高角砲の弾幕が壁のように折り重なり、辺り一面に機銃の曳光弾が飛び交っている。艦上は轟音と砲煙に包まれ、乗員は「人生があと数分で終わるかもしれない」という恐怖をリアルに感じる。とても人間が冷静に判断することができる環境ではないのである。

まして対空監視所はその性質上、屋根なし、壁なし、吹きさらしのオープンスペースである。いつ何時、機銃掃射の弾丸や至近弾の破片が飛んでくるか分からない。

この危険な配置で極限状態に置かれた見張員が、砲煙に紛れた「ただの点」を見逃したとしても何ら不思議はないのだ。

しかも実戦では、僅か10㎞の距離で敵機を発見しても時すでに遅い。最低でも20～30㎞の距離で発見しないと迎撃の余裕はないが、この距離での視認は肉眼では不可能である。あとは双眼鏡に頼ることになるが、今度は視界が極端に制限される。

したがって、対空見張りは数人で担当空域を割り振り、上下左右360度全周をくまなく双眼鏡で舐めるように見渡す。しかし、対空戦闘中の各艦は左右に急旋回を繰り返すので、その度にさっきまで「舐め回していた」空域を見失って、最初からやり直しとなる。

対空戦闘中かつ回避運動中の対空見張りは相当に困難な作業で、警戒網に穴を作るなという方が無理なのである。

しかし、失敗は見張りだけではない。

敵の艦爆隊が付近をうろついているのが確実な状況下で、わずか12機の雷撃隊と6機の護衛機に30機余の零戦が群がっていたのだから、空中指揮も杜撰といわざるを得ないだろう。

仮に見張りが攻撃の数分前に「ドーントレス」隊を発見したとしても、迎撃可能な高度に零戦がいなかったのだから、いずれにせよ阻止は不可能だった。

「レーダーさえあれば奇襲を防げた」という声も昔からあるが、仮に実験段階のレーダーが配備されていたところで、混乱した当時の状況下で日本側がこれを使いこなせた可能性は低い。

当時の日本のレーダーはごく原始的なもので、探知能力はオペレーターの勘と熟練に依存しており、誤作動も多かった。また、機構的に飛行高度の判定ができないため、爆撃機の編隊を探知しても雷撃隊との区別がつかず、迎撃機の誘導は出来なかっただろう。

米軍のレーダーは機械的には信頼性があったが、初めはうまく使いこなせなかった。日本だけ最初からうまくいく、ということは期待しないほうがよさそうである。

また、この敗戦はレーダーの有無という以前の問題だった。

そもそも、南雲艦隊は午前中だけで延べ約150機の米軍機から攻撃を受け続けた訳で、これで一発も被弾しない方が不思議である。個々の些細なミスを責めても仕方が無い。

急降下爆撃を完全に回避することは不可能だから、米空母の艦爆隊に発見されれば、奇襲か否かにかかわらず一定の確率で被弾は免れなかったのである。

難しい直衛機の運用

ところで、いわゆる「運命の5分間」で「赤城」「加賀」「蒼龍」が被弾した際の状況は、ちょっとした謎になっている。

一説には、「その時、各空母の飛行甲板には兵装転換を終えた攻撃隊が整列しており、まさに最初の1機が発進するところだった。発進があと5分早ければ……」というドラマチックな話もあり、一般的にはこれが通説として受け入れられている。

しかし、おそらくこれは「小説」であって事実ではない。このとき各母艦は雷撃回避運動中のはずで、迎撃の零戦が緊急発進することは有り得ても、とても攻撃隊を発進させるような状況ではなかった。

4日の午前中いっぱい、南雲艦隊の各艦は断続的に来襲する敵機と戦い続けていた。空襲の合間を縫って、直衛の零戦隊が母艦に着艦しては弾薬補給と給油を受け、すぐに再発進していった。

各母艦の飛行甲板は直衛機の収容、再発進のために空けておかねばならず、攻撃機は燃料と魚雷、爆弾を搭載したまま「格納庫甲板」(飛行甲板ではない)で待機していた可能性が高いのである。

つまり、南雲艦隊は断続的に空襲を受け続け、飛行甲板は直衛機が使用していたので、攻撃隊を発進させる時間的余裕などなかった、というのが実情に近いだろう。

ミッドウェイの敗因としては、しばしば①偵察機の出発遅れ、②偵察情報の不正確、③魚雷→爆弾→魚雷と二転三転した兵装転換の不手際、④レーダーの未装備等が挙げられるが、実はこうした要素は(結果的に)余り重要ではなかった可能性がある。

兵装転換で空費した時間は一般に信じられているほど長くなく、その気になれば転換済みの機体だけ発進させても良かった。また、仮に偵察機の情報が多少早かったところで、南雲艦隊は早朝からずっと空襲を受け続けており、すぐに攻撃隊を出せる状態でもなかった。

ミッドウェイ基地からの航空攻撃が一段落した午前8時30分頃、一度だけ攻撃隊発進のチャンスが訪れたが、これはまさに究極の選択だった。

この時、「蒼龍」「飛龍」を擁する二航戦司令からは「直チニ攻撃隊発進ノ要アリト認ム」との意見があった。「赤城」「加賀」艦攻隊の一部は出撃できた。しかし、直前まで続いた空襲のため零戦が全て迎撃に上がっており、護衛に付ける戦闘機がない。

しかも、この時間帯はちょうどミッドウェイ島から第一次攻撃隊が帰投してきた時刻と重なっており、さらに迎撃の零戦隊も燃料が乏しくなりつつあった。

仮に一部だけで攻撃するとしても、格納庫の攻撃機を飛行甲板に上げて発進するまで、30分から1時間はかかる。その間は空母の飛行甲板が塞がるので、帰投した攻撃隊と上空の零戦を収容できない。

攻撃隊の発進を強行すれば、上空で待機中の帰還機に相当数の不時着が出ることを覚悟せねばならないし、有力な敵機動部隊に対し戦闘機の護衛なしで攻撃隊を出撃させるのは自殺に等しい。

この状況下で「直チニ攻撃隊発進」という決断は一種の蛮勇といってよく、これでもし失敗すれば人殺し呼ばわりされたことは間違いない。南雲長官も源田参謀も、基本的には部下想いの常識人なので、初めからこんなリスクを取るつもりは無かっただろう。

結局、南雲司令部は「帰投機を収容後、全力で攻撃」という無難な判断を下した。

まず、旗艦「赤城」が午前8時37分から帰投機の収容を開始し、全艦が収容を終えたのは午前9時18分。その直後、攻撃隊を飛行甲板に上げる前に「ホーネット」の雷撃隊が現れ、攻撃隊の発進はまたもお預け。

その後南雲艦隊は断続的に「エンタープライズ」「ヨークタウン」雷撃隊の攻撃を受けたので、攻撃機群は格納庫内で1時間以上「待ちぼうけ」を食わされる破目になり、そのまま午前10時20分からの「運命の5分間」を迎えることになる。

その後の戦闘

母艦への攻撃は阻止できなかったが、上空直衛の零戦隊は直ぐに態勢を立て直し、爆撃を終えて退避する「ドーントレス」に襲い掛かった。

「ドーントレス」隊の損害は大きく、攻撃に参加した「エンタープライズ」所属の30機のうち、母艦に収容できたのは16機のみ。もっとも、損害の中には燃料切れや損傷による不時着機もあるから全部が撃墜ではないが、大きな損害を与えたことには違いない。

一方、4日の昼までに行われた防空戦で、零戦は合計12機が撃墜されている。ミッドウェイ島攻撃隊の損失2機を加えれば、合計14機の喪失となる。

ただし、この損害の中には味方の対空砲火によるものが数機含まれているので、空中戦での正確な喪失数は分からない。おそらく、3〜4機が「ワイルドキャット」に墜とされ、さらに数機が爆撃機の防御機銃で撃墜されたと思われる。

4日の昼以降は、1隻だけ残った「飛龍」が二波の攻撃隊を放ち、それぞれ6機、5機の零戦がこれを護衛した。この護衛隊は米機動部隊の上空で多数のF4F「ワイルドキャット」と交戦、無勢ながら敢闘して攻撃隊の突破に貢献した。

夕方には米空母の再反撃があり、これで「飛龍」も致命傷を受けて日本側空母は全滅してしまう。このとき上空警戒の零戦は3機の「ドーントレス」を撃墜して意地を見せた。

総合すると、6月4日の戦闘全体で、零戦は20機前後の損害で約100機の米軍機を撃墜または撃破したことになる。この一日だけでも零戦は「名機」を名乗る資格があるだろう。

両軍の航空機損失

ミッドウェイ海戦は、米軍機にとって実に苦しい戦いだった。

空母搭載機に限っても、TBD「デバステーター」はほぼ全滅、SBD「ドーントレス」は戦闘と事故で32機を失った。このほかF4F「ワイルドキャット」の1個飛行隊が丸ごと燃料切れで不時着水するなど米軍の自滅もあり、全作戦を通じた艦載機の喪失は約70機とされている。パイロットの死傷者数も膨大だった。

一方、日本側は4隻の空母と搭載機が全滅。しかし幸いにも、パイロットの大部分は救助されて生還している。

そのため、日本海軍は残った「翔鶴」「瑞鶴」を中心として、比較的早い段階で機動部隊を再建することができた。

とはいえ、空母4隻の喪失は余りにも痛かった。

飛行機は数ヶ月で補充ができるが、空母の建造は急いでも3年はかかる。そして、ミッドウェイで失われた空母4隻・270機の機動兵力は、今までの「攻勢の優位」を支えてきた中核だった。

当時、海軍にはこれに代わり得るまとまった戦力はない。空母戦力の喪失は、日本が太平洋における「攻勢の優位」を失ったことを意味していた。

ミッドウェイの戦訓

ミッドウェイ海戦の敗戦は日本海軍に多くの戦訓をもたらしたが、その中には零戦が深くかかわっているものも多い。代表的なものは以下のとおりである。

【直衛戦闘機の運用】

上空の戦闘機隊に対して迎撃目標の指示・変更を迅速に伝達するため、無線電話の活用が必要であることが確認されている。単一の目標に対して直衛機が過度に集中しすぎないように、空中指揮を適切化する必要性も指摘された。

また、複数の高度から来襲する敵機に備えるため、直衛機を高度6000m、3000m、1000mの3段配備とし、上層の配備を厚くすべきであると提案された。

さらに、装備面では20㎜機銃の弾数増加の必要性が強調されている。

【無線電話の改良】

第一航空艦隊司令部からの所見では、無線電話は雑音が多くて役に立たなかったとしつつ、その原因は、厳しい無線封止下で「咄嗟使用」するためだと述べている。機械的に聞こえないというより、事前に無線機の調整をしていないことが問題だったようだ。

また、空母「蒼龍」からは、少なくとも旗艦の艦上には戦闘機出身の指揮官を置いて上空直衛機を指揮すべきとの提案があった。「赤城」の所見は、艦隊直衛機は電話を主用すべしとした上で、無線通信を円滑化するため周波数帯を余り細分化すべきでないとしている。

これらは、いずれも無線電話が使用可能であることを前提にした内容である。

無線指揮の不備については、とかく無線機の性能ばかり責められる傾向にあるが、この記述を見る限り、運用上の問題が大きかった可能性を考慮する必要がありそうだ。

【対空見張りの強化】

セイロン島作戦以来の課題であり、電探の装備、双眼鏡と見張り要員の増加などが提案されている。敵機の早期発見は、上空直衛機の迎撃時間を確保するために絶対に必要な要素であった。

【対空砲火の改善】

高角砲の弾着が極めて不正確で、目標から1000〜2000mも外れていたと酷評された。機銃は移動目標に対する修正照準（リード）量が甘く、弾丸は敵機の尻ばかり追っていたようだ。このため、空母の至近距離まで敵機を追跡した零戦に味方の弾が命中するケースが続出しており、味方の対空砲火による戦闘機の被害防止が重要課題とされた。

新戦法「サッチ・ウィーブ」

本題からは少しそれるが、ミッドウェイ海戦には、一人の重要人物が参戦していた。その名はジョン・サッチ。6機の「ワイルドキャット」部隊を率いて空母「ヨークタウン」から出撃し、壊滅した「第3雷撃飛行隊」の護衛をつとめた戦闘機乗りだった。

彼は独自の理論に基づく編隊空戦法を編み出しており、これをミッドウェイ海戦で初めて実践した。「サッチ・ウィーブ」と呼ばれるこの戦法は、その後全米軍に定着し、現在でも戦闘機の基本機動の一つとなっている。

「サッチ・ウィーブ」は、高度差を利用した「一撃離脱」戦法や、単に2機を一組とする編隊空戦法とは全く別のものである。「ウィーブ」は基本的に防御機動であり、圧倒的に不利な状況で生き残るための方法として考案された。

「ウィーブ」には様々なバリエーションがあり、2機編隊×2で行う場合もあれば、1機ずつの2機一組で行ってもよい。共通しているのは、左右のペアが互いに交差するように旋回することで、重なり合う飛行軌道が「機織り（weave）」に似ているので「ウィーブ」と呼ばれている。

この機動を行う場合、ペアは互いに十分な距離（少なくとも数百m）をとって左右に散開する。十分な距離をとるのは、お互いの死角をカバーし合うためであり、同時に敵機に反撃するためにその距離が必要だからである。

ペアの一方が敵機に後ろを取られた場合、これを発見した側の機（カバー機）がもう一方（退避機）に向って内側に旋回する。ペアは常に僚機に気を配っているので、すぐにこれに気づき、これが退避の合図となって奇襲を防ぐ。

敵機に狙われていることを知った退避機は、カバー機と交差するように内側に旋回。スピードが乗った戦闘機は咄嗟のコントロールが困難なので、退避機の旋回により敵機は射撃機会を失う。

ペアは向かい合う形で旋回しているので、そのまま いけば正面からすれ違う。このとき、敵機が退避機を追尾していれば、カバー機は照準器にこの敵機の背面を捉えることができる。

もし敵機が追尾を諦めて別の機動に移っている場合、カバー機はその初動を横から狙える位置にあり、短時間ながら有効な射撃機会がある。

カバー機からの射撃は相当難しいが、仮に当らなくても敵機が回避のために旋回すれば離脱のチャンスが得られる。敵機があくまで追尾を続ける場合、ペアは一度すれ違って距離をとった後、再び内側に旋回を切り返して同じ機動を続ける。

これは攻撃側から見るとなかなか厄介な戦法で、死角を利用して接近できないため有効弾を送るのが難しい。旋回して逃げるターゲットを無理に追尾すればカバー機の弾幕に突っ込んでしまうし、そのまま前へ出たり、態勢を整えるため上昇しようとすると横合いから撃たれる。反対方向に離脱すれば後ろを取

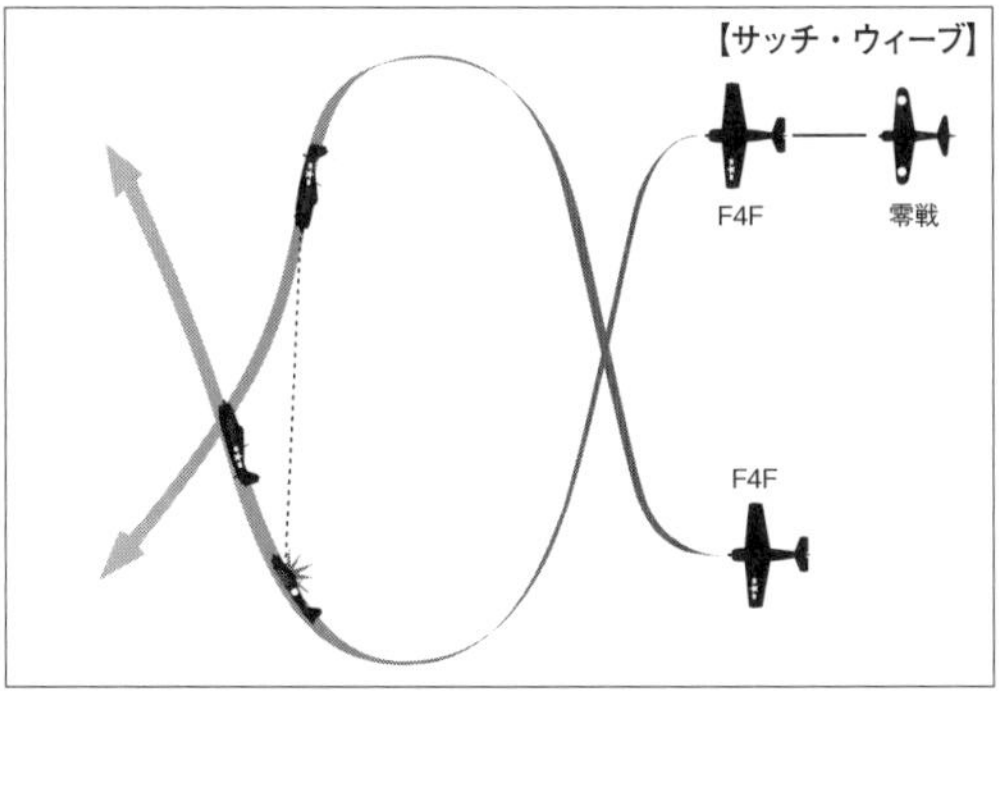

られるし、降下すれば高度の優位を失う。

機体の性能差にかかわらず、火力と弾数さえあれば常に実施できる点もこの戦法の強みだ。同じ戦術で対抗しようにも、火力と弾数を削って飛行性能を磨いた零戦では真似ができなかっただろう。

サッチは、この戦法を実戦で試すために敢えて「ワイルドキャット」隊を4機と2機に分離した。サッチ隊の4機は、最初に優位高度から多数の零戦に襲われて1機を失い、さらに1機が被弾したものの、「ウィーブ」を駆使して見事に包囲を離脱し、帰還した。

この日、サッチ自身は零戦3機を撃墜したと報告したが、この撃墜戦果のうち一部は事実のようである。「ウィーブ」戦法の有効性が初めて証明された戦闘だった。

米軍に鹵獲された零戦

ミッドウェイ作戦とともに、並行して行われた日本軍の「アリューシャン作戦」は零戦の歴史にとって大きな転換点となった。

昭和17年6月、小型空母「龍驤」の搭載機はミッドウェイ作戦の陽動としてアリューシャン列島の小島を攻撃した。そして、その中の1機の零戦（古賀忠義一飛曹機）が被弾し、母艦に帰れなくなった。このような事態に備えて、付近の海域にはパイロット救助を任務とする潜水艦が待機している。被弾機は無人島に不時着し、潜水艦の救助を待つ手筈だった。

古賀機はかねての打ち合わせ通り、「アクタン島」と呼ばれる無人島に向って降下し、平らな地面に不時着しようとする。しかし、上空からは草原に見えた不時着点は、実は寒冷地特有の湿地帯だったので、零戦は泥濘に脚をとられ、地上でひっくり返ってしまった。

パイロットが頸の骨を折り即死したため、機体の破壊処分は行われなかった。

米軍がこの墜落機を発見したとき、零戦は半ば湿地に埋まり、一部が破損していた。偵察隊は一応これを司令部に報告したが、とても飛行できる状態には見えなかった。しかし、米軍は非常な努力をもって墜落機を回収し、破損箇所を復元して飛行可能な状態に仕立てあげる。この零戦は初期型の「21型」で、復元後にサンディエゴの飛行場に運ばれて徹底的にテストされた。

テスト飛行では、零戦の飛行性能や操縦特性について様々な角度から検証が行われ、米軍機との比較試験が繰り返し実施された。そしてその結果は、1942年の12月に1通の報告書にまとめられ、参考資料として各飛行隊に配布された。

その概要は以下のとおりである。

【全般】

・零戦は翼面荷重が低いため、操縦性において現用の全米軍機に対して優位にある。

・零戦と戦闘する場合は、計器指示で300mph以上の速度を維持すること。

・零戦に対抗する戦術の立案にあたっては、以下の2点を考慮すること。

①零戦は高速域でのロール性能が低い。

②零戦のエンジンはマイナスG環境では運転を継続できない（筆者注：この点は試験機の復元ミスによる誤認である可能性がある）。

・零戦のエンジンは比較的良好な高空性能を持つ。その過給器は、高度16000ft（約4900m）まで最適の吸入圧を維持することができる。

【対策】

・零戦とはドッグファイトをしないこと。

・零戦の真後ろに付いた場合を除き、計器指示300mph以下の機動を避けること。

・低速での急上昇には追随しないこと。零戦が宙返りをする間に我が戦闘機は失速し、背後から攻撃される。

・零戦の最大の弱点は、高速域でのロール機動の鈍さである。

【飛行特性】

・零戦の良好な操縦性が維持されるのは計器指示300mphまでである。この速度を超えると、旋回の切り返しは事実上不可能となる。

・零戦のズーム機動（余力上昇）は非常に優れている。初速にもよるが、ズームにより1500ftから2000ftの垂直上昇が可能である。

【F4Fとの比較】

水平速度、上昇率、上昇限界高度において零戦がF4Fを上回る。

急降下性能はほぼ同等。旋回性能は遥かに零戦が優れている。

本機が零戦に対抗するには、基本的に複数機による相互援護によるほか、防弾装備、高速での急機動等を活用する必要がある。

高速でのロール性能ではＦ４Ｆが優れているので、これを活用して優位に立つことも可能である。

【Ｆ４Ｕとの比較】

水平速度、降下速度についてはＦ４Ｕが遥かに優れている。

上昇力は、高度２００００ft以上ではＦ４Ｕが優れる。５０００ft以上２００００ft未満では、条件にもよるが零戦がやや優れる。但し、Ｆ４Ｕが高速を維持しつつ上昇した場合、零戦はこれに追随できない。

零戦との戦闘においては速度の優位を最大限に生かし、奇襲を受けた場合は高速のロール機動で振り切ること。

低速旋回や中高度域での低速上昇は避け、有利な高度に達するまで速度を維持しつつ上昇を続けること。高度１９０００〜２００００ftまで上昇すれば、Ｆ４Ｕは性能の優位を生かして自由な攻撃位置をとることができる。

【Ｐ－38との比較】

最高速度、加速力はＰ－38が遥かに優れる。

高度１５０００ftまでの上昇力は零戦がやや上回り、２００００ft以上ではＰ－38が逆転する。

操縦性は計器指示３００mphまでは零戦が、その後はＰ－38が優れる。この速度以上では、零戦はＰ－38の切り返し機動に追随できない。

これを見れば明らかなように、米軍は零戦の最大の弱点である「高速運動性の欠如」を明確に認識しており、この点を徹底して突くように指示している。零戦の操縦性が優秀なのは低速域に限られ、最大の強みである上昇力も高度5000m以上では鈍ってくる。

したがって、米軍機が取るべき道は、とにかく速度の落ちる操作や低速域での戦闘を極力避け、最高速度と高速域での運動性、機種によっては高空性能の優位を生かすことである。

そのため、できるだけ急旋回や急上昇をせず、逃げる敵は追わず、不利な態勢では空戦に入らないことが肝要になる。これだけだと単なる「逃げ腰」と紙一重だが、そこは用兵でカバーする。

ここで注意すべきなのは、米軍は「不利な態勢で戦うな」と指示しているのであって、決して「零戦と正面から戦うな」とは言っていないことだ。

空中戦のやり方は、何も「ドッグファイト」だけではない。複数機で死角をカバーし合いながら戦えば、必ずしも敵機の尻ばかり追う必要はない。

「300mph」の速度を維持しながら戦えば、零戦は身動きが取れないのである。

第6章　戦果確認の落とし穴——ガダルカナル

ミッドウェイからガダルカナルまで

ミッドウェイで惨敗を喫してからも、日本軍は依然として太平洋で攻勢をとり続けていた。開戦以来続いてきた、勝ち戦の惰性が残っていたのだ。

日本海軍は、つい1ヶ月前まで連戦連勝の勢いに乗っていた。

それまでは、とにかく前進し続けさえすれば勝つことができ、同時にその前進速度を維持することが勝利の要件だった。

作戦室の海図の前では、参謀達によって景気の良い進攻作戦が気軽に立案され、大部分はそのまま裁可されていった。

こうした一連の攻勢計画の柱として提唱されたのが、「米豪分断」という発想である。

北部オーストラリア（豪州）が連合軍の策源地となることを避けるため、東部ニューギニアとその先に連なる「ソロモン諸島」を制圧し、可能ならばその先の「フィジー・サモア諸島」まで攻略して、米本土と豪州の交通線を遮断するという計画だった。

これらの計画のうち、東部ニューギニアの制圧とは「ポートモレスビー」の攻略つまり「MO

作戦」であり、昭和17年5月の珊瑚海海戦はこの過程で起こった。珊瑚海での戦闘によりMO作戦は延期されたが、中止された訳ではなかった。

フィジー・サモア諸島の攻略作戦はミッドウェイ作戦の失敗により中止され、結局、MO作戦とその側方支援としてのソロモン作戦のみが継続されることになった。

このMO作戦及びソロモン作戦の拠点となったのが、ニューギニアの東に浮かぶニューブリテン島の「ラバウル」基地である。

昭和17年の春、ポートモレスビー攻略支援のため、ラバウルの飛行場に海軍の航空部隊が前進してきた。戦闘機隊の一部が蘭印方面の防空のために残置されたので、ラバウルに進出した零戦は稼動機数で30機程度。他には陸攻と哨戒機が若干いるだけだった。

さらに、その後ニューギニア東岸の「ラエ」と「ブナ」にも前進基地がおかれたが、これは基地というより「草原の中に掘っ立て小屋があるだけ」といった方が正確で、滑走路らしきものが1本ある以外にはほとんど何もなかった。

数ヶ月の間、これらの基地からは連日のようにポートモレスビーに対する攻撃が反復され、連合軍も反撃の爆撃機を繰り出して熾烈な航空戦が展開された。

攻撃隊を護衛して出撃した零戦隊は、ポートモレスビー上空でかなりの戦果を挙げた一方、防空戦では基地の施設や早期警戒網が整っていないため、しばしば奇襲を受けて貴重な機材を地上で破壊されることが多かった。

本来、地上の飛行機を分散隠匿するための引込み誘導路や、機体を爆弾の破片や銃撃から防護する掩体《えんたい》は飛行基地に不可欠なものだが、あまりに急速に基地を前進したために工事が間に合わない。対空火器が極度に不足しており、前進基地の飛行場では敵襲があっても対空砲による有効な反撃ができなかった。さらに、滑走路の整備状態が悪いため離着陸時にしばしば事故が発生して機材やパイロットが失われた。

零戦は空中での優位を保っていたが、上記のような勿体ない損耗が重なったことに加え、機体の生産が進捗せず補給は滞りがち。海軍はラバウルの戦力増強を急いだが、実動機数は一向に増加しなかった。

『戦史叢書』によると、昭和17年8月7日時点でのラバウル所在兵力（稼動）は零戦39機、陸攻32機、艦爆16機、哨戒機6機の合計93機。ほかの前進基地にある若干の兵力を除けば、事実上、これが「米豪分断作戦」に投入しうる全兵力であった。

ガダルカナルに米軍上陸

南太平洋方面の連合軍艦隊はフィジー・サモア諸島の泊地を根拠地としていた。その動静を監視するための哨戒基地として、日本軍はソロモン諸島の南端にある小島「ツラギ」を占領した。

ツラギには海軍の飛行艇基地が置かれ哨戒任務についていたが、この基地はしばしば米軍機の空襲を受けた。海軍はツラギの防空を行う必要性を感じたが、陸地が小さすぎて飛行場の造成ができない。

ツラギの対岸には比較的大きな「ガダルカナル島」があり、その北岸に大規模な飛行場適地が確認されたので、海軍はここに航空基地を造成することにした。

7月上旬に上陸した設営隊は早速工事を開始し、8月には小型機が運用可能な滑走路が出来上がりつつあった。ところが昭和17年8月7日、米軍の大部隊が突然ツラギとガダルカナルに上陸し、両島を占領してしまった。

ガダルカナルにいる日本軍の過半は設営部隊のため戦闘力は微弱で、奥のジャングルに退避して救援を求めてきた。完成したばかりの飛行場は、戦わずして米軍の手に落ちた。

実は、日本側も事前の通信諜報により、米本土を発した大船団がこの方面に向かいつつあることを摑んでいた。上陸に先立つ8月4日、大本営海軍部は各部隊に警報を発したが、ソロモン方面を預かる第八艦隊の司令部では、これはポートモレスビーに対する増援船団であろうと判断していた。

当時はMO作戦のまっ只中であり、ガダルカナルは単なる哨戒基地程度にしか考えられていなかったのだ。誰も、このような辺境の小島に対して米軍の本格的上陸があるとは予想していなかった。

司令部では「単なる威力偵察ではないか」という意見も強かったが、上陸のタイミングから見れば本格的な反攻作戦の可能性もある。

米軍の意図は分からないが、いずれにせよ敵艦隊を撃滅する好機であり、救援を求める守備隊を見殺しにする訳にもいかない。まずは上陸船団を叩き潰し、陸軍部隊をガダルカナルに送り込んで飛行場を奪還することが決定された。

こうして、有名な「ガダルカナルの戦い」の幕が切られた。ガダルカナル島とその周辺の「ソロモン諸島」を巡る一連の争奪戦は、その後昭和18年の末まで、実に1年半近くも続くことになる。

陸戦もあり、水上艦同士の死闘もあったが、何といっても主役は航空機だった。ラバウルからガダルカナルまでの距離は遠く、約560浬（約1000㎞）もあるのだ。この時代には、すでに海戦にせよ陸戦にせよ、制空権なしには勝利は得られなくなっていた。

1年半の間、ソロモン諸島の空では連日連夜にわたり無数の航空戦が繰り広げられたが、これはまさに総力戦であり、凄まじい消耗戦となった。

昭和17年8月から昭和18年いっぱいの間、日本海軍はその航空兵力のほぼ全てをこの方面に投入し続けることになるが、ついに勝利を得ることはできなかった。

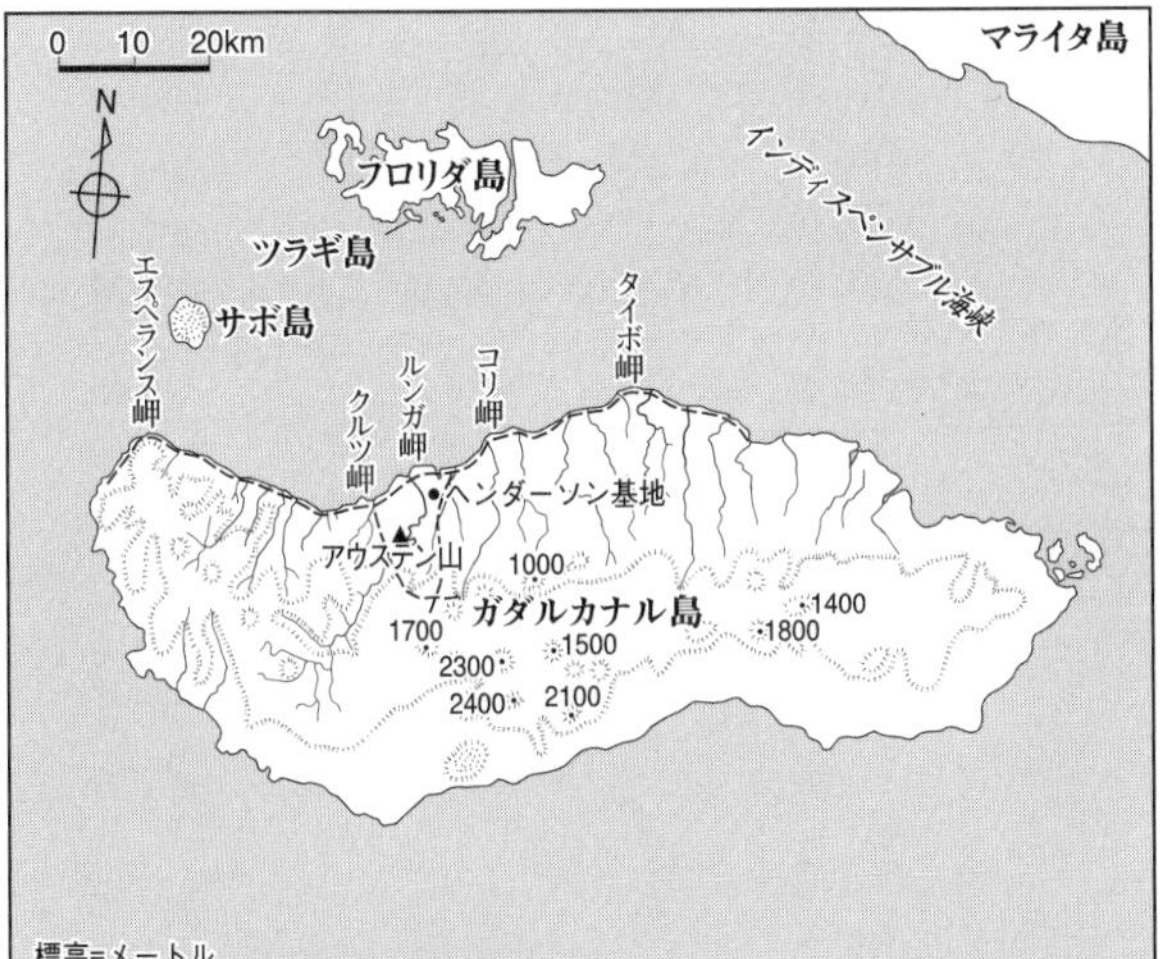

ガダルカナル島とその周辺図

ガダルカナルへの第一撃

米軍がガダルカナルに上陸した8月7日の朝、ラバウルの海軍航空部隊（第五空襲部隊）はちょうど東部ニューギニアの「ミルン湾」方面への攻撃を準備中だった。目的が地上施設の爆撃であるため、攻撃機の装備は全て陸用爆弾である。

即座に27機の「一式陸攻」が陸用爆弾装備のまま飛び立ち、これを17機の零戦が護衛して出撃する。3時間余りの飛行の後、編隊はガダルカナル上空に到着したが、第一目標であった敵機動部隊は見当たらない。かわりに彼らを出迎えたのは、米空母群を飛び立ったF4F「ワイルドキャット」部隊であった。

当時、この海域には米空母3隻を基幹とする機動部隊が上陸支援にあたっており、日本軍機の襲来を早い段階でキャッチして迎撃態勢を整えていた。

ラバウルからガダルカナルに至る1000㎞の航程にはソロモン諸島の島々が無数に連なっているが、その半分ほど行ったところに「ブーゲンビル島」という大きな島があり、米軍はそこに監視員のネットワークを置いて情報収集をしていた。

攻撃隊のブーゲンビル島通過からガダルカナル到達まで90分以上かかるため、米軍は十分な余裕をもって日本軍の空襲を探知し、迎撃機を発進して待機させることができる。

もちろん、最終的には艦船や基地のレーダーで攻撃機の位置と高度を判定し、上空の戦闘機を無線誘導して迎撃することになるが、問題はここにあった。

この日の空襲では、やや離れた位置から空母「サラトガ」「ワスプ」「エンタープライズ」が戦闘機を発進させ、船団護衛部隊の旗艦である重巡「シカゴ」がこれを誘導した。態勢的には米軍が圧倒的に有利のはずだが、結果は意外なものだった。

周りに島（つまり山）ばかりの地形が災いしたのか、「シカゴ」のレーダーは日本機が至近距離に接近するまでこれを探知できず、せっかく上空にいた戦闘機も迎撃配置につく時間的余裕がなかった。

指揮班の誘導にも問題があったようで、実際に交戦空域まで到達した「ワイルドキャット」の数はごく一部で、しかも陸攻の投弾には間に合わなかった。

さらに、この日の零戦隊は日本海軍きってのエースを揃えたベストメンバーだったので、巧みに「ワイルドキャット」の攻撃をかわして反撃に移り、これらを次々に撃墜していった。帰還した零戦乗りは46機を確実に撃墜したと報告し、実際その4分の1は真実（戦闘機9〜11機と爆撃機1機を撃墜、さらに各数機を撃破）だった。

零戦隊のスコアは、被弾により飛行不能となり戦場付近に不時着したものを「撃墜」にカウントするか否かで変わってくるが、10機以上の「ワイルドキャット」に致命傷を与えたことは確かなようだ。とはいえ、状況が状況なので日本側も痛撃を受けた。

「ワイルドキャット」の反撃で零戦2機が撃墜され、さらに帰還したパイロットのうち2名が負傷していた。

この負傷者の一人が「大空のサムライ」こと坂井三郎氏で、片目を失明して戦線から後退していった。もう1機は被弾して火災を起こしたが、消火に成功して還ってきた。パイロットは火傷を負っており治療が必要だった。

陸攻隊の爆撃はツラギ沖の上陸支援艦艇を狙ったが命中弾は無く、投弾後に駆けつけた「ワイルドキャット」に食いつかれて5機を失った。この5機はいずれも護衛の零戦が敵機と自由戦闘に入った後に撃墜されており、「戦闘機が空戦に夢中になって攻撃機から離れてしまう」という課題は相変わらずだった。

米軍から見れば、艦艇に損害なく攻撃機5機と零戦2機を撃墜したのだから、防空という意味では成功である。味方上空での戦闘ゆえ、撃墜された「ワイルドキャット」のパイロットも一部が不時着や落下傘降下で生還しており、人的損失は最小限に抑えられた。

しかし、米機動部隊はこの一日だけで、約100機あった「ワイルドキャット」のうち20機を失っていた（被撃墜以外にも不時着、事故、被弾大破等の損耗がある）。機動部隊を指揮したフレッチャー提督は、僅か数時間の戦闘で2割の戦闘機を消耗したことに脅威を感じた。

結局、フレッチャーは上陸部隊の援護を放棄して翌8日の午後までにこの海域を離脱してしまい、これが爾後の作戦に大きな悪影響を与えることになる。

その意味で、ガダルカナルへの第一撃は日本側にとっても勝利だったと言える。

困難な戦果の認定

7日の第一撃のあとも、ラバウルからの攻撃は続く。8日、9日と、立て続けに陸攻隊がツラギの敵艦船を攻撃し、零戦隊は各15機でその護衛にあたった。

すでに米機動部隊は戦場を離脱しつつあったので、米軍戦闘機はごく少数しか出現せず、2日間の攻撃で零戦の喪失は1機のみ。一方、陸攻隊の損害は甚大で、僅か2回の攻撃で20機が還らず、戦果も駆逐艦と大型輸送船各1隻の撃沈にすぎなかった。

陸攻隊の損害は大部分が8日の攻撃によるものである。米軍の戦史によれば、この日の陸攻隊は異常なほどの低空飛行（低いものは高度6〜7mという）で進入したとあり、この戦術が対空砲火の被弾率を高めたようだ。

敵艦の甲板と同じ高度で進入すれば、対空射撃は「二次元シューティング」となり、命中率は桁違いに高くなる。

陸攻のような大型機を超低空で直進させれば被弾しない方が不思議だし、10m以下の高度で対空砲火を浴びれば、致命傷でなくても至近弾の爆風や外れ弾の水柱にあおられてバランスを崩すだけで海面に突入してしまう。

もっとも、課題は雷撃術だけではなかった。この攻撃で一番の問題は、帰還した陸攻のパイロットが途方もない誇大戦果を報告したことである。

8日の攻撃では出撃した陸攻23機のうち18機が未帰還となったが、帰還した5機が報告した戦果は、なんと「重巡1、軽巡2撃沈、軽巡1大破、駆逐艦1轟沈、輸送船9隻撃沈、2隻大火災」という膨大なものだった。撃沈と大破だけで合計16隻だから、撃墜された機を含めてほぼ全機が雷撃に成功し、かつ命中していなければならない計算になる。

実際には、味方機が敵艦付近の海面に突入して炎と黒煙を噴き上げているのだが、命からがら帰還したパイロット達は、多くの戦友を一瞬で失ったショックに加え、余りにも惨めな敗戦を信じたくない（攻撃は成功したと信じたい）という心理的要因から、この光景を「僚機が突入した敵艦に魚雷が命中」したのだと信じようとする。

報告を受ける参謀は、こんな戦果があり得ないことは十分承知している。しかし、安全な司令部でぬくぬくとお茶を啜っていた人間が、決死の任務を終えて帰還した兵士に向って「そんな戦果、どうせ見間違いだ」などと言える訳もない。将兵の士気を鼓舞する意味もあり、パイロットの報告した戦果はほぼそのまま認定された。

この傾向はその後も継続し、現地軍の参謀達は、信じてもいない誇大戦果を次々に連合艦隊と大本営に報告した。そして、これが上層部の作戦指導を次第に盲目にしていった。

当然、上層部も報告を鵜呑みにしていたわけではなく、かなり割り引いて考えていたことは間違いない。しかし、実際にも報告の半分か、悪くても3分の1程度の戦果は期待していたはずで、まさか1桁割り引く必要があるとは考えていなかっただろう。

報告の半分でも事実なら、大きな損害にも見合う大戦果といえる。連合艦隊は、本当の戦果と損害のバランスを知ることが出来ないまま、ガダルカナルの泥沼に嵌まり込んでいった。

第一次ソロモン海戦と米軍の撤退

ラバウルの航空部隊がガダルカナルに第一撃をかけている頃、水上部隊もラバウルを出撃していた。これは重巡5隻を基幹とする強力な部隊（三川艦隊）で、敵機の空襲を受けるおそれのない夜間に高速でガダルカナルに迫り、泊地に突入して上陸船団を撃滅する計画だった。

三川艦隊は計画通り、翌8日の夜にガダルカナルに突入。当日昼の日本軍の空襲により船団の荷役作業は妨害され、多くの輸送船は物資の大部分を搭載したままだった。

泊地では1隻の輸送船が炎上しており、三川艦隊はこの火炎を目印として容易に泊地に進入することができた。さらに連合軍側の連絡の不手際もあり、攻撃は完全な奇襲となった。

まず、巡洋艦から発進した偵察機が敵艦隊の後方に次々に照明弾を投下。この「背景照明」により、連合軍艦船の姿が水平線に浮かびあがり、逆に日本艦の影は闇に消える。この時点でほぼ勝負は決まった。

三川艦隊の各艦は、混乱する連合軍艦隊に思うままの砲雷撃を加え、一方的な勝利を得た。日本側の被害は巡洋艦1隻が小破したのみ。連合軍艦隊は1万トン級の重巡4隻を撃沈され、さらに旗艦「シカゴ」と駆逐艦2隻が大破するという惨敗を喫した。

帰還した三川艦隊は、実際の約2倍程度の戦果を報告したが、これは乱戦では許容しうる範囲内の誤差である。第一次ソロモン海戦と呼ばれるこの戦いは、「米海軍が経験した中で最悪の敗戦」だとされており、大戦果には違いなかった。

膨大な被害に驚いた米軍は、すでにフレッチャーの機動部隊が戦場を離脱していたこともあり、翌9日には上陸を中止して船団を引き揚げる決断をする。

9日昼にはまだ船団の一部が残存していたが、翌10日にラバウルから出撃した航空部隊は、ガダルカナル周辺から連合軍艦船の姿が消えていることを確認した。

これを受けて第八艦隊司令部は、8日昼の航空攻撃による「大戦果」（これは幻だった）と、同日夜の三川艦隊の突入（こちらの大戦果は半分本物）により、概ね敵部隊を撃退したものと判断した。ガダルカナルに残存する米地上軍は敗残兵に過ぎないとみなされ、司令部の関心は従来からの懸案であるニューギニア方面に移った。

また、連合艦隊司令部も敵は撤退したものと判断し、ラバウルの戦力を再び東部ニューギニア方面に集中することを決定する。

連合軍艦隊が余りにもあっさりと撤退したことが逆に日本側の判断を狂わせ、また杜撰な戦果確認の問題点を覆い隠してしまった。

実はこのとき、ガダルカナルには約1個師団の大部隊が上陸を終えていた。しかし、先に人員を揚陸したところで上陸船団が撤退したため、物資の大部分は陸揚げできていない。食料は1ヶ月分に満たず、重火器も殆どない。日本軍の出方によっては、上陸部隊はたちまち飢えた敗残兵となってしまう——米軍にとって最も危険な一瞬だった。

失敗の始まり

ガダルカナル攻略部隊が撤退した9日から同島の飛行場に米軍機が進出してくる20日までの12日間は、上陸した米軍にとって最悪の期間だった。

この間、米軍の上陸部隊は飛行場の整備を行う様子が認められただけで、特に目立った動きをせず息を潜めているように見えた。日本側にはこれが「撤退準備中」と映り、さらに米軍を過小評価させることになった。そして、この絶好のチャンスに日本軍は「敗残兵」に対して攻撃をたたみかけることをしなかった。

米軍の撤退を知った翌日の11日、ラバウルの航空部隊は延期されていた東部ニューギニアへの攻撃を再開し、ガダルカナルの地上部隊に対しては偵察だけを行った。

飛行場の周りには人影がなく、揚陸物資の一部は海岸に積み上げられたまま。海岸には多数の小型舟艇が確認され、一部は対岸のツラギとの間を往復していた。これは、退路を絶たれた米軍がツラギ方面に脱出を図っているようにも見えた。

翌12日、陸攻3機がガダルカナルを強行偵察したが反撃はなく、飛行場を爆撃して引き揚げた。この陸攻には現地軍の参謀が同乗していたが、このときの「敵主力ハ既ニ撤退セルカ、撤退セントシツツアル感ジナリ」との報告は一層司令部を安心させた。

このためラバウルの航空部隊は、当面の間東部ニューギニア作戦に専念することとされ、零戦の半数はニューギニア東岸のラエ基地に進出した。ガダルカナル方面に対しては、潜水艦による威力偵察が行われただけで、水上艦による本格的な砲撃は実施されていない。

すでにガダルカナル方面には、ミッドウェイ島に上陸するはずだった精鋭「一木支隊」約2400名が差し向けられており、その先遣隊は駆逐艦に分乗して18日に同島に到着した。さらに後発隊が22日に、その後すぐに「川口支隊」約3000名が追加派遣される予定である。ガダルカナルの米軍が単なる敗残兵であれば、これだけの精鋭を投入すれば全く問題ないはずだった。

さらに、折よくその直前の16日、一時連絡が途絶えていたガダルカナル島守備隊から通信があり、敵の兵力は２０００名程度であると報告してきた。これが従来の敵情視察と合致することから、司令部は完全に楽観的になってしまった。

一木支隊の先遣隊約１０００名も敵兵力を過小評価して楽観しており、後発隊の到着を待たずに20日夜に飛行場に突入、翌日までに全滅してしまう。

米軍航空隊の進出

昭和17年8月20日は、日本軍にとって不吉な日だった。

まず、ガダルカナル島の南に米機動部隊の存在が確認された。守備隊からの通信により、ガダルカナル飛行場に敵の艦載機約20機が進出したことも分かった。加えて当日夜から翌日にかけて一木支隊が全滅し、上陸した米軍の戦力が予想以上に強大であることも判明した。

基地航空隊も水上部隊も、これでようやく本気になった。

このとき、「翔鶴」「瑞鶴」「龍驤」を基幹とする日本の機動部隊は内地から南方泊地に進出する途上にあったが、泊地への入港を中止してガダルカナル方面に急行した。この間の戦闘の模様は次の通りである。

21日昼、東部ニューギニア作戦から取って返した零戦隊が陸攻36機を護衛して米機動部隊への攻撃に向かう。結局目標は発見できず、零戦のみがガダルカナルに進攻し、上空の戦闘機と空戦を交えて全機が帰還した（米軍は「ワイルドキャット」1機被撃墜、さらに1機が被弾大破）。

21日夜、駆逐艦1隻が単独でガダルカナル泊地に突入し、警戒中の米駆逐艦1隻を撃沈。

22日、ラバウルから攻撃隊が出撃したが、上空の天候不良により攻撃中止。23日、ラバウルからの航空攻撃は再び天候不良により中止。日本機動部隊は付近の海域に到着。さらに駆逐艦1隻がガダルカナル泊地に突入して地上を砲撃。

このとき、22日に上陸する予定だった船団（一木支隊の後発隊が乗船）は、ガダルカナルに進出した敵機の空襲を避けて一時北方に退避しており、再び南下して25日には上陸を決行する予定だった。

上陸決行にあたり、船団は上空警戒機の派遣とガダルカナル飛行場の制圧を強く要望してきた。当初は基地航空隊にやらせるつもりだったが、ラバウルからの飛行機は悪天候に阻まれて一向に到達できない。期日まで、残された時間は1日しかなかった。

機動部隊の搭載機でガダルカナルを攻撃する方法もあるが、所在不明の敵空母と陸上基地を同時に相手にするのは危険で、下手をすればミッドウェイの二の舞となりかねない。

仕方なく、司令部は機動部隊から軽空母「龍驤」を分離して飛行場制圧に向わせ、主力は敵機動部隊に備えることとしたが、これが失敗だった。

このとき、「龍驤」は24機の零戦と9機の艦攻（主に哨戒用）だけを搭載して機動部隊に参加していた。ガダルカナルの飛行場がいかに弱体とはいえ、殆ど攻撃力を持たない空母で飛行場を制圧せよというのだから、どだい無理のある話である。

司令部としても無理は承知なので、「龍驤」は攻撃隊を発進後、その収容を行わず即北方に退避してよいと命ぜられていた。飛行機は陸上基地（ラバウルの南方に急速造成中の中間基地があった）に不時着させ、あとで母艦に収容すればよいとされたのである。

24日朝、「龍驤」は零戦6機、艦攻6機からなる第一次攻撃隊を、次いで零戦9機からなる第二次攻撃隊を発進させ、ガダルカナル攻撃に向わせた。その直後、日本の索敵機が敵機動部隊発見を通報したが、なぜか「龍驤」は搭載機を収容するため付近に止まり、米空母機の攻撃を受けて撃沈されてしまう。

攻撃隊は空戦で「ワイルドキャット」3機を撃墜したが、零戦2機と艦攻3機を失い、被弾により2機が不時着、残存機も母艦の沈没により不時着水して失われた。

一方、ガダルカナルに進出した米海兵隊機にとってはこれが初の大規模な空中戦となったが、零戦を相手に互角以上の戦いを見せたと言える。

第二次ソロモン海戦

「龍驤」が攻撃を受ける少し前、機動部隊の本隊はついに空母「エンタープライズ」「サラトガ」からなる米機動部隊を発見し、これに向けて攻撃隊を放っていた。

第一次攻撃隊の戦力は、零戦10機、艦爆27機。

護衛の零戦が少ないのは、ミッドウェイの戦訓から上空直衛機の数を増やしており、かつ「龍驤」を分離したために戦闘機の駒が不足したと思われる。

また、編成に艦攻が含まれていないのも特徴で、まず艦爆の急降下爆撃で敵空母の甲板と対空火器を破壊し、抵抗力が弱まったところを雷撃で止めを刺す計画であった。

米軍のレーダーは、この攻撃隊を88浬（約160㎞）の遠距離で探知した。これは、攻撃開始までに30分余りの時間的猶予があることを意味する。

当時上空にあった「ワイルドキャット」38機は態勢を整えて待ち構え、さらに甲板待機していた15機が次々に緊急発進して配備についた。その合計は53機に及び、護衛の零戦に対して実に5倍以上の数である。さらに、空戦能力のあるSBD「ドーントレス」艦爆も補助戦闘機として迎撃に飛び立った。

しかし、これだけの圧倒的優位にありながら、またしても米軍の迎撃は不首尾だった。米軍は無線通信の混乱と誘導の不備により、多くの「ワイルドキャット」が適切な迎撃高度を得られず、日本機の突入前に交戦エリアにいなかった。残りの迎撃機は艦爆隊に突入するが、護衛の零戦に足止めされて思うように接近できない。

そうこうするうち、「翔鶴」艦爆隊（18機）の大部分が米軍の迎撃網を突破して急降下に入った。この攻撃で「エンタープライズ」は3発の直撃弾を受けて火災を起こし、さらに操舵機故障の大被害。一方、「瑞鶴」艦爆隊（9機）は「サラトガ」とその護衛艦を狙ったが命中弾はなかった。

投弾を終えた艦爆は退避に入るが、ここでようやく追い付いてきた「ワイルドキャット」の追撃を受けて次々に火を噴いた。

結局、日本側は米艦隊上空を離脱するまでに零戦3機と艦爆17機を撃墜され、さらに零戦3機と艦爆1機が不時着するという大損害を受けた。

これに対し、米軍の主張した撃墜数は50機以上（「ドーントレス」艦爆隊の戦果を含む）。対空砲火による撃墜分を除くと、戦果の「膨張率」は約2・5〜3倍と推定されるが、これは当時の米軍の平均的な数値である。

「エンタープライズ」を討ちもらす

さらに、操舵の自由を失った「エンタープライズ」に後続の第二次攻撃隊（零戦9機、艦爆27機）が接近しつつあった。しかし、今度は日本側に無線通信のミスが出る。

攻撃隊の進撃中、母艦は敵艦隊の位置に関する最新情報を無線で伝える。この重要な通信を指揮官機が聞き漏らすか、あるいは誤受信していたのだ。

遠距離の無線通信では、電話ではなくモールス信号の電信を用いる。これを正確かつ確実に聞き取るには通信士の熟練が必要で、なかなか常に完璧とはいかない。

実は、この日も指揮官機以外の列機では正確に受信していた機が多数あったのだが、隊内で確認や注意喚起をしなかったために、正しい情報が指揮官に伝わらなかった。

結局、第二次攻撃隊は日没までに米艦隊を発見できず、そのまま帰路についた。その反転位置は、傷ついた「エンタープライズ」から僅か50浬（92・6㎞）の地点だったという。

この時の通信の混乱については、その後にまとめられた戦訓集で次のように指摘されている。

「重要電報ハ列機ヲシテ報告セシムル要アリ／敵ノ新位置ニ関スル電報ハ指揮官機以外ニシテ受信セルモノ多数アリタルニ関ラズ、之ヲ指揮官機ニ中継シ又解否ヲ確メタルモノナシ」

「隊内電話ヲ活用スルノ要アリ／今回殆ンド使用セザリシモ攻撃隊内部通信部署ヲ適当ニセバ大イニ活用ノ途アルモノト認ム」

一般に、当時の無線電話については今も昔も「雑音ばかりで聞こえない」という評価が通り相場になっているが、このように当時の戦訓集では、しばしば「使い方次第で聞こえる」という見解が示されている。同様のケースはミッドウェイ海戦の戦訓からも引用したが、本件はさらに直接的な記載となっており、注目に値する。

なお、実は米軍側にも同様のミスがあった。

米軍の偵察機が「翔鶴」「瑞鶴」の本隊を発見したとき、攻撃隊はすでに「龍驤」へ向った後だったため、母艦は急いで目標変更の電報を打電した。

しかし、やはり通信の混乱によりこの情報が攻撃隊指揮官に伝わらず、その結果日本艦隊の本隊は一度も攻撃を受けなかったのである。

1942年を通じて、米軍の無線指揮システムは上手く機能しておらず、戦うたびに通信関係の「大ポカ」が出て戦局に大きな影響を与えている。

ガダルカナルの長い夏

ガダルカナルの飛行場に米軍機が進出したことによって、ソロモン航空戦はいよいよ本格化することになった。この飛行場は、ミッドウェイ海戦で戦死した海兵隊の艦爆隊長（ヘンダーソン少佐）に因んで「ヘンダーソン・フィールド」と呼ばれた。

当初、ヘンダーソン基地の兵力はまだ少なく、稼動兵力はせいぜい戦闘機30機、艦爆20機程度にすぎない。それでも、陸兵を満載して付近をうろつく日本の輸送船を沈めるには十分な兵力だった。

第二次ソロモン海戦の焦点であった日本の増援船団は、25日昼にガダルカナルから出撃したSBD艦爆の攻撃を受けたため、上陸を中止して離脱を余儀なくされた。

ガダルカナル奪回のためには陸軍部隊の増援が必要であり、その船団を護るためにはヘンダーソン基地の飛行機を撃滅することが不可欠となる。米軍機の撃滅をめざし、ラバウルの全兵力が動員された。

昭和17年8月末から9月中旬の時点で、ラバウルにあった稼動兵力は零戦30～40機、陸攻約40機程度にすぎない。このほかに、付近のブカ基地に機動部隊から応援に来た零戦約30機があったが、いずれにせよ大きな戦力ではない。

この小兵力に鞭打って、ラバウルの零戦隊は連日ガダルカナルを目指して出撃していった。しかも、この戦いは米軍機との戦いだけではない。ラバウルのパイロット達は、南国の変わりやすい天候とも戦わねばならなかった。

前述したように、ラバウルからガダルカナルまでの距離は約１０００㎞もある。日本列島の東西一円が全て晴れ渡っていることが望み難いように、１０００㎞の航程を3時間も飛んでいれば、どこかで悪天候に出くわす可能性が高い。まして、ここは熱帯なのである。

さらに、せっかくガダルカナルまで到着したとしても、目標の飛行場上空が曇っていれば爆撃は不可能だから、そのまま引き返すしかない。この天候がいかに大敵だったか、当時の航空戦の実態を見てみよう。

8月20日に米軍機の進出が確認されて以降、ラバウルからは22日、23日、24日と3日連続で攻撃隊が出撃。しかし、いずれも天候不良で飛行場攻撃には失敗している。

続く25日に初めて飛行場の爆撃に成功（交戦なし）、翌26日は爆撃には成功したものの、出撃した零戦9機のうち3機と陸攻2機が撃墜された。この日の死者には、数少ない兵学校出身エースである笹井醇一中尉が含まれているが、これは逃げる米軍機を基地上空まで深追いした結果であったようだ。

ここまで連日の戦闘で、ラバウルにある零戦の稼動機が減少したため、空母の搭載機約30機を陸上に移して作戦が続行されることになり、この部隊は28日までにラバウル南方にある中間基地「ブカ」に到着して戦列に加わった。

28日にはガダルカナル攻撃が再開されたが、当日はまたしても天候不良で攻撃中止。

29日の出撃では零戦1機、陸攻1機を失いつつ、地上の敵機を捕捉して破壊した。

翌30日は厄日で、出撃した零戦18機中、指揮官機を含む8機が未帰還となる惨敗。

31日、9月1日も攻撃を反復するが天候不良で引き返し、9月2日は零戦2機を失った。

ここまで僅か3回の戦闘で、ブカの母艦零戦隊は進出機の約半数を喪失してしまっていた。8月末にラバウルに増援部隊が到着したこともあり、母艦機は9月3日をもってブカ基地を撤収し、母艦に収容された。

これ以降も攻撃は続けられたが、9月3日は悪天候により出撃できず、4日、5日は連続して目標上空に密雲があり爆撃不能。5日の攻撃では陸攻1機が撃墜された。

膨大な記録があるガダルカナル航空戦の全てを紹介することは出来ないが、最初の2週間だけでもこの戦いの特徴をよく示している。15日間のうち13回出撃して、そのうち天候に阻まれた日が8回。この間、少なくとも14機の零戦と4機の陸攻を失った。

零戦の出撃機数は、毎回10機前後から多くて20機程度。迎撃した米軍機も数機からせいぜい十数機程度が多く、小規模な戦闘が連続して行われたことが分かる。

被撃墜14機というスコアは一見少なく見えるかもしれないが、これは参加兵力自体が小さいからに過ぎない。両軍戦闘機の実勢力がともに概ね30機前後であることを考えると、これは非常に大きな損害である。

一方、この間の米軍機の損害（被撃墜）は零戦とほぼ同数か、せいぜい20機程度と見られる。米軍側も8月末に海兵隊の「ワイルドキャット」1個飛行隊（約20機）及び陸軍戦闘機1個飛行隊（14機）が増援されたが、被撃墜のほか地上撃破や被弾損傷による消耗が激しく、補充が追い付かないため稼動機数は一向に増えなかった。

地獄の三正面作戦

ガダルカナル島争奪戦が抜き差しならなくなってきた8月末、さらにラバウルのパイロット達を苦しめる事態が起こった。

かねてから計画されていた東部ニューギニアの要衝「ミルン湾」への上陸作戦が、今頃になって実行に移されたのである。

本作戦は陸軍の協力が得られなかったため、海軍はにわか仕込みの陸戦隊を自前で用意し、8月25日にこれを上陸させた。しかし、連合軍の抵抗は予想外に強力で、攻撃は早々に頓挫。陸戦隊は進むも退くもままならず、付近にあるラビ飛行場からの敵機に叩かれ続けていた。当然、陸戦隊はラバウルに救援を求めた。

さらに、この方面の主戦線であるポートモレスビー攻略作戦も継続していた。

海軍のモタつきを見かねた陸軍はすでに海路を諦め、4000m級のオーエン・スタンレー山脈（低いところは2000m程度）を無理やり乗り越えてポートモレスビーを目指している。悪路と戦う陸軍部隊を、ポートモレスビーの連合軍機から護らねばならない。また、食料弾薬を運ぶ輸送船の上空警戒も必要だ。戦闘機隊は、まさにてんてこ舞いの忙しさとなった。

このためラバウルの零戦隊は、ガダルカナル進攻作戦の傍ら、その半数を東部ニューギニア（ポートモレスビー及びミルン湾）方面での陸戦支援に充てねばならなかった。

航続距離の問題から、ニューギニア方面には新型の32型、いわゆる「二号零戦」が投入された。ガダルカナルは零戦21型の戦闘行動半径ギリギリのところにあったので、馬力強化で燃費の鈍った32型では帰りの燃料が不安だった。

そこで、距離的に近いニューギニア方面と船団護衛および基地防空を32型、ガダルカナル進攻を21型で役割分担することとされた。

前述したとおり、32型は戦闘機としては21型より一段進化した良い機体だった。しかし、使われ方が悪かった。

足りない手駒をやりくりするには、出撃回数を増やさねばならない。出撃回数を増やすには、基地は戦場に近い方がいい。ミルン湾作戦に参加する零戦は、ラバウルから東部ニューギニアの前進基地（ラエ、ブナ）に進出していった。

しかし、これらは基地とは名ばかりで、実態は「草原の中に掘っ立て小屋があるだけ」である。滑走路や機体の整備状態が悪く、敵機の奇襲にも無防備で地上損失が多かった。故障、事故、地上撃破で忽ち機材を消耗してしまい、進出した零戦隊は僅か数日でラバウルに撤退してきた。虎の子の新型機も、到着早々に多数を損耗してしまった。

このような悪条件の中で、零戦隊は連日のように出撃する。だがここでも悪天候の壁が立ちはだかり、あるいは連合軍機に逃げられて戦果は挙がらなかった。

9月の戦い

当初、ヘンダーソン基地上空での戦いは、双方の戦力が整わず小規模な戦闘に終始していた。両軍が戦力を増強し、本格的な航空戦が展開されるようになるのは9月末から10月にかけてのことで、9月中旬までは小康状態が続いた。

9月5日を最後に中断されていたガダルカナルへの攻撃は、9月9日から再開された。

9日から12日までの4日間、いずれも15機の零戦が25機程度の「一式陸攻」を護衛してガダルカナルに向った。4回の攻撃で陸攻隊は2機を撃墜され多数が被弾したが、零戦の被害は僅かだった。

11日、ヘンダーソン基地に空母「サラトガ」から1個飛行隊24機の「ワイルドキャット」が到着し、この頃から米軍機は積極的な空戦を挑んでくるようになった。

9月13日は、再び厄日だった。この日は川口支隊がヘンダーソン基地に突入する予定になっており、上空から攻撃の成否を確認するため、2機の偵察機を護衛して9機の零戦が飛行場上空に侵入した。この隊は不利な状況から「ワイルドキャット」に襲われ、偵察機を護った4機の零戦が失われた。

9月14日から約2週間の間は、天候不良により日本軍機の活動は封じ込められた。この間、ラバウル方面には2個飛行隊約30機の零戦が増派されてきた。

これにより、ラバウル方面の海軍航空兵力は9月20日時点で零戦71機、陸攻34機、艦爆5機、哨戒機7機に増加した。零戦71機のうち、ラバウルからガダルカナルへ直接攻撃が可能な21型は45機であった。

一方、この頃は米軍にとっても苦しい時期だった。

9月17日時点のヘンダーソン基地の稼動兵力は、増援部隊を含めても「ワイルドキャット」29機、SBD「ドーントレス」艦爆26機、TBF「アベンジャー」艦攻5機、陸軍のP－39「エアラコブラ」戦闘機3機（但し戦闘任務には使用不可）の合計63機まで減少しており、そのうち防空任務に就けるのは29機の「ワイルドキャット」のみ。

それだけに、9月中旬の悪天候によってもたらされた2週間の空白は、米軍にとってはまさに天の恵みであった。

本格的な消耗戦の始まり

戦力を整備したラバウルの日本軍は、天候が回復した9月末からガダルカナル攻撃を再開する。しかし、態勢を立て直したのは米軍も同じだった。ヘンダーソン基地には9月中にレーダー機材が据えつけられ、地上からの早期警戒と誘導が可能になっていた。

9月27日、零戦38機と陸攻17機がヘンダーソン基地を爆撃。飛行場に大きなダメージを与えたものの、「ワイルドキャット」の激しい迎撃を受けて陸攻全機が被弾、うち2機が撃墜された。零戦は1機を失い、撃墜報告は3機だけだった。

翌28日、零戦40機と陸攻25機で攻撃を反復。陸攻隊はほぼ全機が被弾、5機が撃墜されるという大損害を蒙った。零戦は4機が被弾しただけだが、空戦の戦果は奮わず8機の確実撃墜を報告したにとどまる。

迎撃した米軍機はさほど多数ではないから（おそらく30機程度）、この変化はおそらくレーダー誘導の効果が発揮され始めたと考えられる。

「40機もの零戦が付いていていながら、何としたことか……」

この損害は、ラバウルの司令部を慌てさせた。それまでは、幾つかの例外を除いて「一式陸攻」が敵戦闘機にポロポロ墜とされることは無かったからだ。

陸攻のクルーは1機あたり7人だから、7機では49人の大量死となる。乾坤一擲の雷撃任務ならばともかく、日常任務でやたらに消耗する訳にはいかない。

ラバウルでは早速、この大損害の原因について研究会が開かれた。その席上、戦闘機隊の戦い振りについて厳しい批判が行われている。要点を列挙すると、

①戦闘機隊の行動が遅く、また爆撃機編隊から離れすぎた。

②爆撃隊は全力での掩護を要望したのに、戦闘機隊はこれに対して消極的であった。

③「戦爆連合の意気込み」が欠如している。直掩の技術が未熟。

「掩護」という用語は、戦闘機が爆撃機編隊の近くに張り付き、爆撃機に接近する敵機を追い払う方法での護衛（一種のゾーン・ディフェンス）を意味する。これは爆撃機にとって有難い戦法だが、戦闘機からすると機動を制約され、自隊の損害が増える一方で撃墜戦果は減る（アクロバット飛行ができず、逃げる敵を追ってもいけない）。

したがって、一般に戦闘機隊は不自由な直掩任務を嫌い、敵機との自由戦闘、つまり制空任務を好む傾向があった。「戦爆連合の意気込み」がないと、直掩任務は務まらないのだ。

問題の2日間の攻撃も、約40機の戦闘機のうち大部分が自由戦闘を許される「制空隊」で、爆撃機に張り付く「直掩隊」は僅かしかいなかった。さらにその「直掩隊」すら、いざ敵戦闘機の襲撃を受けると各個に空戦に入り、爆撃機の側を離れる傾向があった。

「制空隊」が敵戦闘機を捕捉できればよいのだが、これも上手くいかない。当時の参謀のメモには、「最近米戦闘機ハ我爆撃機ノミヲ攻撃目標トシ退避、我戦闘機ノ相手トナラザル状況ナリ」

とあり、米軍機が態勢の優位を生かした一撃離脱戦法に徹していたことを指摘している。

この研究会の結果を踏まえ、翌日には新戦法が導入された。囮の陸攻で敵戦闘機をおびき出し、最後は戦闘機だけで進撃して敵を捕捉するという寸法だ。

9月29日、27機の零戦がターゲットを見失った米軍機に襲い掛かり、9機の確実撃墜を報告した。零戦の被撃墜は1機だった。

10月2日にも同じ戦法を試したが、この日の零戦隊は途中で分離し、陽動隊の陸攻ともはぐれてしまう不手際があった。それでも27機がガダルカナル上空に侵入し、待ち構えていた米軍機と交戦。この日に報告されたスコアは撃墜14機。零戦は1機が還らなかった。

新戦法の立ち上がりは上々で、零戦隊は翌3日にも同じ方法で3匹目のドジョウを狙った。しかしこれが失敗で、米軍機は空中退避して出てこない。痺れを切らした零戦が降下し、飛行場の銃撃を行おうとしたところを上空から襲われた。

零戦隊は27機のうち9機（うち1機は地上砲火）を失う惨敗を喫した。

巧みに逃げ回る米軍機

手痛い損害を受けた零戦隊は、暫く出撃を中断。さらに敵機動部隊出現の報を受けて攻撃待機に入ったので、ガダルカナルへの出撃は一休みとなった。

7日、ラバウルに零戦26機が増援され、稼動機は21型43機、32型36機に増加した。

戦力を立て直した8日以降、ラバウルの航空隊はガダルカナル攻撃を再開する。しかし、8日、

9日と天候に遮られて会敵できないまま時間が経過した。

11日、さきの新戦法がアレンジされた。まず第一波が囮となって敵機を誘い出し、第二波の爆撃機と護衛戦闘機がその着陸時を狙って進入する。上手く行けば、フィリピン作戦時の「クラーク・フィールド空襲」が再現できるはずだった。

しかし実際にやってみると、やはり米軍機は空中退避して出てこない。頼みの第二波は密雲に遮られて爆撃できず、戦果報告も3機撃墜のみだった。

当時、ガダルカナルの日本軍陣地には敵情視察のために航空部隊から将校が送り込まれていた。その報告によれば、この日の攻撃の模様は次のようなものである。

「敵ハ予メ我空襲企図ヲ察知シアルモノノ如ク本日ノ空襲前敵機ノ飛行セルモノ戦闘機（哨戒）三機艦爆四機（対潜哨戒）ノミニシテ第一次制空隊突入三〇分前ヨリ全機空中逃避ヲ企テタリ」

「逃避方向概ネ東方ナルモノノ如シ」

「第一次制空隊突入（一一〇〇）頃ヨリ漸次下層雲増加、攻撃隊突入時ニハ爆撃不能ノ状態トナレリ」

空振りでも、損害が小さいならヒットが出るまで続ければいい、と思うかもしれないが、そうはいかないのが実戦の辛いところだ。

上空が雲の防壁に護られている間、着々とヘンダーソン基地は強化されていた。

10月9日には海兵隊の1個戦闘飛行隊（「ワイルドキャット」24機）が増援に到着し、基地施設や対空火器も充実してきた。このままの状態がつづけば、ガダルカナルは難攻不落の要塞になってしまうだろう。

米軍機が基地の防衛を半ば放棄して戦力温存に努めているのに対し、日本側は陸上作戦への支援を優先して無理を重ねているので、不利な条件の戦いで損害が累積していく。

また、パイロットも米軍機に逃げ回られて焦りを感じており、空中戦の原則を無視して深追いをしがちで、死角から急襲されて不覚をとる事例が多々あったようだ。

南太平洋海戦

ガダルカナル戦が始まる前、米軍は南太平洋に「エンタープライズ」「ホーネット」「サラトガ」の3隻の空母を持っていた。さらに大西洋から回航されてきた「ワスプ」を加えて4隻が揃うはずだったが、直後の9月には僅か1隻に減ってしまった。

まず8月に第二次ソロモン海戦で損傷した「エンタープライズ」が離脱、続けて「サラトガ」が潜水艦の雷撃を受けて真珠湾に回航。さらに9月には「ワスプ」が潜水艦に撃沈され、残るは「ホーネット」のみとなった。

10月16日、ようやく「エンタープライズ」が修理を終えて真珠湾を出航、24日に「ホーネット」と合流してガダルカナル海域での作戦を開始した。

同じころ、日本軍の機動部隊もガダルカナルの陸軍部隊支援のために近海に進出して、米空母の出現に備えていた。

陸軍の総攻撃は24日夜と25日夜に行われ、これに呼応してガダルカナルに接近した両軍の機動部隊が交戦することになった。この南太平洋海戦は「エンタープライズ」と「ホーネット」が合流した直後のことだった。

日本側は大型空母「翔鶴」「瑞鶴」に軽空母「瑞鳳」を加えた第一航空戦隊を基幹とし、別働隊として第二航空戦隊の空母「隼鷹」が参加していた（「飛鷹」は機関故障で欠）。軽空母「瑞鳳」は珊瑚海で沈んだ「祥鳳」の姉妹艦で、やはり戦闘機を集中搭載して主力空母を援護する役割を与えられていた。

10月26日の朝、日米の機動部隊はほぼ同時に双方を発見、攻撃隊を発進させた。

日本側攻撃隊の戦い（第一次）

第一航空戦隊から飛び立つのは、零戦21機、艦爆21機、艦攻20機の合計62機。うち零戦9機が「瑞鳳」の搭載機である。

護衛の零戦は、当初25機が出撃する予定だったのだが、なぜか直前で「翔鶴」の4機が上空直衛に変更されてしまった。理由は不明だが、艦隊はその30分程前に米軍の哨戒機と見られる機影を確認しており、これを上空直衛の零戦が追跡中だった。

雲を利用して巧みに逃げまわる敵機に、上空直衛機がかなり手こずっていたので、「翔鶴」から増援を出すことにしたのかも知れない。

この米軍機は「エンタープライズ」を発した哨戒爆撃任務のSBD「ドーントレス」で、その後も零戦の追撃を逃れて飛び続け、第一次攻撃隊の発進が終わった直後、「瑞鳳」に500ポンド爆弾を叩きつけて去った。この1発の直撃弾により「瑞鳳」は発着艦不能となり、戦線から離脱してしまう。

しかも、この前後に「瑞鳳」の上空直衛機（零戦3機）が行方不明となり、「瑞鳳」艦上にあった9機を含めいきなり12機の零戦を失うことになった。「戦闘機専用軽空母」というポジションは呪われているのか、戦没した「祥鳳」「龍驤」に続いてこの日の「瑞鳳」も不運続きである。

ともあれ、無事に発艦を終えた攻撃隊は編隊を組んで米艦隊を目指した。そのまま一丸となって突入するはずが、またしても「瑞鳳」隊に問題が発生した。

進撃の途中、ちょうど味方艦隊に向う「エンタープライズ」の攻撃隊とすれ違った際、「瑞鳳」零戦隊はこれを見逃すことができず、編隊を離脱して攻撃に移ってしまった。

「エンタープライズ」隊は19機いたが、「瑞鳳」隊の9機は優位の高度から奇襲に成功して戦闘機と雷撃機それぞれ3～4機ずつを撃墜。ごく短時間の戦闘でほぼ一人一殺だから、「瑞鳳」隊は相当の腕利き揃いだったと見える。

零戦隊が弾丸を撃ち尽くしたところで、空中戦は終わった。

「瑞鳳」隊は単独で帰路についたが、母艦に帰投したのは5機のみ。2機が撃墜され、さらに2機が行方不明となっていた。

空戦開始時の態勢で日本側が圧倒的優位にあったこと、対戦した米軍機の撃墜報告が控えめなことを考えると、行方不明の2機は帰路に遭難したのかも知れない。航法士のいない戦闘機が単独で洋上飛行するのは、かなり危険なことなのだ。

しかも、これによって攻撃隊を護る戦闘機は僅か12機となり、当初予定の25機からは半数以下に減ったことになる。戦闘機隊が自由戦闘を好んで爆撃機から離れる事例は再三報告され、かつ戒められているが、この傾向はまだ根強く残っていた。

度重なるアクシデントで護衛機の減った第一次攻撃隊は、発進から約2時間後に米機動部隊を捉えた。この時、米機動部隊は2隻の空母がそれぞれ1隻ずつ、10浬ほど離れた位置に別々の輪形陣を作って航行していた。

日本機が視界に捉えたのは「ホーネット」隊で、「エンタープライズ」隊がスコール雲に隠れていたため攻撃は「ホーネット」に集中した。

日本機が攻撃を開始したとき、直衛の「ワイルドキャット」38機が上空にあり、これらは「エンタープライズ」のコントロール・センターで統一指揮されていた。

しかし、今回も米軍の迎撃態勢は乱れた。

日米の攻撃隊の針路が交錯しており、かつ「瑞鳳」隊との交戦空域がごく近かったために、「エンタープライズ」のレーダーは目標の敵味方識別に手こずり、貴重な時間を空費してしまった。

敵味方識別を終えたコントロール・センターが戦闘機の誘導を開始したのは、日本機が突入する僅か10分余り前。その距離は45浬まで接近していた。

まず、21機の艦爆隊が高度17000ftで突っ込んできた。多くの「ワイルドキャット」は迎撃に適切な高度を得られず、有効な戦闘が行えなかった。

迎撃位置についた一部の「ワイルドキャット」がこれを阻止しようとするが、ここに数少ない零戦が割って入り激しい空中戦となる。

艦爆隊は攻撃前に数機を撃墜されただけで、大部分が「ホーネット」に向けて急降下し、3発の直撃弾と数発の至近弾を与えた。

一方、やや遅れて低空進入した20機の「九七艦攻」は、攻撃前に「ワイルドキャット」に食いつかれてかなりの損害を出した。ある米軍パイロットは、この時だけで5機の「九七艦攻」を撃墜したと主張しており、相当数が魚雷を投下する前に撃墜されたと思われる。それでも雷撃隊は2本の魚雷を「ホーネット」に命中させ、同艦を航行不能に陥れた。

この戦いで、日本側は零戦3機、艦爆12機、艦攻10機、合計25機の未帰還機を出した。さらに帰還機のうち零戦2機、艦爆5機、艦攻6機が着艦できずに着水し、母艦に収容されたのは20機(「瑞鳳」の零戦5機を含む)だけ。護衛の零戦隊は「ワイルドキャット」18機の撃墜を報告したが、米軍の記録から確認できる撃墜数は3機のみである。

護衛戦闘機が少なかったせいもあるが、日本側攻撃隊の損失は余りにも多い。特に、大部分が突破に成功したはずの艦爆隊が12機も失われているのは奇妙で、このあたりの事情は依然として謎だ。

考えられる喪失原因は3つあり、各原因でそれぞれ数機ずつ失われたものと推定される。
①対空砲火による撃墜

②投弾後、離脱中の空戦による撃墜

③帰路の遭難

対空砲火については米軍の主張するスコア自体が多くないので、艦爆に関しては2~3機、艦攻を合わせてもせいぜい5~6機程度だろう。離脱中の攻撃機が「ワイルドキャット」に襲われたことは確実で、零戦の掩護がない状況下で相当の損害を出したと考えられる。

さらに見逃せないのが、帰路の遭難である。

当日は無線通信が混乱しており、「攻撃隊の帰投の際も通信円滑を欠き、方位測定を要求しつつもついに帰投できなかった飛行機が少なくとも二機あった」(『戦史叢書』)という状態だった。母艦に収容した20機も、うち半数は別働隊の「隼鷹」に着艦している。

攻撃隊の各機は帰投時の航法に苦労したようで、帰路の不時着遭難による損失(行方不明)がかなり大きかった可能性がある。

対空砲火は仕方ないとしても、それ以外の損失は直掩、通信が適切であれば相当部分防止できた可能性があり、日本側としては非常に惜しい損失であった。

日本側攻撃隊の戦い(第二次以降)

第一次攻撃隊につづいて、第二次攻撃隊として「翔鶴」から零戦5機と艦爆19機が、「瑞鶴」から零戦4機と艦攻16機がそれぞれ発進した。このとき、「瑞鶴」の艦攻隊は魚雷の装着に手間取ったために発進が30分ほど遅れ、攻撃隊は2つに分離してしまった。

「瑞鳳」は被爆のため戦闘機を出すことができず、ただでさえ少ない零戦が二分されてしまったことは大きな痛手だった。

先行した「翔鶴」隊は大破炎上する「ホーネット」をやり過ごし、大部分が無傷の「エンタープライズ」を狙った。「エンタープライズ」はこの時、ちょうど早朝に放った偵察機隊を収容中で、戦闘機の緊急発進が出来ない状態だった。

そのためか、迎撃してきた「ワイルドキャット」の数はあまり多くなく、十数機だったとされる。19機の艦爆のうち数機が撃墜されたが、大部分は迎撃網を突破して急降下に入ったようだ。米軍の主張によれば、「エンタープライズ」には爆弾23発が投下されたとしている。このうち直撃は3発で、他に少なくとも1発の至近弾があったが、「エンタープライズ」はなお飛行機の運用が可能だった。

「瑞鶴」隊の突入は約40分遅れ、再び10機以上の戦闘機による迎撃を受けた。護衛の零戦は4機しかおらず、低空を飛ぶ雷撃隊に追い付くのは容易だった。

16機の艦攻隊のうち、まず「ワイルドキャット」によって少なくとも3機が撃墜された。対空砲火による戦果は諸説あるが、現実にはあまり当たっていないようだ。

米軍の記録によれば、「エンタープライズ」に対して9機が魚雷を投下し（命中なし）、さらに護衛の巡洋艦「ポートランド」に魚雷3本が命中（全て不発）したとされている。投弾数が多めにカウントされる傾向を考慮しても、少なくとも攻撃時にはまだかなり多くの艦攻が飛んでいたらしい。

しかし、母艦まで還ってきた機は少なかった。

第二次攻撃隊の損害（未帰還）は、両飛行隊を合わせて零戦1機、艦爆10機、艦攻9機の計20機。これ以外に4機が不時着している。

なぜこんなことになってしまったのか、これは大いに考える必要のある問題である。

空母に寄り添っていた戦艦「サウスダコタ」と防空巡洋艦「サンファン」の強力な対空砲火による、というのが通説的な見解なのだが、それにしても数が多すぎる。

こういう場合、戦闘機運用という観点からは、投弾後に敵戦闘機に喰われた可能性も考慮しなければならない。十数機とはいえ、零戦より遥かに数の多い「ワイルドキャット」が、みすみす絶好の獲物を見逃してくれたとも考えにくいからだ。

この直後に到着した別働隊の「隼鷹」艦爆隊も大損害（未帰還9機）を出しているが、こちらは「ワイルドキャット」に食いつかれた記録があり、「ホーネット」のある戦闘機隊は1小隊だけで艦爆5機の撃墜を報告している。

この「隼鷹」隊には12機の零戦が護衛についていたが、こちらは損害なく12機の撃墜戦果を主張していることからみて、やはり艦爆から分離して自由戦闘を行った可能性が高い。

さらに、「帰投中の遭難」を疑わせる事例もある。

この後、日本側はさらに三次にわたる反復攻撃を行うが、これ以降は迎撃の戦闘機が出現せず、損害は激減する。

日本側の損害で原因が特定できるのは「隼鷹」から発進した艦攻2機（いずれも対空砲火によ

り撃墜）だけだが、このとき同行した零戦8機が艦攻隊とはぐれた。結局「隼鷹」に戻れた零戦はなく、3機だけが別の母艦に着艦して3機は不時着、残る2機が行方不明となっている。

この日は朝から無線通信が混乱しており、さらに旗艦「翔鶴」が被弾して通信能力を失った際に、そのバックアップが不適切だったとされている。この混乱がなければ、もっと多くの飛行機が母艦に戻れたのではないだろうか。

米軍側攻撃隊の戦い

日本の攻撃隊も酷い目にあったが、米軍の方も負けず劣らず不手際が目立った。

米機動部隊からは、前後三波にわたり合計75機の攻撃隊が発進したが、そのうち「エンタープライズ」の19機は進撃途上で「瑞鳳」零戦隊と空戦して壊滅してしまった。

残る56機のうち「翔鶴」「瑞鶴」の本隊を発見できたのはSBD「ドーントレス」艦爆15機と護衛の「ワイルドキャット」8機だけで、残りは全て海の上で迷子になっていた。

合計23機の米軍攻撃隊は、「翔鶴」のレーダーに78浬（約145㎞）の距離で探知された。

艦隊上空には直衛の零戦15機が警戒中だったが、『戦史叢書』にはその一部が母艦の視界外で米軍機を捕捉したと読める記述がある。つまり、この日は日本側でも戦闘機の無線誘導が行われていた可能性がある。

しかし、当時の日本のレーダーは飛行高度の判定ができず、そのため直衛機を複数の高度に分けて待機させるのが常であったこと等を考えると、この時点で接敵できた零戦はせいぜい半数程度だろう。
この時の空戦は激しく、護衛の「ワイルドキャット」は8機中3機を失い、SBD艦爆隊も2機が墜落、さらに2機が撃破されて引き返した。零戦の損失は3機前後である。

SBDは巧みに雲を利用して零戦の攻撃を避けながら接近し、約10分後に攻撃に移った。11発の爆弾のうち4発が命中し「翔鶴」は火災を起こしたが、航行には支障がなかった。

一方、迷子になった33機は、暫くさまよったあと前衛の巡洋艦部隊を攻撃した。「前衛」という配置はミッドウェイの戦訓に基づいて採用されたもので、味方機の誘導と索敵の便宜のために、巡洋艦を本隊から突出させて横一線に並べてあった。迷子の米軍機は、発見し易いこの目標に食いついた。最も端にいた重巡に攻撃が集中し、何発かの爆弾が命中したが、沈む気配はなかった。

事実上の囮である前衛部隊の上空には、申し訳程度に2機の零戦が直衛に当たっていた。この2機は奮戦して4機の撃墜を報告したが、うち1機が墜落して乗員は落下傘降下した。

この攻撃で、米軍側は対空砲火を含めSBD艦爆2機とTBF艦攻2機を失っている（ワイルドキャットの損失は不明）。

大差がつくパイロットの損失

南太平洋海戦は、艦艇の損害という点では明らかに日本側に分があった。

日本側に喪失艦艇はなく、「翔鶴」「瑞鳳」と巡洋艦「筑摩」が中破したのみ。米軍は正規空母

「ホーネット」と駆逐艦1隻が撃沈され、「エンタープライズ」と巡洋艦1隻が中破し、「ポートランド」は魚雷の不発がなければ危うく轟沈するところだった。

しかし、航空機の被害（パイロットの死傷）では日本側が圧倒的に多く、この勝利は非常に高くつくものになってしまった。

飛行機の損失については、しばしば「米軍は約80機、日本は約100機を喪失」という数字が引用されているが、これはあくまで航空「機材」の損失であって、撃墜数ではない。

パイロットと共に失われた純喪失機数で比較すると、米軍の25機前後（乗員33名）に対し、日本は69機（乗員145名）で大差がついてしまう。

一般に出回っている米軍の喪失数80機は、不時着水、被弾して再使用不能のもの、「エンタープライズ」艦上での被爆大破、「ホーネット」と共に水没したもの及び事故損耗を含む数字と思われる。

この差は、米軍攻撃隊の大部分が零戦の迎撃を受けていない（攻撃後の追撃も受けていない）ことと、日本側の対空砲火が殆ど当たらなかったことに起因している。

日本側は多数回の反復攻撃により戦闘機の迎撃と対空砲火に長時間晒されたこと、3人乗りの艦攻が多数撃墜されたことが損失を増やす原因となった。

戦闘機だけ抽出すると「ワイルドキャット」は23機とパイロット14名、零戦は24機とパイロット17名（前衛に落下傘降下した1名が救助されていれば16名）を失っており、ほぼ互角の戦いといえる。

ただし、零戦の損失の中には原因不詳のものや遭難が疑われるものが7機あり、未帰還パイロットの4割以上を占めている。空戦では負けていないだけに、こうした損失が重なることは憂慮すべき問題であった。

戦果確認という課題

戦果確認に関しては、さらに問題が大きかった。

当初、機動部隊の司令部は本海戦の戦果を「敵空母2隻撃沈」と判定していた。この判定はい い線だったのだが、その後別働隊の「隼鷹」からも事情を聴取したところ、本隊とは別に1隻の空母を撃沈したとする強い主張が出たので、結局これに折れる形で撃沈数を「3隻」に増やしてしまった。

現実には撃沈したのは1隻だけで、もう1隻は中破のみ。結局、「3隻」は全部同じ空母（ホーネット）を重複してカウントしているのである。

もちろん、戦果判定の際には重複の可能性も考慮していて、一応敵艦隊の陣形や母艦の特徴などを吟味し、全て別の空母だとされた訳だが、これも当てにならない。

戦闘中の陣形は常に乱れているし、米空母はどれも似たような姿をしているので、激戦中に肉眼で識別するのはほとんど不可能である。さらに、戦闘中のパイロットは極度の興奮状態にあるため、どうしても敵が大きく、多く見える。

司令部としてはパイロットの報告をそのまま採用してはいけないのだが、身内贔屓もあってつい多めに認定してしまう。戦果確認という観点からは、全機とは言わないまでも、各小隊長機くらいにはガン・カメラを装備しておくべきだった。

攻撃中の写真を多数撮影しておけば、ターゲットが同じ空母かどうかは後で写真を現像すれば分かるし、損傷程度も推定できたはずだ。

空戦に関しては、零戦隊は約40機の撃墜を報告している。実際の戦果は25機未満と見られるが、撃破機を含めればかなり実数に近い数字になるので、ひとまず合格点である。

同じ時期、ラバウルの基地航空部隊は現実の5〜6倍ないしそれ以上の戦果を主張することがしばしばだったから、これと比べれば優秀と言ってよい成績だ。

一方の米軍は、「ワイルドキャット」が56機、ＳＢＤ「ドーントレス」その他が11機、艦船の対空砲火が48機、計115機の撃墜を主張した。このうち、戦艦「サウスダコタ」が1艦で26機の撃墜を主張しているが、このスコアは信じろというほうが無理だろう。

まず、上空直衛の「ワイルドキャット」隊の戦果と対空砲火による撃墜は相当部分重複していると考えられ、さらに水上艦同士でも戦果の重複があるのが普通だ。

威勢の良い艦長は、視界内で墜落した飛行機があれば敵であろうが味方であろうが全部自艦の戦果にしてしまう。特に乱戦中の大型艦では、複数の見張り員が1機の撃墜を別々のものとして報告するために、撃墜戦果が大幅に膨らむ傾向にある。

特に根拠はないが、仮に対空砲火の戦果を半分に割り引いて考えると、実戦果は「ワイルドキャット」45機、対空砲火24機、その他若干ということになる。実際には、対空砲火の戦果はもっと少ない可能性がある。

対空砲との戦果比率をどう考えるかによるが、実際の「ワイルドキャット」の戦果は35～45機ないしそれ以上と推定され、戦果膨張率は1・6倍～1・3倍未満という非常に優秀な成績になる。

そもそも空中戦の戦果判定が至難の業であることに加え、全員が正直に戦果を報告するわけではないので、膨張率が2倍以内というのはかなり良い数字である。

この数字は、多くの「ワイルドキャット」にとって、この戦いは零戦の妨害を受けずに艦攻や艦爆を一方的に叩ける場面が多かったことを暗示している。

11月以降のガダルカナル

南太平洋海戦には基地航空部隊が参加せず、戦場もガダルカナルから相当離れていた。両軍の機動部隊は痛み分けで撤退したため、海戦の結果は基地航空戦には影響を与えていない。

飛行場奪回を目指す陸軍部隊を支援すべく、ラバウルの基地航空隊は、その後もガダルカナルへの攻撃を続行した。

しかし、陸軍の総攻撃と呼応して行った10月末の作戦で再び手痛い損害を出し、なお米軍機が手強いことを知った。

この頃、ラバウルの航空部隊は連日の出撃と長時間の飛行（往復6時間以上）によって疲労困憊しており、マラリアや赤痢等の熱帯病に罹るパイロットも増えていた。

11月に入り、戦力を消耗した「第五空襲部隊」は補充と休養のためラバウルから後退し、内地で戦力回復を図ることとなる。ヘンダーソン基地の米軍航空隊も、10月中ごろには戦力を消耗して後続部隊と交代しているから、ここまではほぼ互角といったところか。

「第五空襲部隊」は開戦以来のエースパイロットを多数擁し、ラバウルの主として当方面の作戦の主役を担ってきた部隊だった。また、これを機に他戦線から「助っ人」でやってきた転勤組も原隊復帰してしまったので、その穴を埋めるのは大変だった。

戦闘機隊については、まず「二五二空」と呼ばれる航空隊が新編され、さらに陸攻と戦闘機の連合部隊である「鹿屋航空隊」から戦闘機部門が独立してラバウルに進出した。

従来の戦力の中では、新型の零戦32型を装備して東部ニューギニア作戦や基地防空を担当してきた部隊がガダルカナル作戦に転用され、ようやく整備された中間基地「ブイン」に進出して最前線に立つことになった。

ブイン基地は、ラバウルより遥かにガダルカナルに近い「ブーゲンビル島」にあり、32型でも十分にガダルカナルを行動半径に収めることができた。

この新しい戦力で、11月以降もガダルカナルへの攻撃が続行された。しかし、やはり悪天候の連続で攻撃の成果は捗々しくない。

たまに攻撃に成功しても、米軍機は事前に空中退避してしまって出てこない。逆に、態勢有利と見れば神出鬼没の攻撃で我が攻撃隊に損害を与える。ヘンダーソン基地の米軍機は、まことに厄介な敵だった。

また、この頃から日本軍は、米軍の増援を妨害するため泊地の米艦船を飛行機で強襲することが増えてきた。

敵艦に魚雷を投下するためには、いったん高度100m以下の低空まで舞い降りなければならないが、これは上空で待ち受ける米軍戦闘機にとって、獲物を捕捉する機会が大幅に増えることを意味していた。

何度か大きな空中戦があり、不利な態勢からの戦いでラバウルの航空部隊は大きな損害を出した。この頃から、日米の撃墜比率は明らかに米軍有利に傾き始めていた。

零戦隊は依然として多数の撃墜戦果を報告し、陸攻隊も艦船攻撃の「大戦果」を主張していたが、実際の戦果はこれより遥かに少なく、全く損害に見合うものではなかった。

ガダルカナルからの撤退

10月末の総攻撃が失敗した後も、ガダルカナル奪回のための努力は続けられていた。大規模な水上戦闘が度々あり、陸上部隊に対しては輸送船や駆逐艦による補給と増援が何度も試みられた。作戦に参加する味方艦艇は、力を増してきたヘンダーソン基地からの空襲で大きな損害を出し始めた。このため、ラバウル地区の零戦は僅かな戦力をやりくりして、味方艦艇の上空に護衛機を派遣しなければならなかった。

米海軍は残存艦艇のほぼ全部をこの海域に投入して日本艦隊を迎え撃ったので、日本艦隊の損害は増え続けた。

ガダルカナル海域の制海権が米軍の手に落ちたことにより、陸軍部隊への補給は殆ど途絶え、ガダルカナル（ガ島）は「餓島」となった。

この状況を踏まえ、昭和18年の初頭、ついに大本営はガダルカナルからの撤退を決定した。撤退作戦は、まず陽動として航空部隊が攻勢をかけることから始まった。米軍が日本側の増援と反攻を予期して守勢をとるタイミングを見計って、昭和18年2月初頭、多数の駆逐艦を動員した総撤退作戦が行われた。

この作戦は見事に当り、撤退は極めて順調に推移して、ガダルカナルに残っていた1万余の兵力を無事に収容することができた。これは、不手際が目立ったガダルカナル作戦の中で、珍しく鮮やかに成功した作戦の一つとなった。

零戦隊は撤退部隊の上空直衛にも活躍し、陸兵を満載した駆逐艦の上空を護って作戦の成功に貢献している。

こうして、半年に及ぶガダルカナル争奪戦は終わった。

ラバウルの航空部隊は大きな損耗を経験したが、その数は半年で数百機程度。欧州戦線で繰り広げられた目を覆うような大損耗と比べれば、まだ「序の口」と言ってよいものだった。

また、損失の大部分は陸攻隊や艦爆隊のものであり、戦闘機隊はこの時点ではまだ余裕を残していた。

実際の戦果はともかく、零戦隊は戦う度に「勝利」と言える撃墜戦果を報告していたし、不運や失策がなければ損害も最小限に抑えられていた。部隊には多くのベテランやエースが残っており、パイロットは自分達の技術や零戦の性能に自信を持ちつづけた。

ガダルカナルでの苦戦は、足場が悪い戦場で無理を重ねたからに過ぎない――指揮官もパイロットも、まだ「普通にやれば、米軍機には負けない」と思っていた。

零戦隊が本当の意味での「消耗戦」を体感するのは、ガダルカナルからの撤退後、昭和18年の春以降になる。

ガダルカナルの敗因は？

実は、この時点で既に零戦はF4F「ワイルドキャット」に対して戦果／損害比率で劣勢（贔屓目に見ても互角）に立たされていた。性能で劣るはずの「ワイルドキャット」に零戦が敗れた原因は何だろうか？

昭和18年初頭まで、ヘンダーソン基地の米軍戦闘機の数はごく僅かで、稼動機は多くて30～40機程度。零戦隊は32型を除いても概ね40機以上の稼動機を持っていたし、中盤以降は32型も参戦しているので、数の点ではむしろ日本側がやや優勢だった。

ではパイロットの技術の差かというと、これも違う。

米軍の中核であった海兵戦闘機隊のパイロットは、実戦経験のない新人や他機種からの転属組が多く、「ワイルドキャット」への慣熟飛行も不十分。陸上基地への離発着ですら危ぶまれる有様で、事故による損耗も多い。

対する日本の「ラバウル航空隊」は、長距離の洋上飛行がこなせるレベルの熟練者が中心の編成なので、パイロットの飛行技術では明らかに日本側が上だろう。つまり、航空兵力だけ見れば質量ともに日本側に分があったはずだ。

悪天候や長距離進攻の疲労が祟ったという指摘もあるが、失われた零戦の圧倒的大多数は「ワイルドキャット」に撃墜されたもので、悪天候による遭難ではない。

パイロットの疲労については米軍も同じで、いつ何時あるか分からない空襲に備えて、毎日毎日、一日中警戒態勢をとっている。空襲がなくても、頻繁に警戒飛行や哨戒飛行で出撃しており、こうした任務は一日に何度も重なることがある。さらに夜間にも爆撃や艦砲射撃で命を脅かされるため、米軍パイロットの疲労は限界を超えていたという。零戦の長距離飛行は最大でも一日一回、往復6時間の航程のうち大部分は敵と出会う心配がないことを考えれば、どちらが体力的・精神的に辛いか一概に評価できないだろう。

守る米軍に「地の利」があったことは間違いないが、むしろ航空戦では攻撃側が有利な点も多々ある。ヘンダーソン基地の施設は決して完備していた訳ではないし、周りには他に米軍の飛行場がなかったから、空中退避した機も、数時間後には必ず基地上空に戻ってくる必要がある。緊急発進のタイミングや戦術を誤れば、昭和16年12月8日の「クラーク・フィールド空襲」の二の舞になりかねない。

しかも、日本側が6000~7000m以上の高い高度で進入した場合、高高度性能と上昇力に劣る「ワイルドキャット」では、仮に事前の警報があっても有効な迎撃は困難である。日本側は、高高度からの空襲を反復し、空中退避した米軍機が基地に戻ってくるタイミングを狙うことで、「攻勢の優位」を実現する可能性もあった。

実際にも、攻撃隊が一定以上の高度を保った場合には、日本側の被害は最小限に止まっている。日本機が大きな損害を出した戦いを見ると、逃げる米軍機を深追いしすぎて奇襲を受けた場合や、零戦で飛行場を銃撃しようとして高度を下げすぎた場合、無理をして艦船攻撃や陸戦支援を行った場合等、いずれも戦術上のミスが結果に大きく影響している。

同様の失敗は米軍にもある。囮に引っ掛った「ワイルドキャット」隊が零戦の奇襲を受けたこともあり、緊急発進のタイミングを誤って地上で爆撃を受けた日もあった。

要は、単に「より多くのミスをした方が負け」なのである。

日本側にミスが多発した原因の一つは、ガダルカナルでの陸軍部隊の苦戦がある。苦境にある陸兵を支援するため、航空部隊は増援船団の到着日や陸軍部隊の作戦スケジュールに縛られ、司令部から指定された期日までに米軍機を「撃滅」することを求められていた。

悪天候に阻まれてスケジュールが遅れると、これを取り返すために無理を承知で強引な攻撃を行わざるを得なくなり、結果として無駄な損失が嵩むばかりで戦果がないという、まるで赤字の中小企業のような悪循環が繰り返される。

また、飛行場への水平爆撃が成果を挙げないため、曇りでも実行可能で、かつ盛大な（誤認）戦果が挙がる雷撃（艦船攻撃）がたびたび強行され、そのたびに大きな損害を出す。そのため、いくら飛行機とパイロットを補充しても戦力が増えず、ヘンダーソン基地への攻撃は一向に進捗しない……の繰り返し。戦果確認の不備と戦術上のミスは相互にリンクしており、一方が他方を助長するという「負のスパイラル」なのであった。

一方、米軍は割り切った退避戦術で損害を最小限に止め、有利な態勢でのみ積極的に交戦した。レーダー情報と無線指揮により、局所的な数の優位が確保され、未熟なパイロットにも有効な射撃機会が与えられる。

そして、米軍の新米パイロットは確かに飛ぶのは下手だったが、射撃だけは上手かった。「ワイルドキャット」は十分な火力と弾数を持っており、射撃機会さえあれば、誰でも一定の確率で、着実に戦果が挙がるようになっていた。

不利なら戦わず、飛行技術に頼らず、無線指揮と集団戦術で射撃機会を確保し、あとはひたすら撃ちまくる。我慢して待っていれば、いつか相手がミスしてくれる——。

米軍機の戦術を一言でこう表現したら、語弊があるだろうか。

素人同然の海兵隊パイロットが、性能の劣る「ワイルドキャット」に乗って、ベテランに操られた零戦隊を相手に戦わなくてはならないとしたら、このくらいの割り切りが必要だろう。そしてこの「集団戦術」こそ、本当の意味での米軍機の強さの秘密であるらしい。

重要性を増す集団戦術

第二次大戦の初期まで、戦闘機の戦術は基本的に第一次大戦の時代と変わらず、アクロバット飛行を駆使した格闘戦が主体だった。

戦闘が始まるまでは一応編隊を組んでいるが、いざ空中戦となれば編隊飛行は無理なので、すぐに1機ずつに分離して一騎打ちの戦いとなる。

空中戦の規模も、1機対1機や2機対2機、せいぜい数機同士の小規模な戦いが、空中のここそこでバラバラに展開されるだけだった。このように空戦の規模が小さいうちは、パイロットの飛行技術や戦闘機の性能の優劣が、そのまま勝敗に直結した。

しかし第二次大戦の中盤以降、各国の空軍が肥大化し、戦闘に参加する飛行機の数が急速に増えてきた。双方が数十機、時には100機以上の大兵力を繰り出すようになると、戦法も今までと同じという訳にはいかない。

ひとたび乱戦となれば、狭い空域に多数機が入り乱れ、本気で空中衝突や味方撃ちの心配をしなければならない程の飛行機密度になる。

あたり一面飛行機だらけで、どう飛ぼうが常に目の前には敵機や味方機の姿があり、同時に自分の後ろや死角にも必ず敵がいる。いくら上手なパイロットでも死角から敵に撃たれる可能性があるし、逆に初陣の新兵でも、たまたま敵のエースを撃墜できる位置にいることもある。

とりあえず手近な（狙いやすい）位置にいる敵を選んで撃ちまくり、自分がどこからか撃たれたら身をかわして逃げる。弾が飛んで来なくなったら、また正面にいる敵を狙う、という状態なので、もう飛行技術など無用。なんとか操縦桿を操ってあとはひたすら弾を撃つという、いわば「素人のケンカ」的な戦いになる。

こうなると、機体の性能やパイロットの能力よりも、モノを言うのはチームプレー、集団戦術である。戦闘機の性能は最低限あればよく、あとは火力と弾数。パイロットには、飛行技術よりもチームワークと射撃センス、視野の広さが要求される。

乱戦では死角から奇襲を受ける可能性が非常に高いので、味方機同士で相互にカバーし合って死角を減らす。味方機に襲いかかる敵を見つけたら、その針路に援護射撃の弾幕をばら撒いて追い払う。敵の連携を絶ち、局所的な数の優位を確保する。逃げる敵は無理に追わず、網にかかった目標を確実に仕留める。

また、乱戦の場合に限らず、飛行機の数が増えるに従って、あらゆる場面でチームワークが要求される。

味方機の数が増えれば増えるほど、ただ飛び回っているだけで役に立たない「遊び」の兵力が多く生じる。そしてこの「遊び」の割合をどれだけ減らせるかは、専らチームワークの優劣によって決まる。

複数の編隊が同じ空域で共同作戦を取る場合、各編隊が役割を分担して相互に援護することで、常に一隊が有利な態勢から敵を攻撃し、一隊がこれを援護して敵の反撃を封じるという必勝パターンを作ることも可能になる。

一方、こうしたチームワークがない場合、頭数だけ多くても実態は中隊ごとに編隊を組んでバラバラに行動することになる。敵が有効な共同戦術を取った場合、数的にも態勢的にも全く対抗できず各個撃破される。

チームワークに優れた飛行隊は、リスクの高い乱戦に持ち込まなくても、有利な態勢からは徹底的に攻撃できるし、不利な態勢からは相互援護で確実に離脱することができる。

頭数は同じでも、チームプレーが機能している側とバラバラに飛び回っている側では、総合的な戦力では比較にならない大差がついてしまうのである。

集団戦術と熟練パイロットの微妙な関係

歩兵の陸上戦と同様、空中戦でも、多数機の集団戦術に対しては、個々の技術や機体の能力では到底対抗できない。かつて武術を極めた「騎士」や「武士」が大量動員の農民兵に戦場の主役を奪われたように、空中でも戦いの様相は変わってしまった。

空中戦の勝敗を決める要素は、パイロットの飛行技術や機体の性能よりも、むしろ組織された集団の威力と、発射される銃弾の量になった。

「チームワークの徹底」と口で言うのは簡単だが、これは結果的に「一番下手くそな奴に合わせて飛ぶ」ことを意味する。

総力戦の真っ只中では、補充されてくるパイロットの大部分は素人同然で、離着陸と幾つかの基本機動ができれば合格というレベル。難しい飛び方をする戦術は立てられないので、高い飛行技術を発揮する機会は滅多に訪れない。

だから、ここでの良いパイロットの条件とは、華麗なアクロバットが出来ることではなく、単に射撃が上手いこと、視野が広くてチームプレーが出来ることだけである。

そして、この能力は訓練や熟練というより、大部分がその人の資質・センスによる部分が大きい。往々にして、「飛ぶのが上手いだけの熟練者より、筋のいい新人の方が戦力になる」というう事例も生ずる。

これは、血の出るような訓練を重ねて飛行技術を磨いた古参パイロットからすれば、「飛行機乗りとしてのプライドを否定された」と感じるかもしれない。

上手なパイロットにとって、一騎打ちを止めてチームプレーを徹底するということは、プライドと名誉を捨てて「素人のケンカ」に付き合うことである。自分の技術を発揮する機会を奪われ、「チームプレー」に手足を縛られたまま敵の餌食になるかも知れない。

自然、腕に覚えのあるベテランほど、不自由な集団戦術を嫌う傾向が生じる。これは止むを得ないことで、日本に限らず万国共通の傾向だった。

しかし、戦前からの熟練者は緒戦で消耗するし、空軍部隊の大拡張に伴ってパイロットの総数が激増するので、数少ないベテランの割合は自然に薄まり、パイロットの圧倒的大多数は未熟な新人ばかりとなる。

ここに至って欧米諸国は一騎打ちの空戦を捨て、未熟なパイロットと集団戦術を駆使して最大の戦力を発揮する方法を模索するようになる。一方、昭和18年の時点で日本海軍はこの流れに完全に乗り遅れてしまっていた。

もともと、海軍は昭和16年末の時点で相当数の熟練パイロットを抱えていた。しかも緒戦での消耗が非常に少なく、その後も激戦地といえばラバウル地区しかなかったので、新編成の部隊を除けば、戦闘機パイロットの中核は熟練者で占められていた。

ガダルカナル戦での消耗は大きかったが、他の戦域が平穏だったので、当面は他部隊の引き抜きやベテランの転勤でお茶を濁すことができた。いわば、昭和16年までの貯金を切り崩しながら何とかやって行けたのである。

　こうした余裕があるうちは、熟練パイロットのプライドを踏みにじるような「素人のケンカ」を積極的に推奨することはない。どうしても、各人が持てる技術を最大限に発揮できる方法、つまり単機での格闘戦が主役になってしまう。

　そして、アクロバットを駆使した格闘戦と、編隊の維持を前提とする集団戦術は相容れない。数多くのベテランが前線で頑張っている限り、割り切った集団戦術には容易に転換できないのである。

第7章　直掩か空中戦か——黄昏の時代

ソロモン諸島を巡る戦い

ガダルカナル島を放棄したことにより、日本軍は一転して連合軍の攻勢圧力を受けることになった。ガダルカナルの米軍基地をこのまま放置すれば、ソロモン諸島の島伝いにラバウルが圧迫されることは確実である。もしラバウルが落ちるようなことがあれば、連合艦隊の主力が停泊する「トラック泊地」が米軍機の攻撃圏内に入ってしまう。

トラック泊地は、「日本の真珠湾」ともいうべき重要な戦略拠点だから、その前衛であるラバウルは是非とも防衛しなければならない。ラバウルを防衛するためには、そのまた前衛となるソロモン諸島の前線基地を固めなければならない——連合艦隊司令部の意識は次第に前のめりとなり、中部ソロモン諸島の小島に吸い寄せられていった。

前線基地の強化といっても、この時点でラバウルとガダルカナルの間にある航空基地と言えば、ブーゲンビル島のブイン基地と、その先にある「バラレ」という小島くらいである。基地の施設は貧弱で、ジャングルの中に急造の滑走路があるだけでは、とても米軍の攻勢は支えきれない。きちんと整備された多数の飛行場群を同時に運用し、臨機応変に飛行機の分散と集中を行えるようにしない限り、孤立した基地は反復攻撃ですぐに潰されてしまうだろう。

周辺の島々に設営部隊を投入して作業を急がせてはいるが、未開のジャングルに有力な基地群を造成するのは相当の時間を要する。また、これら中部ソロモン諸島への守備隊の増強と補給も急がねばならないが、米軍機の妨害によりなかなか進捗しない。

ラバウルの航空部隊は損耗が激しく、米軍機の活動を押さえ込むだけの力は残っていない。ソロモン諸島での迎撃態勢が整うまでの間、米軍の増援や基地建設を妨害して時間を稼がなければ、このまま総崩れになりかねない。

この情勢を受けて、連合艦隊司令部では、山本五十六長官の肝いりで大規模な攻勢作戦が立案されていた。

空母機動部隊の搭載機を陸上基地に展開させ、米軍が戦力を拡大する前にその大兵力で一気に米軍の出鼻を叩く。この野心的な試みは「い号作戦」と名付けられた。

作戦期間は、4月5日から20日頃まで。4月2日には機動部隊の空母「瑞鶴」「隼鷹」「飛鷹」「瑞鳳」から合計184機の搭載機が陸上基地に駆り出され、幾つかの基地に分散配備された。

これに先立つ4月1日、基地航空部隊の零戦58機が米軍基地付近まで侵入し、多数の米軍戦闘機と交戦した。空母機の投入を控えた露払い任務だったが、いきなり9機を失って手痛い損害を出した。米軍の損失は6機（日本側報告40機以上）とされる。

5日に予定されていた総攻撃は天候不良で足踏みし、4月7日、空母機を含めた全力でガダルカナル方面の艦船攻撃が決行された。

この攻撃には零戦157機、艦爆67機の大兵力が投入され、一日で給油艦、駆逐艦、コルベット艦各1隻を撃沈したが、損害も大きく21機（零戦12機、艦爆9機）が撃墜された。一方、米軍戦闘機は76機で応戦して損失は7機。この戦果に対して零戦隊は米軍機40機以上を撃墜したと報告した。

さらに11日、東部ニューギニア戦線に零戦72機と艦爆21機が出撃して輸送船2隻を炎上させたが、零戦2機と艦爆4機が還らなかった。この日、米軍は新鋭のP－38を含む陸軍機約50機で迎撃し、飛行機の損害はなかった。零戦隊は約20機の撃墜戦果を報告しているので、ひょっとすると豪州空軍機やニュージーランド空軍機も参加していて、こちらに損害があったのかもしれない。

翌12日、零戦131機に掩護された陸攻44機がポートモレスビーの基地に爆弾を叩き込んで多大の戦果が報告された。日本側は陸攻6機を失い、零戦隊は損害なく約20機の撃墜を主張した。米軍記録によると、当日の空戦による喪失は2機のみである。

続けて13日、ミルン湾の連合軍艦船に対して攻撃が行われた。使用兵力は基地航空部隊から零戦56機、陸攻37機、機動部隊から零戦75機、艦爆23機の大兵力となった。

基地の零戦隊は損害なく「15機以上」を撃墜して引き揚げた。しかし、陸攻隊は損害が大きく多数が被弾、そのうち3機が撃墜された。

一方の空母機は艦爆3機、零戦1機の犠牲を出しつつ輸送船を1隻撃沈、もう1隻を撃破した。連合軍は豪州空軍の24機（P－40）を含む多数が迎撃し、少なくとも3機を失った。

この4回の攻撃で、日本側は少なくとも零戦15機、艦爆16機、陸攻9機がパイロットと共に失われ、これ以外に不時着と被弾により相当数の機材を損耗した。連合軍は上記の艦船及び陸上の被害に加え、航空機25機を喪失したとされている。

米機の被撃墜を個別に合計すると12機程度にしかならないが、「25機」の損害は大破機を含む数字なのか、または豪州空軍やニュージーランド空軍の損害を含めた結果なのかは定かでない。

「い号作戦」の成否

現代の目で双方の損害記録を見比べれば、日本側の損害は明らかに戦果に釣り合っていない。しかし、山本長官に報告された戦果は次のようなものだった。

撃　沈：大型輸送船6、中型輸送船9、小型輸送船2、巡洋艦1、大型駆逐艦2
大破炎上：大型輸送船2、中型輸送船4、小型輸送船2
撃　墜：飛行機134機（うち不確実38機）

つまり、艦船攻撃の戦果は約5倍に、空戦の撃墜は4〜8倍に膨れている。報告の半分でも事実なら大戦果だったが、現実の成果は余りにも小さい。

しかし、司令部は本当の戦果を検証する手段を持たず、この結果に満足していた。そして、過大な戦果報告の陰で損害の大きさが霞んでしまった。

特に7日の空戦は、150機以上の零戦を投入しながら、撃墜スコアは1対3の大負けというのが実態である。これはかなり深刻な問題のはずだった。

いつまでも零戦の性能やパイロットの技術に頼った戦い方はできない。このあたりで、日本側は根本的に戦術を改める必要があったのだが、この時点ではパイロットにはまだ「空戦で負けている」という認識がないのである。

出撃した零戦隊6隊のうち、大きな損害を受けたのは一つの編隊だけで、他の編隊は各1〜2機程度の損害と引換えに大きな戦果を報告していたから、多くのパイロットにとってこの作戦は負けた気がしなかったはずだ。

空戦の結果は、飛行機の性能やパイロットの技術以上に、部隊の運用や戦術、会敵時の態勢の優劣が大きく反映される。

7日のガダルカナル空襲に関して言えば、迎撃準備を整えた米軍飛行場の真横で艦船攻撃を行っている時点で、すでに空中戦は圧倒的に不利である。もともと空戦での勝ち目は薄く、むしろこの程度の損害で済んだだけよく頑張ったとも言える。

数的な優位も単純には比較できない。零戦隊は延べ機数こそ多いものの、実際には20〜30機ずつ6つの編隊に分かれてバラバラに行動していた。各編隊の戦場到着時刻は概ね10〜15分間隔で、爆撃機の掩護を行っているため行動の自由がない。

いったん空戦域を離脱した米軍機はそのつど高度を取り直し、有利な態勢から「やりやすい相手」だけを選んで繰り返し攻撃できるから、頭数では少なくても、やり方次第では常に局所的な数の優位を得ることができる。

また、零戦の損害12機のうち、半数の6機は一つの編隊（第四次攻撃隊の直掩隊）に集中している。これは何らかのミスか不運な事情が介在した可能性が高い。

空中戦で優位を得るためには、こうした損害の原因を執念深く探り、絶えず戦術を改善し続けることが重要なのだが、誇大な戦果認定で「今日も勝った」と錯覚すると、この努力が疎かになってしまう。

この点は対艦攻撃でも同じで、この頃の日本海軍は軍艦に対する飛行機の威力を過信していた。実際には、水上艦艇が対空砲火で反撃しながら適切な回避運動を行った場合、飛行機の爆弾や魚雷は滅多に当たらないものである。

今までの例からみても、全長250m以上、3万トンの巨大空母を狙って20〜30機が一斉に殺到した場合ですら、僅か数発しか命中しないのである。小さな駆逐艦や商船に弾を当てるのはなおさら大変で、魚雷はまず当たらず、爆弾も大部分が至近弾に終わる。例えば、米軍の爆撃隊はガダルカナル海域で日本の駆逐艦を連日爆撃しており、しかも多くの場合は零戦の迎撃を受けていないが、命中弾は極めて少なかった。

獲物が小物とはいえ、7日の攻撃の成果（60機の攻撃で3隻撃沈）は上出来で、爆撃そのものは失敗ではないのである。

問題は、獲物が小物な割に被害が大きかったことと、膨大な誤認戦果が報告されたことにある。その半分程度が事実であると期待すれば、司令部が「こんなに効果があるものなら、多少の損害は許容しうる」と考えても不思議はない。

そして、一度誇大な戦果報告に慣れてしまうと、つい「軍艦は所詮、飛行機には勝てないものだ」と思い込んでしまい、次なる誇大報告も真剣に疑わなくなる。

しかも、作戦立案者である山本長官には、「い号作戦」の成否を評価する機会は与えられなかった。長官は「い号作戦」終了直後の昭和18年4月18日、最前線の基地を視察に訪れる途中、乗機を撃墜されて戦死してしまったからだ。

普通、戦死した英雄の仕事にケチを付ける者はいない。山本長官にとって最後の作戦となった「い号作戦」は、大戦果を挙げて成功したものとして評価され、過大な戦果報告が問題視されることもなかった。

高まる連合軍の圧力

「い号作戦」の終了後も、日を追うごとに連合軍の戦力は増強された。

米軍はソロモン諸島の前進基地に対して連日激しい空襲を加えてくるようになり、足場の悪い急造基地での迎撃戦は苦しい戦いとなった。基地航空部隊は兵力が不足しており、ガダルカナル方面の飛行場に対する積極的な反撃は行うことができなかった。

5月上旬、半年前に内地に帰還していた精鋭「第五空襲部隊」が戦力回復を終えてラバウルに戻ってきたので、これを契機にガダルカナル方面への航空反撃を再開することになった。

6月初旬から中旬にかけて、「ソ」作戦、「セ」作戦の名の下に大規模な攻勢が取られたが、「い号作戦」同様、味方の損害（特に艦船攻撃時）が多い割に成果は挙がらなかった。

そしてこの時も、司令部は過大な戦果報告に惑わされ、攻勢が一定の成果を挙げたものと信じていたようである。

そうこうするうちに6月末、連合軍は中部ソロモン諸島への上陸作戦を開始する。基地航空隊はこの上陸部隊を阻止すべく連日攻撃を加えたが、出撃するたびに手痛い損害が重なっていった。7月からは陸軍機と空母艦載機の一部が応援に駆けつけ、8月末まで上陸船団や陸上部隊に対する航空攻撃を反復したが、その成果は僅かだった。

さらに、連合軍はソロモン諸島の島々を一つ一つ攻略せず、守備の堅い島を迂回し、その先の弱いところを突く「蛙飛び作戦」を取ったので、多数の日本軍守備隊が後方に孤立することになった。航空隊は陸兵を見捨てる訳にもいかず、その撤退を援護するために成算の立たない攻撃が延々と続行された。

また、損害ばかりで効果のない攻撃が続行された背景には、戦果の誤認や友軍の撤退援護という理由のほかに、この頃の航空戦の特徴も影響していたと思われる。攻撃機の損害が目立つ一方で、零戦の損失がさほど多くないのである。

零戦の損害だけに限れば、たまに大きな損失を出す日があるのを除けば、出撃1回あたりの未帰還機は概ね2~3機以内。全機が揃って帰還する日も多い。パイロット達は多くの米軍機を撃墜していると信じており、まだ戦闘機隊は米軍機に対して優位を保っていると考えていた。また、無理な艦船攻撃をしなければ、陸攻や艦爆の損害も許容限度内に抑えられていた。おそらく、こうしたささやかな成功体験が、無理な作戦の続行に希望を抱かせてしまったのだろう。

しかし、一連の攻撃にもかかわらず米軍は大した損害を受けておらず、日々着々と戦力を増強してラバウルに迫っていた。

9月に入ると、連合軍はさらに東部ニューギニアの日本軍拠点に対しても侵攻を開始。ラバウルの航空部隊は、こちらの陸上部隊に対しても攻撃を行う破目になり、その戦力は急速に消耗していった。

この間、ラバウルに対しては北太平洋（アリューシャン）方面の兵力を引き抜いて増援に充て、内地からも極力補給と増援につとめたが、10月までにラバウルの航空兵力は半減してしまった。

攻撃機パイロットの不満

昭和18年の4月から10月までの半年間、ラバウル方面の航空部隊は連日のように攻撃隊を編成し、上陸船団や敵陣地への攻撃を行っていた。

攻撃の主役は艦爆や陸攻であるが、その損害も大きかった。1回の攻撃あたり1～2機の損害で踏みとどまることもあれば、全く損害がない日もあり、時折目を覆うような壊滅的被害を受けることもあった。

この時期、大規模な空襲を行えば必ず米軍機の迎撃を受けたから、彼らの生還の鍵を握るのは護衛戦闘機隊の奮戦いかんということになる。しかし、少なからぬ艦爆乗り、陸攻乗りはこの護衛に不満を持っていた。ある艦爆パイロットはこう回想している。

「われわれ艦爆隊の者から見ると、直掩戦闘機隊はいささか独善的であって、今まで掩護されていても、途中で敵戦闘機の邀撃に出会うと、空中戦を行ったまま、われわれは見捨てられ、裸のまま進撃するということも少なくなかった」

「攻撃前の十分な掩護は要求できても、攻撃終了後のことまでは言えなかった」

また、別のパイロットはこう言う。

「新郷大尉の直掩戦闘機隊は、われわれの攻撃隊にとっては守り神のような戦闘機隊で、これを聞いた中攻隊一同大いに喜んだものである。というのも、直掩戦闘機隊のやり方にはふた通りあって、一つは新郷大尉のように攻撃隊を守るということに重点を置いてピタリとくっついているやり方と、もう一つは守るためには敵をやっつけなければならないとして、攻撃に重点を置くやり方で、この方はどうしても攻撃隊が丸裸になり、攻撃隊の被害は大きくなる危険性がある代りに、敵機を撃墜するという戦果は大きいのである。（中略）攻撃機隊としては新郷方式を歓迎することは勿論であった」（引用はいずれも零戦搭乗員会編『海軍戦闘機隊史』より）

前にも触れたが、戦闘機隊にとって爆撃機を付きっきりで護る「直掩」戦闘は気が重い任務である。爆撃機を護る代わりに、敵戦闘機を撃墜する可能性は低くなり、自分が撃墜されて死ぬ可能性はぐっと高くなる。

戦闘機指揮官にとって、部下に「直掩」の徹底を求めることは、つまり「爆撃機の盾になって死んでこい」と言うに近いのである。余程の人望と実力を兼ね備えた指揮官でなければ、部下も付いてこない。

当時の零戦隊は、やはり敵機との自由戦闘を好み、爆撃機から分離して空戦を行いがちで、また投弾後の爆撃機をカバーしようとしない傾向があったようだ。

そんな中、陸攻乗りの回想に出てくる新郷英城大尉は、絶対に爆撃機から離れない名指揮官として名高い人物だった。この逸話は、逆に言えば、「爆撃機から離れない」ことを実行できる指揮官がいかに少なかったかを示すものとも言えるだろう。

「ろ号作戦」

山本の後任に就いた古賀峯一長官は、日々強くなる連合軍の攻勢圧力と戦っていた。苦戦が続くソロモン航空戦の起爆剤として、空母搭載機の投入が陸軍から提案されていた。連合艦隊はこれを拒否し続けて来たが、10月末にラバウルの攻撃兵力がほぼ払底するに及び、ついにやむを得ず機動部隊の主力「第一航空戦隊」の飛行機（約170機）を陸上基地に投入する決断をする。

その直後、米軍はついに日本軍最大の前進基地「ブイン」があるブーゲンビル島の側背部に上陸を開始した。ラバウル基地の航空隊は、少ない兵力を振り絞って全力攻撃をかけるが、損害ばかりで見るべき戦果がない。

待望の空母機は早くも11月1日には陸上基地に到着し、早速活動を開始した。

まず小手調べに艦爆18機を護衛して米巡洋艦部隊に空襲をかけ、旗艦に2発の直撃弾を与えて撃破した。零戦隊は迎撃してきた戦闘機と空戦を交え全機が帰還したが、この攻撃で艦爆6機がやられた。

ここまでは順調だったが、陸上で再出撃の準備中に米陸軍機の大編隊、約160機による奇襲を受けてしまう。米軍機17~21機を撃墜（戦果報告は127機）したものの、基地航空隊の零戦ともども18機（うち母艦機8機）を失って早くも暗雲が垂れ込めた。

さらに5日、米空母の艦載機約100機、続いて陸軍機約100機がラバウルに来襲する。この戦闘で零戦3機が失われ、入港したばかりの巡洋艦が損傷を受けた。米軍機は10機が撃墜されたが、そのうちの5機は新型のグラマンF6F「ヘルキャット」だった。

5日夕方、反撃のため戦闘機の掩護を伴わず、艦攻14機からなる雷撃隊が薄暮強襲に向った。当日は雲の多い天候で、攻撃隊は小型の支援艦艇を空母と誤認していた。4機が未帰還となり戦果は僅かだったが、なぜか空母2隻と巡洋艦2隻を撃沈した旨の報告がなされた。

8日、艦爆26機を零戦71機が護衛して船団攻撃に向う。米軍戦闘機に優位高度から襲撃され、艦爆10機と零戦5機を失った。艦爆隊は輸送船2隻に命中弾を与えた。

8日夕方、再び薄暮を利用して少数の艦攻、陸攻による雷撃。攻撃隊は9機を失い、軽巡（日本側は戦艦と誤認）1隻を大破した。ここでも派手な誤認戦果が報告され、その後同様の薄暮強襲が繰り返されて損耗を増やすことになる。

11日、再び米空母機によるラバウル空襲。この日の空戦の様子は分からないことが多いが、日本側の記録を見る限り空襲警報の発令が遅れたようだ。零戦は11機（うち母艦機7機）を失い、停泊中の艦艇にも大きな被害があった。米軍機は「ヘルキャット」7機を含む15機が撃墜され、さらに少なくとも「ヘルキャット」1機が不時着した。

この空襲の終了後、米空母群に対する反撃が行われた。結果は悲惨で、攻撃に参加した艦攻と艦爆計38機のうち31機が還らなかった。

目を覆う大損害の背景には、日本側の大きなミスがあった。
まず、事前の連絡に不備があり、各隊の発進時刻がバラバラとなって兵力が分散した。特に艦攻隊は大きく遅れ、戦闘機の護衛なしに多数の「ヘルキャット」の中に突入する形となって全滅した。

護衛の零戦は合計65機が2隊に分かれて参加するはずだったが、空中集合に失敗した32機が脱落し、残り33機のみが攻撃隊を護った。零戦の未帰還が2機だけであることから考えて、直掩戦闘機隊は早期に攻撃隊から引き剝がされ、有効な掩護が行えなかったようだ。

なお、この日の戦闘機隊の戦い振りに対しては、その後の戦訓検討において「戦闘機隊ノ之（筆者注：直掩のこと）ニ対スル熱意一般ニ乏シ極力主任務達成ニ重点ヲ置キ訓練スルヲ要ス」「一般ニ戦闘機ノ攻撃隊掩護法ハ尚訓練研究ノ余地大ニシテ関心ヲ深ムルヲ要スル所ナリ」と厳しい注文が付けられている。

攻撃の主力となった艦爆隊は、機種が「九九艦爆」と「彗星」の2種類あり、編隊は2つに分離し攻撃開始時刻も大きくズレてしまった。旧式な「九九艦爆」の編隊は攻撃まで何とか持ちこたえたが、攻撃後に各自バラバラとなり「ヘルキャット」の執拗な追撃を受けたという。

こうした投弾後の損害が多い傾向は以前からあったのだが、ここに至ってようやく攻撃後の再集合の必要性、戦闘機との連携の必要性が強調されている。

米軍の迎撃機は母艦の「ヘルキャット」隊のほか陸上基地のF4U「コルセア」も多数参加しており、空戦で「ヘルキャット」3機を失った。「コルセア」の損害は不明である。

昭和17年の段階では、米機動部隊は戦闘機の空中指揮が甘く、多数の迎撃機を繰り出しながら日本の攻撃機を阻止できていなかった。この日も米軍の無線誘導は余り褒められた出来ではなかったようだが、日本側の大失策があったことに加え、陸上基地からの応援もあって十分な数の迎撃機が揃っていたこと、「ヘルキャット」の上昇力が高く必要な高度を得やすかったことが迎撃成功の鍵と思われる。

この日の戦闘により、日本の母艦航空隊は稼動機の大部分を消耗したため、「ろ号作戦」は終了された。パイロットの戦死は、機動部隊勤務者だけで約180名。人員の損耗率は5割(戦闘機は3割)に達し、機動部隊は内地に帰還して戦力の立て直しを迫られることとなった。

「ろ号作戦」後の航空戦

「ろ号作戦」で日本側が挙げた実戦果は僅かだったが、不幸なことに膨大に報告された誤認戦果の一部を司令部が受け入れてしまった。

これらの大部分は新戦法である夜間または薄暮の雷撃による戦果とされていた。直前にも同様の方法で大型艦を撃沈した実績があったため攻撃法として有効だと判断したのか、「ろ号作戦」終了後も同様の方法による強襲が続けられた。

しかし、所詮は闇夜に鉄砲で実際には殆ど命中弾はなく、目標も小型の戦車揚陸艦を空母や大型艦と誤認していたことが多かった。攻撃の度に数機ずつの損害が累積し、見るべき戦果は何もなかった。

こうした攻撃の甲斐もなく、まもなくブーゲンビル島は米軍の手に渡り、ここに建設された飛行場からラバウルへ向けて連日攻撃隊が飛び立つことになる。

航空作戦に関する限り、中部ソロモン諸島を巡る争奪戦は、ガダルカナル戦よりも遥かに長期間にわたり、かつ膨大な戦力を擦り減らす結果となった。

元来、ソロモン諸島にはさほどの戦略的重要性は無く、ガダルカナル撤退後の一連の航空戦は単に米軍に消耗を強いて防衛体制を整える時間を稼ぐという程度の目算で行われたにすぎない。戦果確認が適切に行われ、この地域での戦果が損害に見合わないことを司令部が明確に認識できていれば、この大消耗は防げた可能性が高い。

日本の航空戦力を立ち直れなくしたのはミッドウェイでもガダルカナルでもなく、昭和18年を通じて行われた中部ソロモン諸島及び東部ニューギニア争奪戦であり、そこで生じた10000機ともいわれる大消耗であった。そして、その失敗の元凶は、どうやら戦果確認の不徹底にあったようである。

新型機の実力

ソロモン戦線で激闘が続く昭和18年、米軍には次々に新型機が登場してきた。いずれも零戦の2倍以上のエンジン馬力を誇る大型機で、当然飛行性能もそれに応じた高レベルなものになっている。

従来までの主力機であったF4F「ワイルドキャット」やP－40「ウォーホーク」が新型機に

取って代わられるにつれ、零戦の性能上の優位は失われていった。

P-38「ライトニング」

双胴双発の奇怪な姿をした陸軍機で、昭和17年の末からガダルカナル戦線に投入された。

2つのエンジンには十分な余裕馬力があり、加速力と上昇力、火力が非常に優れている。また、全般的に高高度性能が芳しくない米陸軍機の中にあって、比較的優れた高空性能を持っていた。

反面、高い高度からの急降下は危険で行えず（すぐに制限速度を超えて操縦不能となる）、操舵が重く鈍重な傾向があるなど、扱いの難しい飛行機だった。

P-38「ライトニング」

戦線投入直後、米軍はこの変わった機体を普通の戦闘機と同じように使ったが上手くいかず、損害ばかりで戦果が挙がらなかった。

高速を生かして零戦を追尾しようとしても急旋回で逃げられてしまい、照準器に捉えようと旋回して追いかけると途端にスピードと高度を失う。空戦をするたびに零戦はいつの間にか頭上におり、単機戦闘では分が悪い。日本のパイロットも、当初はこの機体を恐れていなかった。

しかし、すぐに米軍は作戦を変えた。戦闘機を機種ごとにそれぞれ得意とする高度に分け、概ね上下3段に配置する（編隊を縦に積み上げる）戦術を採るようになり、P-38はその最上層部を担当することになった。

上空から緩い角度で降下して加速、優秀な火力で数秒間掃射して一撃を加え、ターゲットが回避すれば追わない。攻撃を終えた機はそのまま戦闘空域を突き抜け、後続機が攻撃を反復している間に再上昇して第二撃を狙うという消極的な「一撃離脱」戦術に徹した場合、零戦の性能ではほぼ捕捉不可能である。

もっとも、これは何もP－38に限ったことではない。今までの機体と違うのは、P－38が上昇力や高高度性能で零戦を凌いでいたことである。

P－39やP－40が相手なら、零戦は上昇し続けるだけでこれを振り切ることができたし、高い高度で進入すれば上空から迎撃を受ける可能性も低かった。たまに上空を取られても、奇襲さえ受けなければ第一撃を回避するのはさほど難しくない。

一方、P－38が「定位置」である高度7000～8000mないしそれ以上に駆け上がって行った場合、零戦ではこれに付いて行くのが困難になる。零戦側もチームワークを発揮し、「一撃離脱」後に再上昇しようとするP－38の頭を抑えておかないと、何度でも上空から襲われる。

F4U「コルセア」（日本側はメーカー名で「シコルスキー」と呼んだ）

昭和18年春、それまで「ワイルドキャット」を装備していたガダルカナルの海兵戦闘隊が、順次この機種に改編され始めた。その後朝鮮戦争まで生き残ることになる高性能機で、下方に折り曲げられた主翼が特徴的である。

「コルセア」は加速力、上昇力、高高度性能の全てにおいて「ワイルドキャット」より飛躍的に進歩しており、同時に零戦を上回っていた。

但し、中高度までの上昇力では零戦が優勢であり、中高度以下で戦っている限りは零戦でも互角の戦闘が可能だった。しかし、高高度性能では明らかに「コルセア」が上回っており、高度7000m以上まで上昇することで零戦を振り切ることができた。

初出撃は昭和18年の2月で、陸軍のP－38、P－40と「三段構え」編隊を組んで爆撃機を護衛したが、態勢が悪かったのか陸軍機ともども零戦に一方的にやられてしまった。

戦術上の工夫もあり、その後のスコアは基本的に零戦に対して優位を保ったが、ソロモン戦域では低高度〜中高度での交戦が多かったせいか苦戦が多く、一部の零戦パイロットからはさほどの強敵とは見なされなかった。

ガダルカナル戦線での戦訓を昭和18年5月にまとめた「戦訓ニヨル戦闘機用法ノ研究」によれば、本機と零戦を対比して「零戦ハ総合性能概ネ優秀ニシテ、現状ニ於テ南東方面出現ノ米軍戦闘機ニ対シ特ニ遜色ヲ認メズ」とし、一方で高高度性能について触れた箇所では「『ボートシコルスキー』ニ対シテハ現状ニ於テ既ニ零戦ヲ以テシテハ持テ余シ気味ナリ」と評価している。

F4U「コルセア」

実際に本機と対戦した零戦パイロットの実感も同様だったと思われる。本機に搭乗して戦った海兵隊パイロットも、「コルセア」の性能に自信を持ちつつも、カタログ値ほど零戦を圧倒しているとは感じなかったようだ。

また、「戦訓ニヨル戦闘機用法ノ研究」によれば、本機とP－38は高高度性能が優秀で、態勢不利とみればどんどん高度を上げて８０００ｍ以上に上昇するので、零戦はしばしば勝ち目のない上昇合戦に誘い込まれ、下方の爆撃機を取り逃がすケースが続出したと報告されている。

F6F「ヘルキャット」

F４F「ワイルドキャット」の後継となる次期主力艦戦で、昭和18年から実戦配備が始まった。秋には小規模ながら実戦参加し、ラバウル方面にも順次投入された。11月5日及び11日のラバウル大空襲では多数が飛来し、零戦と激戦を交えている。

艦上機だけあって、非常に優秀な旋回性能など零戦に似た特性を持つ本機は、日本側にとっては最もやりづらい相手だったようである。

「ヘルキャット」の初期型は零戦と同様、高速域でのエ

F6F「ヘルキャット」

ルロンの操舵特性に問題を抱えていたが、この点はすぐに改善され、かえって改良後の機体は米軍機の中でもトップレベルの高速操舵性を発揮した。高速域での敏捷な動きは被弾率を下げ、降下加速してターゲットを追い詰める時にも有利だった。

高速域での良好な操舵性と加速力の差により、ある程度の速度さえ維持していれば、格闘戦でも「ヘルキャット」の方が零戦より優位にあったと考えられる。そのため本機は陸軍機のような消極的「一撃離脱」戦法に徹する必要はなく、徹底して空中戦を挑んでくることが多かった。

上昇力は「ワイルドキャット」とは比較にならないほど向上した。但し、中高度以下での上昇率では互角なので、交戦高度が中高度以下で、かつ高度の優位が得られる場合には、零戦でも互角の戦闘が可能と思われる。

高高度性能は零戦を完全に凌駕しており、「ヘルキャット」側が交戦を避けたければ上昇して退避することが可能だった。

米軍エースが見た零戦

一般に「エース」パイロットとは、そのキャリアの中で5機以上の撃墜を公認された者をいう。この「5機」はあくまでも自軍司令部の認定数なので、実際の撃墜数では2〜3機といったところか。

大多数のパイロットは、一生エースにはなれない。むしろ、1機の撃墜スコアも挙げずに戦死するか、またはそのまま退役していく者の方が多いのである。

一生のうちに何十回も出撃して、たった5機（実数2～3機）撃墜すればエースと呼ばれ尊敬される。この事実から、空中戦で弾を当てるのが如何に難しいかを想像していただきたい。

まず、旋回中や回避運動中のターゲットを照準器に捉えること自体が至難の業だ。

距離にもよるが、機銃を撃って命中が期待できるような至近距離（200～300m）であれば、ターゲットが急に針路を変えただけで、あっという間に照準器から外れてしまう。距離がもっと近ければ、視界から消えてしまうだろう。

あわてて敵影を追いかけても、まず無駄である。一瞬で3つの舵を適切に操り、動く目標にピタリと照準を合わせるのは神業だし、僅か数秒後には飛行機はもう修正不能な距離にまで接近してしまうので、修正が少しでも遅れれば射撃機会はない。

「まぐれ」でもない限り、タイミングよく逃げ回る敵機に弾を当てることは難しいし、まして集中弾で撃墜するなど不可能に近いのである。

第二次大戦期においては、空中戦による戦闘機の撃墜のうち9割方が「奇襲」によるもの、つまり被撃墜機からは「自分を狙っている敵が見えていない」場合であると言われている。

余程の幸運か有利な事情がない限り、そうそう撃墜戦果に恵まれるものではないし、逆に警戒を怠らなければ滅多に墜とされることもない。ある米軍エースパイロットの記録は、このことを端的に示している。

ここで紹介するのは、米海兵隊のグレゴリー・ボイントン少佐。

F4U「コルセア」を装備する戦闘飛行隊の隊長で、昭和18年夏からソロモン戦線に参加し、海軍と海兵隊を通じた最多撃墜記録（28機）を打ち立てた超エースである。

実は、これほどのエースパイロットでも、その撃墜スコアの大部分が「まぐれ」か幸運なケースで、正面から渡り合っての撃墜はごく僅かなのである。

ボイントンが「コルセア」で初戦果を挙げたのは9月16日。この日、彼は単独で5機の撃墜を主張しているが、その中身はこうだ。

まず、雲間で零戦がボイントン機を友軍機と誤認し、「コルセア」の前に出て編隊を組もうとしたので、そのまま射撃して1機撃墜。

その直後、味方爆撃機に食い下がって攻撃中の零戦を上空から奇襲して1機。さらに弾丸を撃ち尽くした零戦が超低空で戦場離脱するところを上空から狙って1機。

基地への帰路、損傷した「コルセア」の追撃に夢中になっている零戦に後方から迫って1機。残り1機だけが通常の撃墜だが、これも「鉢合わせで、撃ち合いながらすれ違った」らたまたま当ったというラッキーショットである。

次にボイントンの戦果が記録されるのは、ブーゲンビル島攻撃の護衛任務の際だった。爆撃機を安全圏まで送り届けてから反転し、雲を利用して島の上空に戻ると、下方に編隊で上昇中の零戦を発見。ちょうど気づかれずに背後に回り込んだ形になった。

この時、ボイントンの編隊は太陽を背にしており、理想的な奇襲で12機（ボイントンのスコアは3機）を撃墜したという。これで合計8機。

その後、ブーゲンビル島のカヒリ飛行場上空にV字編隊（爆撃隊形）で侵入、無線交信でも爆撃隊を装った。「コルセア」を爆撃機と誤認した零戦がバラバラに低空から急上昇してきたところを、上空から奇襲。上昇中または離陸直後で速度の出ない零戦を追い回し、3機撃墜したという。これで11機。

昭和18年のクリスマスの日、ラバウル攻撃で3機撃墜。この日は、囮の爆撃機を先行させて迎撃させ、これに引っかかった零戦が帰投するタイミングを狙った。これで14機。

ボイントンは2日後の27日に25機目を墜とし、当時の撃墜記録に並んだとしているが、撃墜の模様は明らかでない。彼の撃墜記録のうち6機は中国戦線でのものだから、ここまでソロモン戦線での撃墜数は19機。そのうち、少なくとも13機が有利な状況下での奇襲によるものであり、1機がまぐれ当りである。

彼は翌日以降も「新記録」の期待を受けて毎日出撃したが戦果はなく、逆に機体を穴だらけにして帰還することもあったという。

昭和19年が明けて1月3日、ボイントンは再びラバウル上空で3機撃墜を主張し、晴れて新記録達成となるのだが、実はこの日彼は列機とともに撃墜されて捕虜になっている。当の本人は未帰還だったのに、なぜか新聞記事では「新記録達成」となってしまい、戦後本人が復員した際にこれが追認される形となった。

というわけで、この「3機」については深入り無用なのだが、むしろ興味深いのは「コルセア」のやられ方だ。

まず、有利な態勢から下方にいる零戦を発見。しかし焦って降下したため部下とはぐれてしまい、列機と2機だけになる。構わずそのまま攻撃に入ったところ、後ろ上方から別の零戦の編隊に襲われて大苦戦。しばらくは「ウィーブ」戦法を駆使して相互援護で凌ぐが、ついに列機が被弾して炎上。援護を失ったボイントン機も被弾しはじめる。

全速急降下で離脱をはかるが高度が足りず、零戦を振り切れない。海面すれすれで水平飛行に移った直後、主燃料タンクに被弾して火を噴いてしまった。

仲間とはぐれないこと、見張りを絶やさないこと、ペアと相互援護すること、とにかく動き続ける（真っ直ぐ飛行しない）こと、という4ヶ条の教訓が全部出てくる。

因みに、「コルセア」のメイン・タンクは特異で、エンジンと操縦席の間にかなり大きなスペースをとって置かれている。この位置とサイズなら、後ろ上方から放った20㎜弾が直撃することも十分有り得るわけだ。

燃え上がる機から脱出したボイントンは、全身に多数の弾片を受けて大怪我を負っていた。7・7㎜弾は背中の防弾鋼板が受け止めてくれたが、四方八方から飛んでくる20㎜弾の破片は防ぎようがなかった。

彼は以前にも撃墜されかけたことがあり、他にも乗機を穴だらけにして帰った経験が何度かあると述べているが、その時は大怪我の形跡はないので余り20㎜弾を喰わなかったのかもしれない。

不足する火力

ボイントンに限らず、米軍エースの多くは似たような場面で命拾いした経験を持っている。例えば海兵隊にはもう一人、ジョー・フォスという大エースがいた。彼の初陣はヘンダーソン基地上空の迎撃戦で、いきなり200発以上とも言われる大量の被弾により空中でエンジン停止状態となり、事実上撃墜されている（そのまま基地に突っ込んだので不時着扱い）。その後、フォスは何度も似たような被弾を繰り返したが、いずれも防弾装備に救われて「不時着」で済んでいる。

多数機が入り乱れての大空中戦となった場合、零戦の20㎜機銃はすぐに撃ち尽くすので中盤以降は7・7㎜機銃しか使えない。これは幾ら撃ち込んでも機体が穴だらけになるだけで、パイロットは操縦席の装甲に護られて無事であることが多かった。

空中分解でもしない限り、飛行不能になろうが火を噴こうが、パイロットさえ無事なら不時着か空中脱出で生還できる可能性がある。また、米軍機の燃料タンクは「コルセア」とP－38を除いて基本的に操縦席の下にあるので、後ろ上方からの射弾に対しては操縦席の装甲が燃料タンクの防護を兼ねていた。

零戦の20㎜機銃は米軍機を空中分解させる力を持っていたが、余りにも弾数が少なすぎ、最初の数撃で撃ち尽くしてしまう。また、弾丸が表面炸裂するのでパイロットや燃料タンクまで届かず、致命傷にならないという問題もあった。

炸裂した20㎜弾の破片程度なら、米軍機の防弾装備でも十分にカバーすることができた。つまり、たとえ20㎜でも胴体や翼に当てている限りなかなか撃墜できないということだ。

さらに、20㎜を撃ち尽くした後の頼みの綱、機首の7・7㎜機銃は非力すぎた。

歩兵の小銃と同じサイズの「豆鉄砲」ではエンジンに致命傷を与えられず、薄い防弾装甲すら貫けない。また、命中角度が浅いと弾が滑る傾向があり、命中弾が機体の表面で斜めに弾かれて外鈑すら貫通しないこともあった。

20㎜機銃の弾数を増やす努力は行われていたが、「実効果が期待できない」とまで酷評された7・7㎜機銃は相変わらずそのままで、パイロットを嘆かせた。

実は、7・7㎜機銃の非力さは随分前から分かっており、火力強化の必要性は対米開戦前から主張されていた。英軍はその非力さをカバーするためにスピットファイアは1機あたり8挺、ホーカー・ハリケーンは12挺という大量装備に踏み切り、米軍はこれを捨てて13㎜に切り替えた。ドイツとイタリアも、欧州大戦開始後に武装を13㎜口径以上に強化していた。

日本でも、陸軍が昭和16〜17年にかけて13㎜機銃への強化を実施した。したがって、昭和18年の段階で、わずか2挺の7・7㎜機銃に依存して空中戦を戦っていたのは零戦だけ。なまじ高威力な20㎜機銃を装備していたことが、有効火力の強化で遅れをとる原因となったのは皮肉である。

米軍の場合、戦闘機ではない「ドーントレス」艦爆すら13㎜×2挺を装備していたことを考えれば、零戦の火力はこの時代の戦闘機としては貧弱すぎた。零戦が機首の武装を13㎜機銃に換装するのは、ようやく昭和19年の4月になってからであり、やや遅きに失した。

13㎜弾は、厚さ7〜8㎜の装甲など簡単に撃ち抜いてしまう。

もし零戦の機首武装が当初から13㎜機銃であれば、米軍エースの多くはそのキャリアの途中で戦死してしまっていたことだろう。

ラバウル防空戦

中部ソロモンの帰趨が決した昭和18年12月中旬以降、ついに連合軍は攻撃の矛先をラバウルに向けた。

ラバウル基地は、12月17日から連日、戦爆連合の大編隊による空襲にさらされた。

しかし、この頃すでに日本側でもレーダーによる早期警戒が一般化していた。初歩的な装置とはいえ、この大編隊をオペレーターが見逃すはずはない。

この早期警戒情報のおかげで、多くの場合、零戦隊は米軍機がラバウル基地の上空に到達する前に緊急発進を終えることができた。敵が見えてからエンジンを始動する、といった不利な戦いをせずに済んだことは、戦力維持の上で非常に重要なことだった。

また、いわゆる「ラバウル基地」には多数の飛行場があり、周辺の補助飛行場も含めればかなり多数の滑走路が整備されていた。もし一部が敵機の攻撃を受けても、無事な残りの滑走路で在空機を収容することができるし、地上には対空火器も防護施設も整っている。

基地自体が空襲に対してかなりの対抗力も持っているので、零戦隊は不利な態勢から無理に迎撃しなくてもよい。この時の日本側には、ちょうど初期のヘンダーソン飛行場と同じように、迎撃態勢が整っているときだけ積極的に空戦し、そうでなければ交戦しないという選択権があった。

この優位を片手に、ラバウルの零戦隊は12月、翌年1月と連日の空襲に対し可能な限りの機数でこれを迎撃し、多大の戦果を報告した。

撃墜報告は相変わらず過大だったが、100機以上が入り乱れる大空戦の割には零戦の損害は意外に少なく、一日あたり3機以内が多い。1機以下もかなりあるので、最小限の損害で善戦していたと言えるだろう。

しかし、少しずつの損害とはいえ、毎日積み重なれば戦力は着実に減ってゆく。機材、人員とも補充が追いつかず、戦力は徐々に細っていった。

一方、ラバウル上空は米軍にとっても苦しい戦場となった。

米軍の記録によれば、1月のラバウル空襲では戦闘機65機と爆撃機35機を喪失したという。また、激戦で戦果報告が過大になるのは万国共通で、この時期の米軍の戦果報告は現実の5倍前後にまで膨れていた。

猛攻は2月も続き、連日のように100機規模の空襲が繰り返され、かつその数は増える傾向にあった。零戦は毎日迎撃に飛び立つが、こちらは日を追うごとに数が減っていった。

2月に入って零戦の被害が減少しているのは、戦力温存のために無理な空戦を控えているからと思われる。1月のデータから計算すると、この時期の日本側の戦果膨張率は概ね7倍だから、

【ラバウルに対する12月の大規模空襲（17日以降、昼間のみ）】
空襲回数：8日（9回）
来襲機数：概ね50〜100機
迎撃機数：概ね70〜100機
零戦の損害：合計32機
　内訳1機以下（1）
　2〜3機（3）
　4〜6機（4）
撃墜報告：合計約190機

【1月の大規模空襲（昼間のみ）】
空襲回数：21日（23回）
来襲機数：概ね100〜200機
　（米軍資料によれば合計約2900機）
迎撃機数：概ね50〜80機
零戦の損害：合計71機
　内訳1機以下（6）
　2〜3機（9）
　4〜6機（6）
　7機以上（2）
撃墜報告：合計約720機（米軍資料によれば100機）

これをそのまま2月に適用すると実戦果は40〜50機程度か。最後の3ヶ月間で、零戦隊は基地上空の迎撃戦だけで、約130機をパイロットとともに失ったことになる。これはソロモン航空戦の全期間を通じても最大級の損耗の一つだった。

零戦は劣勢の中敢闘してはいたが、戦いの終わりはあっけなかった。2月17日、連合艦隊泊地のあるトラック基地が米機動部隊の大規模な空襲を受けた。トラックは壊滅的な被害を受け、泊地としての機能を喪失した。

連合艦隊主力は直前に脱出していて無事だったが、これにより「トラック泊地の前衛」としてのラバウルの存在意義は無くなった。

ラバウルの航空隊は2月19日からトラック方面へ引き揚げ、ここに長かったソロモン航空戦は幕を閉じた。

【2月の大規模空襲（19日まで、昼間のみ）】
空襲回数：15日（16回）
来襲機数：概ね150〜200機
迎撃機数：概ね40〜60機
零戦の損害：合計30機
内訳1機以下（9）
2〜3機（6）
7機以上（1）
撃墜報告：合計約330機

中部太平洋の戦い

ここで、時間を少し前に遡って、中部太平洋方面の戦いを見ていこう。

ラバウルでまだ激戦が続いている昭和18年秋、米軍は中部太平洋で攻勢に出た。

最初のターゲットはギルバート諸島の「マキン」「タラワ」の両島だったが、その上陸作戦に先立つ支援作戦として、より日本本土に近い太平洋の孤島（マーカス島、ウェーク島）を機動部隊で空襲することになっていた。

昭和17年の末にはいったん壊滅した米海軍の機動部隊だが、約1年後には新戦力を揃えて新編成されていた。

中核を担う母艦は、新造の大型空母「エセックス」級と巡洋艦の船台を流用した「インデペンデンス」級。それぞれ約90機、35機の飛行機を搭載可能な有力な空母であった。さらに、従来の各空母を1隻ずつ分割して運用する方式を改め、複数の空母を一群に集めて飛行機の集中威力を発揮するようにした。

10月６日、「エセックス」級空母３隻と軽空母1隻からなる強力な艦隊がウェーク島に接近した。合計３００機以上の搭載機のうち、半数を占めるのが新型のＦ６Ｆ「ヘルキャット」戦闘機である。

日本軍の寝込みを襲うため、まだ夜が明け切らないうちに第一波として64機の「ヘルキャット」が発進してウェークに向かった。

一方、日本側も油断して寝ていたわけではなかった。事前の通信諜報により米軍の攻撃がある程度予測されており、９機の零戦が他の基地から応援に駆けつけ、基地は警戒態勢を取っていた。

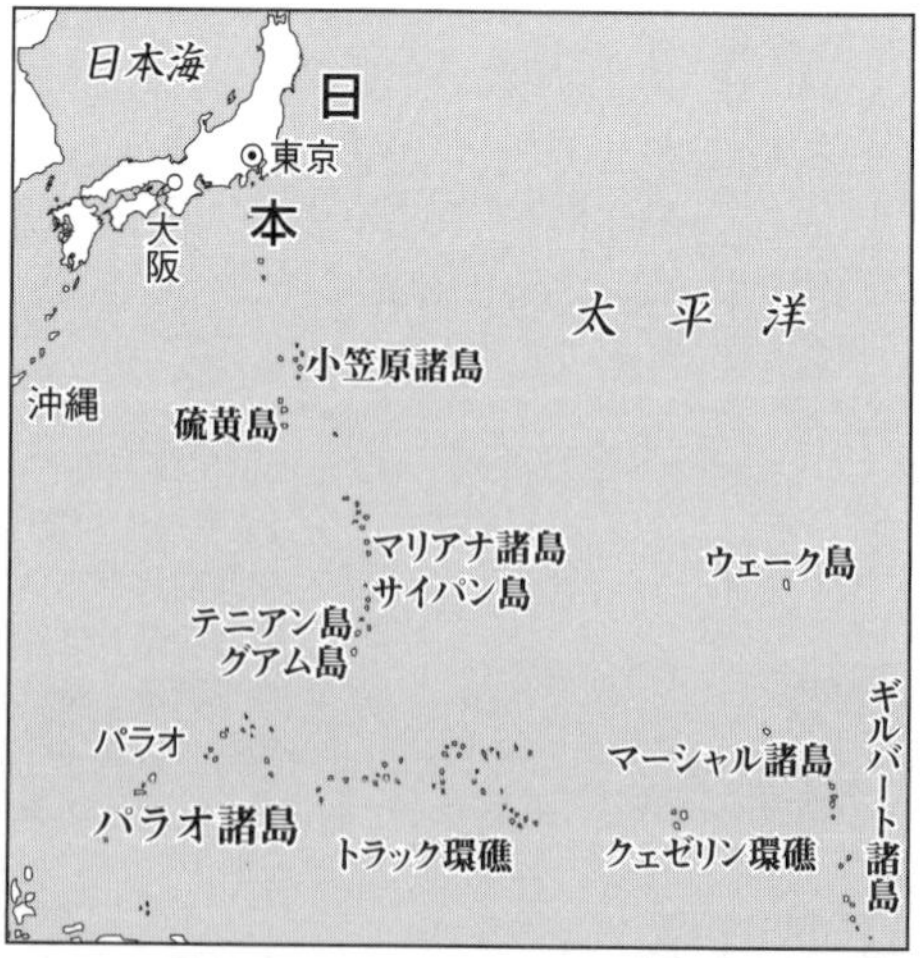

中部太平洋地図

夜明け前、ウェーク基地のレーダーが米軍機を捉えたが、距離が近すぎて迎撃機を発進させる余裕がない。米軍機は早くもその数分後には基地上空に達しており、零戦隊は攻撃の合間を縫って緊急発進した。

空襲は昼過ぎまで断続的に続き、翌7日にも反復された。その数は延べ700機以上といわれる。

初日の戦いで、24機いた零戦は空中で15機を撃墜され、残り全部が地上で撃破された。また、空襲の途中で7機の零戦が増援のため飛来し、途中で米軍機と交戦して2機を失っている。2日目の空襲に対しては迎撃機は出動しなかった。

一方「ヘルキャット」は2日間の攻撃で12機が未帰還となり、さらに数機が不時着。事故等を含めると24機を失ったが、そのうち空中戦による被撃墜は6機とされている。

撃墜数で6対17のスコアは大差だが、機数と態勢の差を考えれば健闘といえるだろう。

なお、レーダーが直前まで空襲を探知できなかった原因は明らかでないが、第一陣の「ヘルキャット」部隊はレーダーを避けて低空飛行で接近した可能性がある。米軍では、目標付近までは低空飛行で水平線下に隠れ、直前で上昇して奇襲をかけるという戦法がしばしば採用されている。

ギルバート諸島、マーシャル諸島の喪失

ウェーク島への空襲から1ヶ月あまり経った11月下旬、米軍はギルバート諸島の「マキン」「タラワ」両島に猛烈な空襲を加えた後、上陸を開始した。上陸作戦を支援していたのは、正規

空母2隻と軽空母1隻からなる機動部隊であった。

この方面には1個飛行隊約50機の零戦が配置されており、敵機動部隊の攻撃と陸戦支援の命を受けて作戦を開始した。しかし、この兵力は広範囲に分散していたことに加え、零戦に爆弾を装備してマキン島の爆撃を狙うなど無理な作戦が祟り、数日で急速に戦力を消耗してしまった。

戦力の乏しい日本側は、ギルバートに隣接するマーシャル諸島の飛行場から攻撃機を飛ばし、米機動部隊に対して夜間雷撃による反撃を行った。

本土や機動部隊から増援の飛行機が送り込まれ、陸攻隊が毎夜出撃しては大きな戦果を報じた。しかし、例によって戦果は誇大報告であり、実際は軽空母に魚雷が1本命中しただけだった。

マキンはすぐに占領され、頑張ったタラワの守備隊も3日で全滅した。もともと陸地がほとんどない珊瑚礁の小島だから、大部隊で攻め立てられれば隠れる場所すらなかった。

ギルバート攻略が済むと、米軍はすぐに矛先をマーシャル諸島に転じた。

12月5日、正規空母2隻と軽空母1隻からなる機動部隊が、マーシャル諸島の「クェゼリン環礁」に来襲した。ここには当方面の日本軍の中心的な基地があった。

米軍機は前回のウェーク島空襲と同様、夜明け前に母艦を発進して寝込みを襲った。

日本軍のレーダーが米軍機の大編隊を捉えるが、探知距離が80㎞（上空到達まで10分余り）では緊急発進も間に合わない。さらに、通信不良が追い撃ちをかけて迎撃は遅れ、日本側は地上空中ともに大きな損害を出してしまった。

零戦は30機余りがなんとか飛び立ち、ちょうど他基地から移動してきた機を加えた約50機で米軍機に立ち向かったが、態勢の不利はいかんともし難い。

この日だけで零戦は17機を失い、基地施設と停泊中の艦艇も大損害を受けてしまった。これに対し、「ヘルキャット」は3機を失ったのみである。

その日の夜、日本軍はいつものように陸攻の夜間雷撃で反撃を試み、正規空母「レキシントン」に1発を命中させて撃破したが、戦果はこれだけだった。

圧倒的な機動部隊の航空支援の下、米軍は1月末にクェゼリン環礁に対する上陸作戦を実施し、2月初頭までに完全に占領した。

トラック島空襲

ギルバート諸島とマーシャル諸島が占領されたことによって、連合艦隊泊地があるトラック環礁の東側は丸裸になってしまった。

中部太平洋に張り巡らされていた日本軍の哨戒網は消滅し、米機動部隊は自由にこの海域を行動できる。さらに、占領したマーシャル諸島の飛行場から重爆撃機を飛ばせば、トラック泊地はその行動半径内に収まるのである。

連合艦隊司令部は、近日中にトラック基地への空襲は必至とみて、2月上旬には停泊中の主力部隊を後方に退避させた。

通信諜報の結果、2月16日頃に空襲がある可能性が高いと判断されたので、日本側は警戒配備をとると共に、米機動部隊の所在を探るために11機の偵察機を放った。しかし、この日とうとう予想した空襲はなく、敵艦隊も発見されなかった。

これで安心したのか、司令部はその日の午後、トラック基地の警戒配備を解いて平常配備に戻してしまう。

そして、米機動部隊が現れたのはその直後、17日の明け方のことだった。しかもその兵力は、正規空母6隻、軽空母3隻、搭載機約600機という圧倒的なものだった。

米軍の攻撃隊は、この日もいつも通りの空襲方法をとった。つまり、夜のうちに攻撃隊を発進させて寝込みを襲い、まず「ヘルキャット」だけの集団が飛行場上空に侵入して戦闘機を制圧、その後爆撃機を突入させる。

10月のウェーク島空襲以来全く同じパターンの繰り返しなので、日本側もそろそろ学習して対応すべきだったが、残念ながらこの日の迎撃は極めて不手際だった。

レーダーは十分な時間的余裕（約30分）をもって米軍機の編隊を探知したが、肝心の航空部隊が警戒配備についていないため、すぐには発進できない。

パイロットの大部分は即応態勢にはなく、迎撃に上がる前に身支度や敵情の確認が必要となる。飛行機だってすぐには飛べない。仮に燃料弾薬が満載状態だったとしても、エンジン始動から暖機運転まで15分以上はかかる。さらに格納庫や駐機場からの移動、滑走路末端までのタキシング、離陸滑走から戦闘高度までの上昇――とても30分では間に合わない。

トラック基地の航空隊は約70機の零戦を保有していたが、うち25機は艦爆の代用として使用する戦闘爆撃機タイプで、乗員も空戦訓練は受けていない。

第一陣として突入してくる「ヘルキャット」は約70機。数の上でも敵わないが、それ以前に米軍機の攻撃開始までに何機が空に上がれたか疑問だ。

空襲の合間を縫って約40機が緊急発進したともいうが、もしそうであれば大部分は地上滑走中か離陸直後を狙われて撃破ないし撃墜されたと推定される。基地航空隊の戦闘機パイロットだけで、20名以上が戦死した。

「ヘルキャット」隊の突入に続く多数機の反復攻撃により、17日のうちにトラック基地の稼動兵力はほぼゼロとなった。余りにも徹底した敗戦であり、かつ相当分が地上撃破であるため、空戦の模様はよく分からない。

攻撃は18日も続行され、基地施設と停泊中の艦船の大部分が破壊ないし撃破されてしまった。地上撃破を含めた飛行機の損失は200機以上といわれる。

この損害に対し、日本側は僅かに少数機の陸攻が夜間雷撃で反撃し、正規空母「イントレピッド」を中破したのみである。

さらに、米機動部隊の猛威はこれに止まらなかった。

2月末、マリアナ諸島（サイパン、テニアン、グアム）に2群からなる米機動部隊が来襲。3島にあった航空兵力約130機が全滅した。これらの部隊は、中部太平洋方面での惨敗をうけて、急遽本土からトラック方面に進出する途上にあった。

3月末、一時連合艦隊主力が退避していた「パラオ諸島」に対し、3群からなる米機動部隊が来襲。日本艦隊の主力は直前に退避したが、逃げ遅れた艦船と所在の飛行機隊がなす術なく踏み潰された。零戦は3日間の戦いで50機以上が撃墜され、多数が地上で炎上した。

周辺の基地から陸攻が出撃して反撃を試みたが効果はなく、全体では地上撃破を含めて合計約150機を失っている。なお、この作戦での「ヘルキャット」の損害は10機程度で、その過半は対空砲火によるものだという。

さらに4月末、米機動部隊は再び大部隊でトラック方面に来襲。トラック基地の零戦は30機余りの兵力で迎撃したが、全く歯が立たず一日でほぼ全滅している。

かつて南太平洋やインド洋で南雲機動部隊が暴れまわった時、その圧倒的な威力の前に連合軍はなす術がなかった。今や、その猛威を受ける立場に置かれたのは日本側なのである。

孤島の航空基地と「攻勢の優位」

いかに米機動部隊が強力とはいえ、100機、200機という大兵力が易々とやられてしまうのは不思議と思うかも知れない。この惨敗の大きな理由の一つは、攻撃を受けた日本軍基地が、太平洋に孤立した小基地群だったからだ。

孤島の航空基地では周囲が全て海であるため、前衛の監視所から早期警戒を得ることが出来ない。レーダーによる探知は可能でも、数少ない滑走路から多数の戦闘機を短時間で発進するのは困難で、敵機の侵入前に迎撃態勢を取ることが難しい。

さらに、余程の拡張工事を施さない限り、展開できる戦力も1島あたりせいぜい数十機から100機程度であり、付近に有力な基地が存在しないため空中退避も困難、戦力の集中・分散の便宜もない。したがって、太平洋の孤島にいくら飛行機をばら撒いてみても、奇襲的に押し寄せる機動部隊の航空攻撃には全く無力なのである。

マリアナ・パラオ方面で撃破された多数の航空部隊は、海軍の切り札として内地に温存されていた兵力だった。これらの部隊は練度の高い精鋭で戦闘力も高かったはずだが、戦力整備が終了しないうちに急遽太平洋方面への出動を命じられ、何の準備もないまま慣れない飛行場に進出して、その直後に大規模な奇襲攻撃を受けて壊滅している。

機体の性能やパイロットの技術を云々する以前に、この態勢で勝てる訳がないのだった。

この時、すでに日本軍の防衛作戦は米軍の進攻スピードに付いて行けなくなっており、「攻勢の優位」は完全に米軍の手にあった。

昭和19年初頭に展開された米機動部隊の一方的な戦いは、すでにマリアナ・パラオ方面が日本にとって足場の悪い戦場になっていることを示していた。

マリアナ航空戦

昭和19年初頭の攻勢の結果、マーシャル諸島は米軍に占領され、トラック泊地が無力化され、ラバウルの航空部隊は撤退した。これによって、中部太平洋の制空権と制海権は事実上米軍の手に落ちていた。

戦略的には、米軍がいずれマリアナ諸島の攻略に動くであろうことは明らかだった。マリアナ諸島が米軍の手に渡れば、関東地方が敵重爆の空襲圏に収められるからだ。これは日本にとって破滅的な結果を意味するから、海軍だけでなく、陸軍にとってもマリアナ諸島は「死守」すべきラインと見なされた。

大本営はマリアナ諸島からフィリピン南部、西部ニューギニアを結ぶ線を「絶対国防圏」と規定し、ここに大兵力を送り込んで要塞化することを決定した。

海軍も、内地で整備されつつあった基地航空部隊の主力をこの方面に展開し、再建した空母部隊と協力して米機動部隊を迎え撃つ方針だった。

しかし、「絶対国防圏」の一角には西部ニューギニアも含まれる。マリアナとニューギニア、先に来るのがどちらかという点は意見が分かれていた。この点は実は米軍の指導部でも争いがあった点なので、日本側で迷いが出るのは当然である。当時の海軍では、むしろ次の攻勢をニューギニアからフィリピン方面と予測する見解が主流だったといわれる。

結局、米軍はマリアナ攻略を先行させることになるが、その前に日本軍の判断を誤らせる陽動作戦としてニューギニア方面で攻勢に出た。昭和19年5月のことである。

次なる攻勢正面として注視していた方面だけに、日本側はこの動きに食いついてしまった。

当時、海軍は「絶対国防圏」の正面に500機以上の基地航空戦力を送り込んでいたが、米軍の西部ニューギニア侵攻を受けて、その3分の2をニューギニアの正面及びこれに近いパラオ方面に移動させた。これで、マリアナ諸島に残る兵力は約150機程度となった。

この隙に、米軍の空母機動部隊が出撃した。その戦力は、正規空母7隻と軽空母8隻、搭載機約900機という途方もないものだった。

6月11日から12日にかけて、米機動部隊は多数の艦載機をもってマリアナ諸島（サイパン、テニアン、グアム）の各基地を空襲した。

このとき、日本の基地航空戦力は各基地に数十機（うち零戦は20～30機）ずつ分散配置されており、米軍機の集団威力の前にほとんど抵抗らしい抵抗もできないまま各個撃破されてしまった。

この戦闘で、基地航空戦力約150機が抹殺された。

つづいて、米軍はサイパンとテニアンに対して艦砲射撃を開始。15日、北マリアナ諸島に対して上陸作戦が開始された。

さらにこの間、ニューギニア方面での作戦のためにパラオ方面に展開した基地航空部隊に対して、米陸軍の大型爆撃機による空襲が連続した。

日本側は十分な設備のない基地に大量の飛行機をいきなり送り込んだため、航空部隊は兵力の移動だけで大混乱を来たしていた。

パラオ諸島の小島、ペリリュー島の飛行場には、規模に不似合いな多数の飛行機があふれ、米軍機の爆撃を受けて多数の機材が破壊された。爆弾は無防備な宿舎地帯にも降り注ぎ、多数のパイロットが地上で死傷した。さらに、ニューギニアに転進した航空隊は連日の戦闘で消耗し、あるいはパイロット達の間にデング熱が流行して行動不能となる不運に見舞われる。

これで、残る350機も戦力ではなくなった。この時点で日本に残されていたのは、再建なった空母機動部隊だけである。

「あ号作戦」

米軍のマリアナ来襲をうけ、連合艦隊は「あ号作戦」と呼ばれる決戦計画を発動した。当初は、マリアナ、パラオ諸島に配置した基地航空隊と空母機動部隊が協力して、進攻してくる米機動部隊を迎え撃つ予定だった。しかし、すでにその鋏の一方の刃は折れていた。

出撃した日本の機動部隊は、正規空母3隻、大型改装空母2隻、軽空母4隻を基幹とし、その搭載機は約450機。米機動部隊の半数の戦力だった。

本来は、これに加えて500機の基地航空兵力を投入して空母の劣勢を補うはずなのだが、この時点で計画には大きな狂いが生じていた。

本作戦において、機動部隊は「アウトレンジ戦法」という戦術を採用した。

これは、搭載機の攻撃半径ギリギリの遠距離から攻撃隊を発進して奇襲的第一撃を加え、その後攻撃を反復して戦果を拡大するという目論見である。

先制攻撃を成功させるには、まず敵を先に見つけなければならない。ミッドウェイで痛い目を見ている日本側は、索敵に関しては米軍より一枚上手だった。

6月19日の早朝、機動部隊は40機以上の索敵機を発進させて念入りな偵察を行った。効果はてきめんで、米軍の偵察機がモタついている間に、日本側は「3群」(実はこれは間違い)の米艦隊を発見して位置を特定した。

発見した目標の位置は、本隊から約380浬。本来なら少し遠いが、かねて研究済みの「アウトレンジ戦法」を実行するにはちょうどよい距離である。

直ちに、攻撃隊に発進命令が下った。

まず、本隊の約80浬先を行く前衛部隊の軽空母3隻から最初の攻撃隊が発進する。その兵力は、零戦14機、戦闘爆撃機43機、誘導機7機の合計64機だった。

戦闘爆撃機とは、旧型の零戦を改造して250kg爆弾を搭載する「代用艦爆」としたものである。この頃になると、低速な「九九艦爆」の性能では敵戦闘機の追撃を振り切れず、攻撃後の生還を期し難くなっていた。一方、新型の「彗星」艦爆は発着性能の問題で軽空母からの運用ができない。艦爆乗りは、やむを得ず「代用艦爆」としての改造零戦に乗り換えざるを得なかった。

続いて、本隊の正規空母3隻から零戦48機、「彗星」艦爆53機、「天山」艦攻27機の合計128機が発進。さらに本隊からは、このあと続けて4群（約130機）の攻撃隊が発進したが、これらはいずれも目標として指定された座標が間違っていたため、ついに米艦隊を捉えることが出来なかった。

結局、米艦隊まで辿りついたのは前衛と本隊の各1群、合計約160機のみである。

この攻撃兵力に対して、米空母群が搭載する「ヘルキャット」の数は合計約470機。米軍はその大部分を迎撃戦に投入することができるから、実はこの時点で勝負は見えていた。しかし、出撃するパイロットにはそんな事は知る由もない。

まず、前衛の約60機が高度6000mで米艦隊に接近した。

レーダーは106浬の距離で攻撃隊を探知し、無線誘導された戦闘機隊は母艦から50〜60浬の位置で理想的な迎撃に成功する。上空から見渡せる距離の限界は30浬程度なので、日本機はまだ米空母が見えていない状態、つまり巡航状態のまま奇襲されたことになる。

攻撃隊の中で空戦能力を持つ零戦は僅かに14機。これに60機以上の「ヘルキャット」が襲い掛かったのだから、爆撃隊がただで済むわけが無い。

攻撃隊は壊滅的な被害を出し、その3分の2（零戦8機、戦闘爆撃機31機、誘導機2機の合計41機）を失ってしまう。しかも、米空母の上空までは1機も到達せず、15浬ほど手前にいた前衛の戦艦群を攻撃して直撃弾1発を与え、2機の「ヘルキャット」を撃墜しただけだった。

次に、軽空母の攻撃隊が突入してから約40分後、本隊からの飛行機が到着した。

この隊は途中の故障やアクシデントのため引き返した機が相当数あり、また艦攻隊の一部が途中で分離してしまった。そのため、編隊が米艦隊に接近した時は総勢100機程度に減少していたと思われる。

この隊も、米空母群から約50浬の地点を巡航中に多数の「ヘルキャット」につかまり、激しい迎撃を受けた。この時点では、パイロットには米艦隊が見えていない。

この時の各機種の編成を見ると、6個中隊からなる「彗星」艦爆隊がやや高めの高度にあり、その上方に16機ずつ3個中隊の零戦、やや離れて一段低い高度を「天山」艦攻の2個中隊が進撃していたと考えられる。但し、戦闘機隊の位置取りについてはよく分からないところがあり、一部は「天山」隊に寄り添っていた可能性もある。

迎撃の「ヘルキャット」は、まず上層の零戦隊に、次いで艦爆隊に襲いかかった。降下してくる米軍機に対して、掩護の零戦隊が突入して空中戦となる。

「彗星」艦爆は最高速度が500㎞/hを大きく越える高速機なので、空戦を行った戦闘機は必然的に後方に落伍していく。零戦隊は「ヘルキャット」が現れる度に一隊を割いて阻止しようとするが、この戦法は直掩機が艦爆から引き離されるという結果を生むのである。

そしてその直後、早くも艦爆隊の隊長機が消息を絶ってしまう。隊長機を含む第一中隊の「彗星」が全滅していることから推測すると、先頭を行く第一中隊が真っ先に「ヘルキャット」のターゲットにされたようだ。

一方、艦爆隊の残部は「ヘルキャット」と戦いながら、敵を求めて進撃を続けた。

暫くして、パイロットの視界に米軍前衛部隊の姿が見えてくる。

前衛といっても、4万トン級の戦艦多数を擁する超有力部隊である。戦闘機の迎撃も激しい。多くのパイロットが「これを攻撃して、早く身軽になりたい」という衝動に駆られたことだろう。その衝動に負けたのか、それとも敵艦が空母でないことに気づかないのか、艦攻隊の指揮官機が「全軍突撃セヨ」の電信を発令して戦艦群に突入していく。「ヘルキャット」の迎撃を受けてから、ここまで約6分。

この時の艦攻指揮官機は、1~2分おきに多数の電報を打つ余裕があった。つまり、艦攻隊は突入直前まで「ヘルキャット」の迎撃を受けていなかったと考えられる。

「全軍突撃セヨ」の指令に基づき、艦攻と同時に艦爆隊の一部も攻撃に移るが、そこには戦艦ばかりで空母がいない。攻撃目標は戦艦ではなく、あくまで空母のはずである。

戦艦部隊への攻撃を思いとどまった艦爆隊の一部は、「ヘルキャット」の攻撃をかわしつつ前衛の上空を通過し、さらに捜索を続ける。

すると、遥か彼方に目指す米空母機動部隊が見えてくる。ここまで約10分。空母までの距離を20浬とすると、「彗星」の全速力ではあと4～5分。回避運動のロスを考えると7～8分か。

しかし、そこには別の「ヘルキャット」隊による第二、第三の迎撃網が待ち構えている。前述のとおり、「彗星」は相当の高速機なので、「ヘルキャット」といえども一撃目をミスすれば次に追いつくまでかなり時間がかかる。

掩護の戦闘機さえ付いていてくれれば、僅か数分の突入時間くらいは稼げたはずだが、圧倒的多数の迎撃機の前に、すでに零戦隊は散りぢりになっていた。

この時点で艦爆隊に寄り添っていた零戦はごく僅か（または皆無）だと考えられ、「ヘルキャット」は自由に艦爆を攻撃できる状態である。護衛のない裸のまま多数の戦闘機に囲まれた「彗星」は、次々に撃墜される。

最初に「ヘルキャット」の迎撃を受けてから約15～20分後、戦艦への攻撃を思いとどまり、その後の迎撃にも生き残った「彗星」隊が米空母の上空に到達する。この時点での残存数は、おそらく10機程度。

対空砲火で何機かが墜とされ、残存機のうち2機が空母「バンカーヒル」に投弾。これは至近弾となり、他の数機は「ワスプ」を攻撃して損傷させた。

これ以外の大多数の攻撃機は、各個に前衛の戦艦群を攻撃したようだが、見るべき戦果がないまま多数が失われた。従来の傾向からして、攻撃後に戦闘機の追跡を受けて撃墜された機が多数あったと考えられる。

結局、この攻撃で日本側は零戦31機、「彗星」41機、「天山」24機の合計96機が未帰還となった。これ以外に不時着やパイロットの機上戦死も多数あり、攻撃を終えて母艦に収容されたのは零戦17機と「彗星」２機のみ。

迎撃した「ヘルキャット」の被撃墜は6機だから、目を覆うような惨敗である。

さらに、米艦隊を発見できずに迷子になった部隊も途中で「ヘルキャット」に襲われて手痛い損害を出しており、４５０機を揃えた艦載機部隊は、たった一日で壊滅してしまった。

さらに、搭載機を失った日本艦隊に米軍機の空襲が追い撃ちをかける。

翌20日、米機動部隊はようやく日本艦隊の所在を捉え、総勢２００機以上の攻撃隊を差し向けた。これを迎え撃つ戦闘機は、僅かに30機程度の零戦だけ。ほかに艦爆型を30機ほど掻き集めたが、パイロットは空中戦の訓練を受けておらず戦果は期待できない。

必死の抵抗も空しく、米軍機の攻撃で改装空母「飛鷹」が撃沈され、多くの艦が傷ついた。

日本側は対空砲火と合わせて16機の米軍機を撃墜（うち「ヘルキャット」は5機）し、さらに約20機に再使用不能な損害（うち「ヘルキャット」5機）を与えたが、この空戦で零戦7機と戦闘爆撃機15機が失われていた。最後に意地を見せたとはいえ、日本軍は、このマリアナ海戦で完膚なきまで打ちのめされた。

「あ号作戦」は打ち切られ、まもなくマリアナ諸島は米軍の手に落ちる。

そしてこの後、二度と日本の空母機動部隊が再建されることは無かった。また、主力部隊の囮としての出撃を除いて、実戦で空母が運用されることもなかった。

一時は「米軍機を圧倒」したはずの零戦の性能にも、この頃には明らかな翳りが見えていた。「ヘルキャット」との空中戦も、昭和18年末の段階ではまだいい勝負が出来ていたが、今回は見るも無残なスコアに終わっている。米軍機の戦闘力は、いつの間にか零戦の手の届かないレベルに達してしまったかに見えた。

第8章　圧倒的劣勢の中で──レイテから終戦

硫黄島の戦い

「あ号作戦」が失敗に終わり、日本の機動部隊がマリアナ沖から敗退した直後の昭和19年6月下旬、米機動部隊の一部がさらに北上して、硫黄島の飛行場を空襲した。

硫黄島には2ヶ所の飛行場があり、零戦3個飛行隊（約60機）のほか爆撃機、攻撃機を含めて120機余の戦力が配備されていた。

これに対し、米機動部隊はまず露払いとして「ヘルキャット」51機に500ポンド爆弾を装着して第一撃をかける。対する日本側もレーダーで接近する米軍機を捉え、各飛行隊が直ちに緊急発進を始めた。

しかし、60機もの戦闘機を緊急発進させるまでには相当の時間がかかる。いち早く発進した機には、最後の機の離陸を待っている余裕はない。零戦隊は、発進時刻が近い者同士で各個に編隊を組み、幾つかの集団に分かれて上昇していった。

この日、硫黄島上空には高度3000〜4000m付近に厚い雲の層があったので、日本側の司令部は零戦隊を二手に分け、雲の上下に担当空域を割り振っていた。当初の計画では、2個飛行隊が雲の上に展開し、1個飛行隊が雲の下で待機するはずだった。

しかし実際には、雲の上を担当空域とする2個飛行隊のうち、先に離陸した一部の零戦が高度をとって雲の上に出た直後、「ヘルキャット」の編隊が雲上に現れた。このとき、後半組はまだ空中集合を終えたばかりで、雲の下を編隊で上昇している途中だった。

2個飛行隊約40機のうち、「先発組」と「後発組」がそれぞれ半数とすれば、雲上にいた零戦は20機程度か。数は20対50だが、態勢は日本側に利があった。

空戦が始まったとき、先発組の零戦は十分な高度を取っており、米軍機よりも高い位置にいた。しかも「ヘルキャット」隊は爆装のうえ、上昇中のため速度が出ていない。

零戦隊は上空から降下しながら加速し、雲を背にしてモタモタ飛んでいる米軍機に襲い掛かる。最初の一撃で、数機の「ヘルキャット」が火ダルマになって墜ちた。

残りは爆弾を捨てて急降下し、雲の中に逃げ込もうとするが、さらに逃げ遅れた何機かが犠牲になった。最初の1分間は、零戦隊の完勝だった。

しかし、次の瞬間に状況は逆転した。

急降下で逃れた「ヘルキャット」が雲を突き破って低空に出たとき、そこには後発組の零戦が、密集編隊でゆっくり上昇していた。

すでに「ヘルキャット」がエンジン全開、降下加速でトップスピードに達しているのに対し、零戦は上昇中で速度がなく、密集した編隊を戦闘隊形に開く時間すら無かった。密集編隊のままでは、急旋回も相互援護も不可能である。

一方「ヘルキャット」のパイロットは、単に目前に並んだ標的の中から手ごろなものを選んで突進し、引金を引くだけで良い。雲の中から無数の「ヘルキャット」が高速で降りかかってくる。奇襲的な一撃により何機かの零戦が火を噴き、残存機も混乱した。零戦の編隊は崩れてお互いを見失い、各機バラバラになって乱戦を始めた。

空戦が雲の下に広がったとき、零戦と「ヘルキャット」の速度差は圧倒的だった。上昇中の零戦の速度はせいぜい300km/h程度なのに対し、降下してきた「ヘルキャット」はおそらく600km/hを超えていただろう。

この絶対不利の状況下では、零戦が「ヘルキャット」を追い詰めるチャンスはまずない。乱戦の中でたまたま背後を取ったとしても、速度差がありすぎて一瞬で引き離される。1機を狙っている途中で他の「ヘルキャット」に狙われれば、たちまち距離を詰められ、射撃を受けてしまう。「ヘルキャット」の加速力は零戦よりやや優れるので、空戦開始時の速度差はその後もなかなか縮まらない。さらに悪いことに、「ヘルキャット」は旋回性能が非常に優れており、零戦が得意の急旋回を駆使しても容易には振り切れなかった。

この強敵を相手に、不利な態勢で正面からやりあうのは自殺行為である。このような場合には、味方同士で相互に援護しながら一旦空戦域を離脱し、態勢を立て直してチャンスを狙うべきなのだが、この時の零戦隊は混乱していてそれどころではない。

多くの機は指揮官機や列機を見失い、混乱したまま闇雲に飛び回っていた。相互援護が機能しない状態では、性能と数に優る「ヘルキャット」の攻撃は防ぎきれない。

一方、米軍機は仮にバラバラになっても、逃げるだけなら機体の性能だけで何とかなってしまう。高速を利して零戦の追跡を振り切り、ひとまず空戦域を離れてから、無線電話で再集合して態勢を立て直せばよいわけだ。

こうなると、態勢・性能・数・チームワークのいずれの要素をとっても米軍が圧倒的に有利で、「雲下組」の零戦は非常に厳しい戦いを強いられることになる。基本的に、雲の下での空戦は「ヘルキャット」の圧勝であったようだ。

この空戦が終わった時、零戦は59機中の約4割、23機を喪失していた。「ヘルキャット」の喪失は51機中6機とする文献もあれば、10~12機とするものもあって判然としない。対空砲火や他の戦闘による撃墜、被弾不時着をどのようにカウントするかで零戦の撃墜スコアは異なってくるようだ。

いずれにせよ、「ヘルキャット」の損害の大部分は最初の1分間に「雲上組」の攻撃で撃墜されたものと見られ、その後の乱戦はほぼ米軍のワンサイド・ゲームだったようだ。

この事例は、飛行機の性能がどうこうという以前に、空戦開始時の態勢や空中指揮の優劣がそのままスコアに反映するという航空戦の実態を良く示している。

この日の空戦に参加した坂井三郎中尉の回想によれば、同じ部隊の零戦パイロットの中でも、坂井中尉を含む「雲下組」が非常な苦戦を感じたのに対し、「雲上組」は楽勝だったという感想を述べていたという。

囮艦隊での戦い

マリアナ決戦から4ヶ月を経た昭和19年10月、米軍はついにフィリピンの奪回に動いた。

この僅かな期間では、日本機動部隊の再建は間に合わない。そこで連合艦隊は、ほぼ無傷で残っていた戦艦部隊と巡洋艦隊の砲力によって米軍の上陸を阻止しようと試みた。

米軍の上陸部隊はフィリピン中部にある「レイテ島」の入り江、「レイテ湾」に集結しつつある。この部隊の上陸を阻止するため、戦艦「大和」「武蔵」「長門」を筆頭に、残存する海軍艦艇のほぼ全力がこの作戦に動員され、レイテ湾の上陸船団に向けて突入を開始した。

生き残りの空母に与えられた任務は、「囮艦隊」として米機動部隊を引き付け、主力の戦艦部隊に突入のチャンスを与えることだった。

この囮空母には、僅かながら飛行隊が搭載されていた。戦闘機として52型が52機、艦爆仕様の戦闘爆撃機が28機。マリアナ決戦の時と比べると惨めなほど少ない数だが、この小部隊がここで意外な健闘を見せる。

昭和19年10月24日、フィリピン沖で米機動部隊を発見した囮艦隊は、二波にわたり合計57機の攻撃隊を発進させた。１００機以上の大編隊が一瞬で9割もやられてしまったマリアナ沖の経験からすれば、各30機前後の小兵力では全滅して当たり前と思うかもしれない。

しかし、実際には第一波の犠牲は33機中9機（うち戦闘機6機）、第二波は24機中8機（うち戦闘機2機）の損害に止まった。つまり、出撃機のうち3分の2は生還したわけだ。この日の攻撃隊は母艦に帰投せず、攻撃後はそのままフィリピンの陸上基地に着陸することとされていたが、このことが参加機の生還率を高めたのかもしれない。

一方、爆撃の成果は数発の至近弾だけ。命中弾は無かったが、陸上基地から飛び立った「彗星」艦爆の攻撃で被弾し、大破炎上中だった空母「プリンストン」の復旧作業をこの攻撃が妨害し、「プリンストン」撃沈に一役買っている。そして、これが艦載機としての零戦の最後の戦いとなった。

華々しい戦果はなかったが、この時点でもまだ空母戦で十分通用する可能性を示したという意味では、零戦の生涯にとって重要な1頁ではなかろうか。

フィリピン防空戦

先に述べたとおり、海軍が内地で育成していた基地航空部隊の主力は、昭和19年の春から6月にかけて、準備不足のままマリアナ・西部ニューギニア方面に進出し、殆ど自滅に近い形で壊滅してしまった。飛行機を失った多数のパイロットは太平洋の孤島に取り残され、実戦に参加しないまま「戦力外」となっていた。

米軍の次の標的がフィリピンであることは明らかである。海軍は基地航空部隊の主力をマリアナ・パラオ方面からフィリピン中部のセブ島や南部のミンダナオ島に移し、できる限りの戦力補強を行った。それでも、9月までに海軍がフィリピンに差し向けることが出来た兵力は約400機程度。そのうちの半数を零戦が占めていた。

対する米軍は、機動部隊の艦載機だけでも1000機近い戦力を擁している。双方の陸軍機を加えれば、その差はさらに開く。この数的劣勢に加え、日本側はさらに不利な要素を抱えていた。基地の設備が全くと言ってよいほど整っていないのである。

ソロモン諸島や中部太平洋が主戦場だった2年余りの間、フィリピンは平和な後方基地でしかなかった。海軍の設営部隊は最前線の強化だけで手一杯だったので、フィリピンの飛行場は、滑走路も掩体も対空火器も、ろくに整備されていない。

まともに「航空基地」といい得るのは、米軍が戦前に整備したクラーク、ニコルス等のいくつかの飛行場のみ。これらはいずれもフィリピン北部のルソン島にあった。ルソン島以南の飛行場は、概ね「基地」とは名ばかりで、実態は自家用や農業用の簡易滑走路に過ぎない。レーダーや対空火器どころか、飛行機の整備施設も、基地要員の宿舎すらろくにない「基地」も珍しくなかった。

整備員も工具も部品も足りない状態の中、こうした基地に展開する飛行機の稼動率は、仮に戦闘がなくとも6割程度を確保するのがやっと。つまり、保有400機のうち飛べる機体は250機ほどに過ぎない。残る150機は故障中か修理中で、ただ地上に寝ている訳である。

米軍に比べて少ないとはいえ、当時フィリピンには、ごく短期間のうちに陸海軍機合計で1000機規模の飛行隊が投入された。そして、これだけの数の飛行機を収容するには、フィリピンの基地施設は貧弱すぎた。その結果、各飛行隊は多くの中小飛行場に分散してしまい、まとまった戦力として集中運用することが困難になった。

まとまった数を運用するために、比較的大きな（まともな）基地に多数機を集めようとすると、すぐに飛行場の収容能力を超えてしまう。こうなると緊急発進どころか、地上機の分散・隠匿も不可能で、空襲に対しては全く無力だった。

日本側が兵力増強と基地施設の整備を急いでいた9月中旬、米軍は本格的な上陸に先立ち、空母機の大編隊でフィリピンの飛行場に空襲をかけてきた。これは完全な奇襲となり、零戦隊を含む海軍機は初日にいきなり約半数を撃破（殆どが地上撃破または離陸直後の損失と思われる）されてしまう。米空母はその後も神出鬼没の奇襲攻撃を繰り返し、わずか10日ほどで海軍機の実動兵力は60機ほどに減少してしまった。

これに対し、海軍は台湾にあった予備兵力をフィリピン北部（ルソン島のクラーク、ニコルス基地方面）に進出させて増援する。10月中旬に米軍がフィリピン中部のレイテ島に上陸を開始した時、打撃力として期待できる戦力はこの部隊だけであった。

「大和」「武蔵」らがレイテ湾に突入を図った10月24日は、基地航空部隊もこれに呼応して総攻撃を行うことになっていた。計画では、米機動部隊に対し、クラーク、ニコルス方面の基地群から150機以上の大編隊が強襲をかけるはずだったが、この攻撃は散々な失敗に終わる。

複数の基地に分散した兵力を空中で集合させて進撃するはずが、編隊は分散したままバラバラに「ヘルキャット」の群れに突っ込む形になり、出撃した攻撃機部隊は大損害を出してしまう。この時も護衛の零戦は攻撃機と分離してしまい、直掩の役割を果たすことができなかった。そして、この1回の敗北によって、フィリピンにおける組織的な航空反撃の可能性は殆どなくなっていた。

以後、残存の零戦隊は基地の防空に努めながら陸戦支援や艦船攻撃に奔走するが、不十分な基地設備と分散した小兵力という条件では、質量ともに勝る米軍に対して勝ち目はない。

開戦劈頭のフィリピン空襲が日本軍の圧勝に終わったように、今度はその逆の事態が規模を拡大して展開された。

日本の航空部隊は、終始「攻勢の優位」を得た米軍に圧倒され、零戦隊はいくつかの空中戦で意地を見せたものの、たちまち戦力を消耗してしまった。

消耗戦への対応

今まで見てきたように、昭和19年に入ると、僅か数日の戦闘で200機、300機という単位の戦力を消耗する戦いが当たり前になっていった。

開戦当初、台湾南部に集結した海軍航空の主力部隊がせいぜい200機強であったことを考えると、いかに凄まじい消耗かが分かる。実は、欧州では1940年（昭和15年）には既にこうした状況が生じていたのだが……。

このような状況に至ると、もはや戦前の常識にこだわってはいられない。ようやく「大消耗戦」に対応する必要を痛感した日本海軍は、ついに零戦にもなりふり構わぬ改良を加えるようになる。

大戦末期に生産された零戦には、従来の基本形である「52型」及び「52型甲」のほか、「52乙型」、「52丙型」という改良型が増えていた。これは、効果の無くなった7・7㎜機銃を下ろし、代わりに威力のある13㎜機銃を搭載して火力を増強したタイプだ。

特に丙型は、20㎜機銃2挺（弾数各125発）に加え、貫通力に優れた13㎜機銃を3挺追加して火力を増強し、待望の防弾装置も追加した戦時改修型だった。武装重量の増加によってカタログ性能は低下したものの、総力戦の様相に適応した「使える機体」に仕上がっている。日本海軍も、ここに至ってようやく「結局、戦いは数と火力なのだ」という現実を受け入れた格好だ。

米軍が開戦直後から、あえて従来型より飛行性能が劣る「F4F－4型」を主力と位置づけたように、零戦の場合も、本来はもっと早い段階でこの「52丙型」的な戦時対応モデルが主力とされるべきだった。しかし、「52丙型」の登場はあまりにも遅すぎた。

「52丙型」の量産が軌道に乗ったとき、すでに「絶対国防圏」とされたマリアナ諸島は失われ、フィリピンは絶望的な状況。その活躍の場は、もはや本土の防空にしか残されていなかった。

本土防空戦

日本海軍には、零戦の後継機種として、主に「雷電」「紫電」「紫電改」の3機種があった。

これらの新型機は、カタログ上の性能は優れていたが、機械故障が多いために実戦部隊ではなかなか稼動機数が揃わず、戦力として計算できない。そのため、昭和20年になっても、数的には零戦が海軍機の主力であり続けた。

大戦の最後の半年間、日本本土の防空を担った主役は陸軍機と零戦であり、「雷電」「紫電」「紫電改」の活躍はごく限定的なものに過ぎない。

興味深いのは、この時点ではすでに性能的には限界の見えていた零戦が、高性能を誇る米軍機を相手に意外なほど善戦していることだ。

例えば昭和20年2月16日、関東地方一帯の航空基地に対して行われた米空母機の大空襲（延べ1000機以上）に際し、海軍航空部隊は主に零戦をもってこれを迎撃、約60機の撃墜を報告している。陸軍航空部隊も60機以上の撃墜を主張しているから、合計戦果は約120機となる。実際、米機動部隊はこの一日だけで60機の艦載機を失っていた。

通常、米軍の航空機喪失記録は事故損失や不時着、被弾大破までを含む数字だから、60機がそのまま撃墜数ではないが、相当数の米軍機が撃墜されたことは間違いない。陸軍機や対空砲火とのスコア配分にもよるが、零戦隊の「大戦果」はあながち嘘でもないようだ。

一方、日本側も陸海軍合計で約70機（陸軍37機、海軍30機程度）が撃墜されているが、そのうち相当部分が実戦部隊ではなく、練習航空隊の所属機である。海軍の場合、この日の迎撃に飛び立った延べ250機ほどの戦闘機のうち、約110機が戦闘訓練を受けていない練習航空隊の所属で、被撃墜数でも半数を占めている。

実戦部隊に限ると、海軍は5個飛行隊延べ140機程度が出撃して約50機を撃墜、15機を失ったことになる。戦果報告を3分の1または4分の1に割引いても互角のスコアだから、数的劣勢の中、本職の戦闘機部隊はかなり善戦したと評価してよい。

またこの日、米海軍航空隊は約70機の実戦果に対して4倍以上、300機近い誇大戦果を報告しているが、これは当時の米軍としてはかなり不正確な数字である。やはりこの日の戦闘は、米軍にとっても余裕の無い、苦しいものだったと推測される。

さらに翌17日には、厚木基地の上空から相模湾にかけての空域で、約20機の米艦載機（F4U、F6F）を全滅させた、という景気のよい勝報もあった。実際の戦果は怪しいものだが、少なくとも厚木上空で互角以上の空戦が行われたことは確かなようである。

2日間の激闘の結果、両日を通じた米空母機の喪失は88機。うち60機が戦闘喪失で、28機は事故や遭難等の原因によるものだとされている。

数と性能で優る米軍機に対して、零戦が善戦することができた要因は何だろうか？

それはおそらく、地上設備と迎撃態勢の差だろう。内地、特に関東地方の飛行場群は比較的良く整備されており、滑走路の数も多く、レーダーや見張所などの早期警戒網も充実していた。日本側は奇襲を受ける可能性が低く、かつ態勢不利とみれば自由に退避できるが、帰りの燃料を気にする米軍機は戦いのイニシアチブを握りにくい。

ガダルカナルでの戦いとは日米の立場が逆になったわけで、運用次第では、この時期の零戦でも米軍機を相手に互角の戦いができる可能性があったのである。

「紫電改」にも負けない活躍

ところが、現代では本土防空戦というと零戦の影は薄く、「紫電改」ばかり注目されがちだ。これは、「紫電改」を装備する精鋭部隊がその高性能を生かして大活躍し、米軍機を一時的に圧倒した――という武勇伝が有名になりすぎたせいだろう。

しかし、個々の戦闘での「紫電改」の撃墜スコアと喪失数を見比べると、この部隊が特に突出した活躍をした事実は確認できない。実は、「紫電改」部隊が実際に挙げた戦果は、同規模の零戦隊と大差がないのである。

これを「紫電改」が意外に弱いと考えるか、零戦がよく頑張ったと評価するかは自由だが、筆者としては零戦を褒めてあげてよいと思うのである。

確かに「紫電改」は優れた飛行機だったが、集団戦では飛行性能と戦果は直結しない。戦果を決定する要素は、運用・戦術とチームワーク、そして火力。「52丙型」の零戦は、火力では「紫電改」に劣らなかったので、戦い方次第では新型機と同等かそれ以上のスコアを挙げることも出来たわけである。

こうした戦い振りを見ると、零戦は終戦まで（特攻機としてではなく）戦闘機として現役であり、同時に海軍の主力機だったと言ってもよいのではないだろうか。

おわりに――勝敗を分けたもの

零戦の生涯を語る際には、ある典型的な「模範解答」がある。

「零戦の敗因は、1000馬力しか出ない非力なエンジン（科学技術の劣勢）と、その馬力を攻撃性能にのみ傾注し、機体強度と防弾を疎かにした欠陥（人命軽視の思想）にあり、これによって優秀なパイロットを消耗したことが、大戦後期の惨めな敗北の原因である――」

大学生のレポートくらいなら、これでも満点がもらえるだろう。本書を最後までお読み頂いた読者はすでにお気づきだろうが、筆者はこの解答には賛成しない。

パイロットの消耗というが、総力戦においては、一握りの熟練パイロットに依存した戦いをすることはできない。総力戦では、現有兵力は遅かれ早かれ消耗するものであり、これを補充する大量動員の「にわかパイロット」、いわば素人を、素人のまま戦力化できるかどうかが勝敗を分けるのである。

補充パイロットの飛行技量が劣る、という点では日米双方とも条件は同じで、「パイロットの練度が低かったから負けた」というのは理由になっていない。米軍機の事故損耗率の恐ろしい高さを見れば、彼らがいかに度胸だけで飛んでいた（下手だった）かが想像できるだろう。また、未熟なパイロット同士の集団戦では、多少の性能差はさほど決定的な要素ではない。

結局のところ、勝敗を分けた要素は機体の性能云々というより、空戦開始時の態勢と戦術、空中指揮、チームワーク等、総合的な運用の巧拙が主であり、これに加えて火力と弾数が撃墜スコアの伸びを左右したと考えた方が現実に近いのではないだろうか。

日本海軍の航空部隊は、「素人を、素人のまま戦力化する」ための有効な集団戦術を持たず、基本的にチームワークを欠いていた。さらに無線通信の不備が、この傾向に拍車をかけてしまった。そして末期の一時期を除き、海軍機は火力と弾数で米軍機に見劣りしていた。

さらに、操縦技術は似たり寄ったりでも、空中射撃の技術に関しては、日本海軍は米軍に比べてかなり遜色があったと認めざるを得ない。平均して、米軍は新人パイロットでも日本のベテラン並みに射撃が上手かった。

これはパイロットの能力や経験の差というよりも、日本側の射撃教育が不徹底、不適切だったことが大きく影響していると思われるが、この点について掘り下げた研究は行われていない。射撃の命中率は、本来は兵器として最も本質的な要素であるはずなのに、なぜか戦後の日本ではこの点についての関心が非常に低い。そして、空中射撃に対する意識は戦後急に低くなった訳ではなく、おそらく戦中からずっと低かったのである。

ひょっとすると、実戦では機体の性能よりもこちらの方が重大な問題だった可能性すらあるのだが、我々の関心は今なお「マシンの性能は？」「いかに操縦するか？」「どうやってターゲットを追い詰めるか？」というスペックや技術的な観点に偏りがちだ。

ところが、実際の空中戦は「戦争」なので、相手と同じ土俵・条件で戦う必要は全くない。単独で勝てないなら何機連れてきてもいい。逃げる敵を追わなければならないというルールはないし、挑んできた敵と必ず戦う必要もない。不利ならさっさと逃げ、絶対に勝てる状況の時だけ戦っても、反則はとられない。射撃は必ずしも敵の背後を取らなくてもよく、当たりさえすればどこから何発撃ってもOKなのである。

こう言ってしまうと身も蓋もないが、実戦では戦果だけが重要で、そこに至る過程はどうでもよい。操縦技術を駆使し、敵機の背後に回って墜とす1機も、たまたま照準器に飛び込んできた1機も、乱射乱撃が偶然ヒットした1機も、みな同じ価値である。

そして、後者のようなラッキー・ショットが生涯に2、3回あるだけで、もうエース級の活躍といえる。パイロットは物足りないかも知れないが、司令部としてはこれで十分満足なのである。大量の「にわかパイロット」を戦力化する上で目指すべき戦い方は、実はこのラッキー・ショットの発生率を最大化することであり、そのために敵により多くのミスをさせ、味方のミスをより少なく抑え、一瞬の好機に大量の弾丸をバラ撒くことである。

その際、高い飛行技術は必ずしも必要でなく、パイロットは絶好のチャンスが転がり込んで来たときに、きちんと弾を当てることさえ出来れば良い。

もし読者が日本海軍の用兵者だったとしたら、この実につまらない、ドライな結論を提示された時、これを受け入れて実行することができるだろうか？

米軍は早い段階でこの覚悟を決めたように思われる。日本海軍は大戦の末期になるまで諦めが出来ず、イタリア空軍やフランス空軍も似たようなものだった。そして現代の日本人も、こんな退屈ではあるが冷徹な結論は求めていないし、聞きたくもないだろう。それ自体は正常なことで、戦時の異常事態には対応できないというだけだ。

筆者には、零戦と米軍機の勝敗を分けた最大の要因の一つが、日米両軍の「総力戦」に対する覚悟の差と、その差から派生する戦術・空中指揮に対する工夫の差であったように思われる。技術も性能も足りなかったが、それ以上に工夫と覚悟が足りなかった——。

このような可能性は、戦後の流行、つまり零戦の技術的成果を実態以上に誇る一方で、敗戦や作戦失敗の全てを強引に「軍の無能・横暴・精神主義」に帰結させてしまおうとする風潮のなかで忘れ去られ、あるいは敢えて見ないようにされてきたようである。

終戦からすでに60年以上。恨みも面識もない大昔の軍人を見下してふんぞり返る前に、当時の日本が戦争を有利に進めるための努力・工夫として何が出来たのか、何をすべきだったのかを今一度考え直してみても良い時期ではないだろうか。

平成21年8月　　清水政彦

参考文献

秋本実『日本軍用機航空戦全史　第五巻　大いなる零戦の栄光と苦闘』グリーンアロー出版社　1995年9月
アテネ書房編集部編『海軍航空母艦戦闘記録』アテネ書房　2002年7月
小倉勝男『改訂　航空原動機』共立出版　1983年2月
押尾一彦、野原茂編『海軍航空教範』光人社　2001年5月
川崎まなぶ『マリアナ沖海戦』大日本絵画　2007年11月
神立尚紀『零戦最後の証言』Ⅰ・Ⅱ　光人社　1999年10月・2000年7月
坂井三郎『大空のサムライ』光人社　1967年
白浜芳次郎『零戦空戦記』河出書房新社　1975年
角田和男『零戦特攻』朝日ソノラマ　1994年6月
中村資朗『航空工学講座6　プロペラ』社団法人日本航空技術協会　2004年3月
防衛庁防衛研修所戦史室編『戦史叢書』朝雲新聞社
堀越二郎、奥宮正武『零戦』朝日ソノラマ　1982年2月
堀越二郎『零戦』講談社文庫　1984年12月
堀越二郎『零戦の遺産』光人社NF文庫　1995年6月
松葉稔作図・解説『精密図面を読む1　第2次大戦の花形戦闘機編　別冊航空情報』酣燈社　1994年3月
「丸」編集部編『図解・軍用機シリーズ5　零戦』光人社　1999年10月
森史朗『暁の珊瑚海』光人社　2005年1月
森史朗『勇者の海』光人社　2008年2月
零戦搭乗員会編『海軍戦闘機隊史』原書房　1987年3月
渡辺洋二『零戦戦史　進撃篇』グリーンアロー出版社　2000年3月
『世界の傑作機』No.39、40、56、68、71、88　文林堂　No.39（1993年3月）、No.40（1997年4月）、No.56（1998年8月）、No.68（1998年1月）、No.71（1998年7月）、No.88（2001年7月）

「歴史群像」太平洋戦史シリーズ『零式艦上戦闘機2』学習研究社　２００１年11月
ケイディン、マーチン（矢嶋由哉訳）『双胴の悪魔：P-38』朝日ソノラマ　１９８３年11月
ケイディン、マーチン（加登川幸太郎訳・戸髙一成監修）『第2次大戦兵器ブックス1　零式艦上戦闘機』並木書房　２０００年1月
スタッフォード、エドワード・P（井原裕司訳）『空母エンタープライズ』上・下　元就出版社　２００７年8月
ティルマン、バレット（岩重多四郎訳）『第二次大戦のワイルドキャットエース』大日本絵画　２００１年３月
ティルマン、バレット（佐田晶訳）『第二次大戦のヘルキャットエース』大日本絵画　２００２年３月
ティルマン、バレット（富成太郎訳）『第二次大戦のＳＢＤドーントレス』大日本絵画　２００３年８月
ティルマン、バレット（長町一雄訳）『太平洋戦争のＴＢＤデヴァステーター』大日本絵画　２００４年１月
フォスター、ジョン・Ｍ（菊地晟訳）『私は零戦と戦った』大日本絵画　１９９４年３月
フランク、Ｐ／ハリントン、Ｊ・Ｄ（谷浦英男訳）『空母ヨークタウン』朝日ソノラマ　１９８４年10月
プランゲ、ゴードン・Ｗ（千早正隆訳）『ミッドウェーの奇跡』上・下　原書房　１９８４年８月
ベダー、ジョン（宇都宮直賢訳）『空戦：山本長官ソロモンに散る』サンケイ新聞社出版局　１９７１年
ボイントン、グレゴリー（申橋昭訳）『海兵隊コルセア空戦記』光人社　２００４年２月
モリソン、サミュエル・Ｅ（中野五郎訳）『太平洋戦争アメリカ海軍作戦史』第１〜４巻　改造社　１９５０〜１９５１年
モリソン、サミュエル・Ｅ（大谷内一夫訳）『モリソンの太平洋海戦史』光人社　２００３年８月
Burton, John "*Fortnight of Infamy: The Collapse of Allied Airpower West of Pearl Harbor*" Naval Institute Press 2006/9
Dean, Francis H. "*America's Hundred-Thousand : U.S. Production Fighters of World War Two*" Schiffer Publishing, Ltd. 2000/1

Johnsen, Frederick A. "*P-40 WARHAWK*" MBI Publishing Company　1999/2
Smith Jr, Myron J. "*The Battles of Coral Sea and Midway, 1942:A Selected Bibliography*" Greenwood Press 1991/10

新潮選書

零《れい》式《しき》艦《かん》上《じょう》戦《せん》闘《とう》機《き》

著　者……………… 清水政彦《しみずまさひこ》

発　行……………… 2009年8月25日
8　刷……………… 2014年5月20日

発行者……………… 佐藤隆信
発行所……………… 株式会社新潮社
〒162-8711 東京都新宿区矢来町71
電話　編集部 03-3266-5411
　　　読者係 03-3266-5111
http://www.shinchosha.co.jp
印刷所……………… 錦明印刷株式会社
製本所……………… 株式会社大進堂

乱丁・落丁本は、ご面倒ですが小社読者係宛お送り下さい。送料小社負担にてお取替えいたします。
価格はカバーに表示してあります。

ISBN978-4-10-603646-0 C0331

ミッドウェー海戦　第一部　知略と驕慢　第二部　運命の日　森　史朗

「本日敵出撃ノ算ナシ」――この敵情報告で南雲艦隊は米空母部隊に大敗北した。太平洋戦争の分岐点となった大海戦を甦らせる壮大なノンフィクション。《新潮選書》

あの航空機事故はこうして起きた　藤田日出男

墜ちるには理由がある。完璧に思えた設計思想にも、ミスなど起こすはずのないベテランパイロットにも死角はあった。生と死の間、運命のドラマ8本！《新潮選書》

幕末史　半藤一利

大ベストセラー『昭和史』の著者が、多くの才能が入り乱れた激動の時代を語り下ろした。黒船来航から西南戦争まで、個々の人物を主人公に活き活きと描いた待望の書。

主戦か講和か　帝国陸軍の秘密終戦工作　山本智之

太平洋戦争で早期講和路線を進めたのは、頑迷で悪名高い陸軍内で秘密の工作活動を行った一派だった！「陸軍徹底抗戦一枚岩」史観を覆す異色の終戦史。《新潮選書》

五重塔はなぜ倒れないか　上田篤編

法隆寺から日光東照宮まで、五重塔は古代いい日本の匠たちが培った智恵の宝庫であった。中国・韓国に木塔のルーツを探索し、その不倒神話を解説する。《新潮選書》

モサド　暗躍と抗争の六十年史　小谷賢

四方を敵国に囲まれたイスラエル。その安全保障に貢献してきた超一流インテリジェンスの素顔を、中東情勢と他の情報機関との関係から明らかにする。《新潮選書》